Springers Lehrbücher der Informatik

Herausgegeben von
o. Univ.-Prof. Dr.-Ing. Gerhard-Helge Schildt
Technische UniversitätWien

Springer-Verlag Wien New York

Gerd Baron, Peter Kirschenhofer

Einführung in die Mathematik für Informatiker

Band 1

Zweite, verbesserte Auflage

Springer-Verlag Wien New York

Univ.-Prof. Dr. phil. Gerd Baron
Institut für Algebra und Diskrete Mathematik
Technische Universität Wien, Österreich

Univ.-Doz. Mag. rer. nat. Dr. phil. Peter Kirschenhofer
Institut für Algebra und Diskrete Mathematik
Technische Universität Wien, Österreich

Printed in Germany by Konrad Triltsch, D-97016 Würzburg

Gedruckt auf säurefreiem, chlorfrei gebleichtem Papier
(Gruppe A)

Mit 50 Abbildungen

Die Deutsche Bibliothek – CIP-Einheitsaufnahme
Baron, Gerd:
Einführung in die Mathematik für Informatiker / Gerd Baron ;
Peter Kirschenhofer. – Wien ; New York : Springer.
(Springers Lehrbücher der Informatik)
NE: Kirschenhofer, Peter:
Bd. 1–2., verb. Aufl. – 1992
ISBN 3-211-82397-2 (Wien)
ISBN 0-387-82397-2 (New York)

ISSN 0938-9504

ISBN 3-211-82397-2 Springer-Verlag Wien-New York
ISBN 0-387-82397-2 Springer-Verlag New York-Wien

ISBN 3-211-82084-1 1. Aufl. Springer-Verlag Wien-New York
ISBN 0-387-82084-1 1st ed. Springer-Verlag New York-Wien

Vorwort

Die vorliegenden Bände sind aus einer dreisemestrigen Einführungsvorlesung für Informatiker an der TU Wien entstanden, in der die wichtigsten Grundlagen aus den Gebieten Lineare und Nichtlineare Algebra, Analysis und Diskrete Mathematik behandelt werden. Zusätzlich zu den Inhalten, die in den Mathematikgrundvorlesungen der klassischen Ingenieurfächer auftreten, bilden dabei die in den Computerwissenschaften besonders wichtigen Methoden aus Kombinatorik, Graphentheorie und der Algebra endlicher Körper Schwerpunkte. Bei der Ausarbeitung wurde der Stoff einerseits durch Fakten und Beweise ergänzt, die aufgrund ihres Umfanges in der Vorlesung nicht gebracht werden können; andererseits wurde auch eine Vielzahl von durchgerechneten Beispielen in den Text aufgenommen, um das Verständnis und die Möglichkeit des Selbststudiums zu fördern. Neben Beispielen, in denen es um das direkte Anwenden mathematischer „Rezepte" geht, finden sich auch zahlreiche solche, in denen inhaltliche Beobachtungen wichtiger Art gemacht werden.

Der Stil der Darstellung wurde nach Möglichkeit mathematisch exakt gehalten, ohne einen allzu abstrakten logischen Formalismus zu verwenden. Tiefgehende Fakten, deren Beweise über den Rahmen einer solchen einführenden Darstellung für Informatiker hinausgehen, werden ohne Beweis angegeben, die einfacher zu führenden Beweise jedoch vorgeführt, da auch der Ingenieurstudent aus dem Verstehen von Beweisideen viel Verständnis für die von ihm verwendeten mathematischen Methoden und deren Grenzen gewinnen kann.

Aus dem Inhalt der 3 Bände großteils ausgespart blieben Methoden, denen üblicherweise eigene Vorlesungen gewidmet sind, wie Wahrscheinlichkeitsrechnung und Statistik, Logik und Numerische Mathematik, da ihre Aufnahme den Gesamtumfang bei weitem gesprengt hätte. Darüber hinaus wird der Studierende wohl später feststellen, daß zur Beantwortung vieler aus den Anwendungen stammender Fragestellungen der Informatik noch weit tiefergehende mathematische Methoden nötig sind, als sie in einer einführenden Darstellung dargeboten werden können. Wir hoffen jedoch, durch Art und Umfang der Stoffauswahl eine solide Grundlage für die, in jeder Wissenschaft nötige, individuelle Weiterbildung in Spezialbereichen gelegt zu haben.

Wien, im Juni 1989

G. Baron
P. Kirschenhofer

Vorwort zur 2. Auflage

Aufgrund der erfreulichen Aufnahme der 1. Auflage hat der Verlag bereits zwei Jahre nach deren Erscheinen die Bereitschaft zur Herausgabe einer 2. Auflage bekundet. Gleichzeitig wurde beschlossen, diese in die Reihe „Springers Lehrbücher der Informatik“ aufzunehmen.

Bei der Vorbereitung der 2. Auflage wurden sowohl Satzfehler ausgemerzt, die sich in die 1. Auflage trotz sorgfältiger Korrektur eingeschlichen hatten, als auch einige inhaltliche Umformulierungen vorgenommen (insbesondere im Kapitel 2.1), um unbeabsichtigte Ungereimtheiten auszuräumen. Wir danken in diesem Zusammenhang allen Kollegen, die uns nach aufmerksamem Studium des Lehrbuches Verbesserungsvorschläge zukommen haben lassen.

Wien, im Juni 1992

G. Baron
P. Kirschenhofer

Inhalt

Inhaltsübersicht zu Band 2

Inhaltsübersicht zu Band 3

1 Mengen, Relationen, Funktionen

1.1 Mengen

Es gibt verschiedene Möglichkeiten, einen formalen *axiomatischen* Aufbau der *Mengenlehre* durchzuführen; wir werden uns im folgenden jedoch auf den Standpunkt der *„naiven"* Mengenlehre beschränken, da dieser für die Ziele unserer Vorlesung vollauf genügt, und wählen die auf CANTOR[1]) zurückgehende

Definition. 1) Eine *Menge* ist eine Zusammenfassung von wohlunterschiedenen Objekten unserer Anschauung oder unseres Denkens. Diese Objekte heißen die *Elemente* der Menge. Für jedes Objekt ist dabei feststellbar, ob es zur Menge gehört oder nicht.

2) Ist x ein Element der Menge A, so schreiben wir $x \in A$, ist x kein Element von A, so schreiben wir $x \notin A$.

3) Die Menge, die kein Element enthält, nennen wir die *leere Menge* und bezeichnen sie mit $\emptyset$.

Man unterscheidet verschiedene Arten der *Mengenangabe:*

a) Die *beschreibende* oder *deskriptive* Mengenangabe:

$$A = \{x \mid x \text{ hat die Eigenschaft(en) } P\}.$$

Sprich: Die Menge A besteht aus allen Elementen x, die die Eigenschaft(en) P besitzen.

Beispiel. $A = \{x \mid x \text{ ist ein Student in diesem Hörsaal}\}$. □

(Gelegentlich wird statt „|" auch „:" geschrieben.)

b) Die *aufzählende* oder *enumerative* Mengenangabe: Dabei werden die Elemente der Menge explizit angegeben.

Beispiel. $B = \{$H. Meyer, I. Kaufmann, P. Schulz$\}$. □

---

[1]) Georg CANTOR, 3. März 1845 – 6. Januar 1918.

Zur Veranschaulichung von Mengen bedient man sich gelegentlich der sogenannten VENN[1])-*Diagramme:*

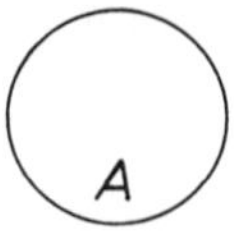

Abb. 1

Dabei symbolisiert der von der Kurve umschlossene Bereich die Elemente der Menge A.

Im folgenden wollen wir einige spezielle „Relationen" betrachten, in denen die Mengen A und B zueinander stehen können, bzw. einige „Operationen", bei denen den Mengen A und B eine Menge C zugeordnet wird:

a) Die Menge B heißt eine *Teilmenge* der Menge A, symbolisch: $B \subseteq A$, wenn jedes Element von B auch Element von A ist, das heißt, wenn

$$x \in B \Rightarrow x \in A \ .$$

(Das Symbol $R \Rightarrow S$ steht dabei als Abkürzung für „Wenn R, dann auch S" bzw. „Aus R folgt S" bzw. „R impliziert S".)

Beispiel mit Venn-Diagrammen.

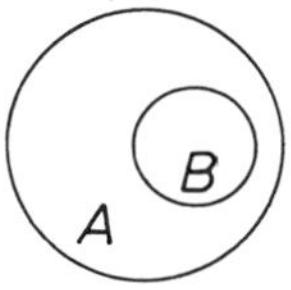

. □

Abb. 2

Die Teilmengenbeziehung gibt uns die Möglichkeit, formal zu beschreiben, wann die Mengen A und B gleich sind:

b) Die Mengen A und B heißen *gleich,* symbolisch $A = B$, wenn jedes Element von A auch Element von B ist und jedes Element von B auch Element von A ist. Das bedeutet aber wegen a): A und B sind gleich genau dann, wenn sowohl A Teilmenge von B als auch B Teilmenge von A ist; symbolisch

$$A = B \Leftrightarrow (A \subseteq B \wedge B \subseteq A) \ .$$

(Das Symbol $R \Leftrightarrow S$ steht dabei als Abkürzung für „R genau dann, wenn S" bzw. „R ist äquivalent mit S", das Symbol $R \wedge S$ bzw. $R \& S$ als Abkürzung für „Sowohl R als auch S" bzw. „R und S".) Sind A und B nicht gleich, so schreiben wir $A \neq B$.

c) Die Menge B heißt *echte Teilmenge* von A, symbolisch $B \subset A$, wenn B Teilmenge von A, aber B ungleich A ist, das heißt,

$$B \subset A \Leftrightarrow (B \subseteq A \wedge B \neq A) \ .$$

Achtung. In der Literatur wird gelegentlich das Symbol $B \subset A$ für die bei uns in a) definierte Teilmengenbeziehung verwendet, wobei dann für die Beziehung „B ist echte Teilmenge von A" manchmal das Symbol $B \subsetneqq A$ auftritt.

---

[1]) John VENN, 4. August 1834 – 4. April 1923, Professor für Moralphilosophie in Cambridge.

d) Die Menge C heißt *Durchschnitt* der Mengen A und B, symbolisch $C = A \cap B$ (sprich: C ist A geschnitten mit B), wenn C die Menge aller Elemente ist, die sowohl in A als auch in B liegen, das heißt,

$$C = A \cap B = \{x \mid x \in A \wedge x \in B\} .$$

Beispiel mit Venn-Diagrammen.

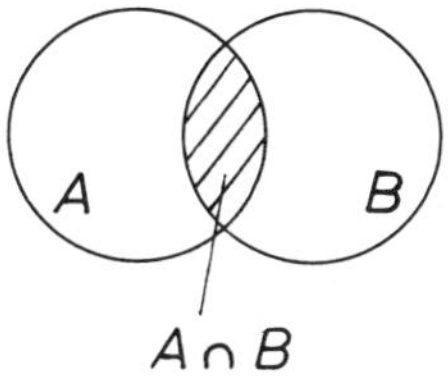

. □

Abb. 3

Die Definition des Durchschnittes wird auf ein beliebiges System von Mengen A_i, $i \in I$, erweitert, indem man sagt: Der Durchschnitt dieser Mengen ist die Menge der Elemente, die in allen A_i liegen; symbolisch

$$\bigcap_{i \in I} A_i = \{x \mid x \in A_i \quad \text{für alle} \quad i \in I\} .$$

e) Die Mengen A und B heißen *disjunkt,* wenn gilt $A \cap B = \emptyset$.

Beispiel.

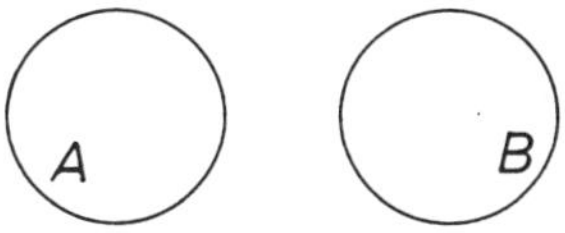

. □

Abb. 4

f) Die Menge C heißt *Vereinigungsmenge* (Vereinigung) von A und B, symbolisch $C = A \cup B$ (sprich: C ist A vereinigt mit B), wenn C die Menge der Elemente ist, die in A oder in B (oder in beiden Mengen) liegen, das heißt:

$$C = A \cup B = \{x \mid x \in A \vee x \in B\} .$$

(Das Symbol $R \vee S$ steht dabei als Abkürzung für „R oder S", wobei „oder" im einschließenden Sinn gemeint ist – vgl. lat. „vel".)

Beispiel.

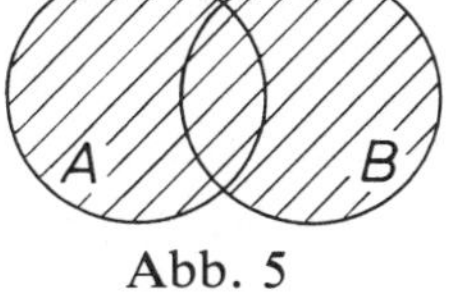

Abb. 5

Der schraffierte Bereich gibt $A \cup B$ an. □

Man beachte, daß jedes Element x in $A \cup B$ nur einmal aufgenommen wird, da die Elemente einer Menge laut Definition voneinander verschieden sind.

Wiederum läßt sich die Definition auf ein beliebiges System von Mengen A_i, $i \in I$, erweitern. Die Vereinigung dieser Mengen ist die Menge der Elemente, die in mindestens einer der Mengen A_i enthalten sind; symbolisch

$$\bigcup_{i \in I} A_i = \{x \mid \text{Es existiert ein } i \in I \text{ mit } x \in A_i\} .$$

g) Die *Differenzmenge* $C = A - B$ (manchmal auch $C = A \setminus B$) besteht aus allen Elementen von A, die nicht in B liegen, das heißt,

$$C = A - B = \{x \mid x \in A \wedge x \notin B\} .$$

Beispiel.

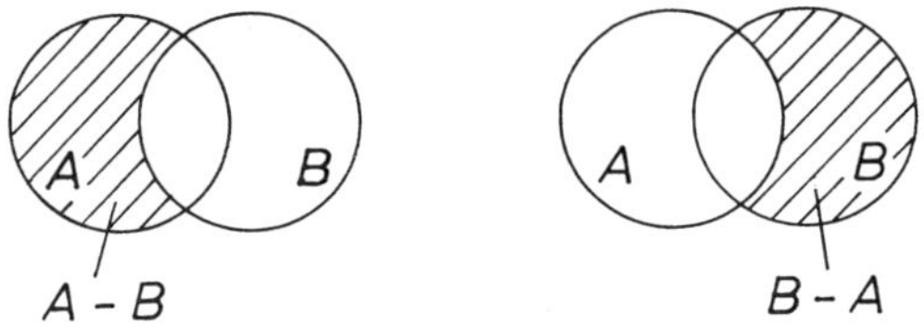

. □

Abb. 6

Ist etwa $B \subseteq A$, so gilt $B - A = \emptyset$.

Beispiel.

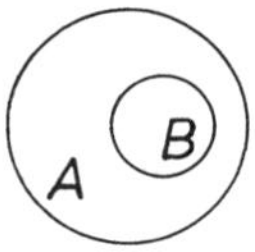

. □

Abb. 7

h) Gelegentlich finden wir die Situation, daß alle Mengen, die wir betrachten wollen, in einer Menge M als Teilmengen enthalten sind. M wird dann oft „Universum" genannt.

Sei A eine Teilmenge des Universums M. Dann verstehen wir unter dem *Komplement von A in M,* symbolisch $C_M(A)$ (bzw. $\bar{A}$, $A^c, \ldots$) die Menge aller Elemente des Universums, die nicht in A liegen:

$$C_M(A) = \{x \mid x \in M \wedge x \notin A\} .$$

Ist also $B \subseteq A$, so gilt $C_A(B) = A - B$.

i) C heißt *symmetrische Differenz* der Mengen A und B, symbolisch $C = A \triangle B$, wenn C aus allen Elementen von A besteht, die nicht in B liegen, sowie aus allen Elementen von B, die nicht in A liegen, das heißt,

$$A \triangle B = (A - B) \cup (B - A) .$$

Der Name „symmetrische“ Differenz erklärt sich aus der Tatsache, daß $A \triangle B = B \triangle A$, während, wie man leicht sieht, für $A \neq B$ stets $A - B \neq B - A$ ist.

Beispiel.

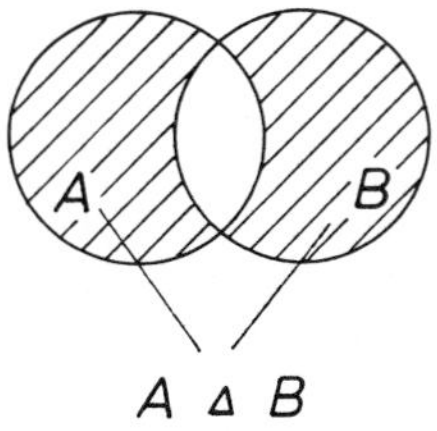

. □

Abb. 8

j) C heißt (CARTESISCHES[1])) *Produkt* der Mengen A und B, symbolisch $C = A \times B$, wenn C die Menge aller geordneten Paare $\langle x, y \rangle$ von Elementen $x \in A$ bzw. $y \in B$ ist, das heißt,

$$A \times B = \{\langle x, y \rangle \mid x \in A\,, \quad y \in B\}\,.$$

(Wir werden im weiteren geordnete Paare, n-Tupel etc. durch spitze Klammern $\langle\ \rangle$ symbolisieren.)

Beispiel.

$$A = \{0, 1\},$$

$$B = \{0, 1, 2\}$$

$$\Rightarrow A \times B = \{\langle 0,0 \rangle, \langle 0,1 \rangle, \langle 0,2 \rangle, \langle 1,0 \rangle, \langle 1,1 \rangle, \langle 1,2 \rangle\}\,. \quad \square$$

Die Verbindung mit dem Namen Descartes ergibt sich aus der Tatsache, daß in vielen Fällen die Elemente von $A \times B$ als Punkte der Ebene dargestellt werden können, wobei man bei gegebenem $\langle x, y \rangle$ x als 1. „Koordinate“ und y als 2. „Koordinate“ in einem Cartesischen Koordinatensystem auffaßt.

Beispiel.

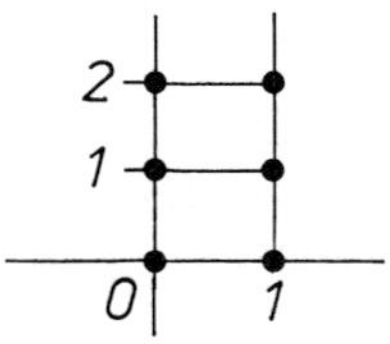

. □

Abb. 9

[1]) René DESCARTES, lat. CARTESIUS, 31. März 1596 – 11. Februar 1650.

Besteht etwa A aus den Elementen $a_1, a_2, a_3, \ldots$ und B aus den Elementen $b_1, b_2, b_3, \ldots$, so entspricht dem Element $\langle a_i, b_j \rangle \in A \times B$ der Punkt

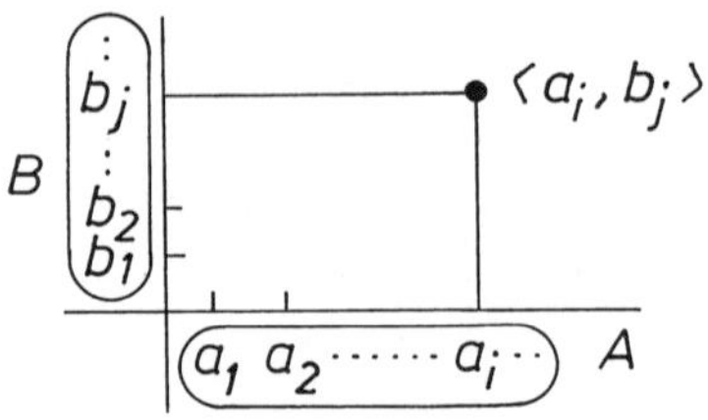

Abb. 10

Dabei ist von vornherein jede beliebige Reihenfolge der Elemente von A bzw. B denkbar.

Ist jedoch $A = B$, und lassen sich die Elemente von A in der Form $a_1, a_2, \ldots$ angeben, so wird man in der graphischen Veranschaulichung der Menge $A \times A$ natürlich für beide „Koordinaten" dieselbe Reihenfolge $a_1, a_2, \ldots$ wählen. Man kann dann spezielle Teilmengen von $A \times A$ besonders anschaulich deuten, zum Beispiel:

$$\{\langle a, a \rangle \mid a \in A\} \subseteq A \times A$$

heißt *Diagonale* des cartesischen Produktes:

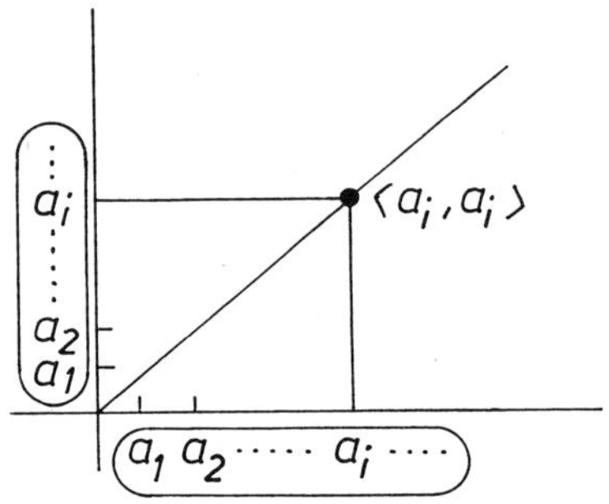

Abb. 11

Im folgenden geben wir einige *wichtige Eigenschaften* der soeben definierten „Relationen" bzw. „Operationen" zwischen Mengen an, deren Beweis wir dem Leser als Übungsaufgaben überlassen:

a) *„Kommutativ-Gesetze":*

$$A \cap B = B \cap A \ ,$$

$$A \cup B = B \cup A \ ,$$

$$A \triangle B = B \triangle A \ .$$

b) „*Assoziativ-Gesetze*":

$$(A \cap B) \cap C = A \cap (B \cap C) ,$$

$$(A \cup B) \cup C = A \cup (B \cup C) ,$$

$$(A \triangle B) \triangle C = A \triangle (B \triangle C) .$$

c) „*Distributiv-Gesetze*":

$$A \cup (B \cap C) = (A \cup B) \cap (A \cup C) ,$$

$$A \cap (B \cup C) = (A \cap B) \cup (A \cap C) ,$$

bzw. allgemeiner

$$A \cup \left(\bigcap_{i \in I} B_i \right) = \bigcap_{i \in I} (A \cup B_i) ,$$

$$A \cap \left(\bigcup_{i \in I} B_i \right) = \bigcup_{i \in I} (A \cap B_i) .$$

d)

$$A \subseteq B \Leftrightarrow A \cap B = A$$

$$\Leftrightarrow A \cup B = B .$$

e) „DE MORGAN[1]*sche Gesetze*":

$$A, B \subseteq M \Rightarrow C_M(A \cap B) = C_M(A) \cup C_M(B)$$

sowie

$$C_M(A \cup B) = C_M(A) \cap C_M(B)$$

bzw. allgemeiner

$$A_i \subseteq M \quad \text{für alle} \quad i \in I \Rightarrow C_M \left(\bigcap_{i \in I} A_i \right) = \bigcup_{i \in I} C_M(A_i)$$

sowie

$$C_M \left(\bigcup_{i \in I} A_i \right) = \bigcap_{i \in I} C_M(A_i) .$$

Zum Abschluß dieses Abschnittes führen wir noch den Begriff der Potenzmenge einer Menge A ein: Die *Potenzmenge* der Menge A, symbolisch $\mathfrak{P}(A)$, ist diejenige Menge, deren Elemente alle Teilmengen der Menge A sind, das heißt,

$$\mathfrak{P}(A) = \{U \mid U \subseteq A\} .$$

Insbesondere gilt also stets: $\emptyset \in \mathfrak{P}(A)$, $A \in \mathfrak{P}(A)$. Man beachte $\mathfrak{P}(\emptyset) = \{\emptyset\}$ (und nicht etwa $\mathfrak{P}(\emptyset) = \emptyset$!).

[1]) Augustus DE MORGAN, 27. Juni 1806 – 18. März 1871, Professor in London.

Der naive Mengenbegriff, wie wir ihn in dieser Einführung verwenden, ist wohl für die meisten Zwecke ausreichend, kann jedoch in Einzelfällen zu Paradoxien führen, wie das bekannte Beispiel von RUSSELL [1]) zeigt:

Versucht man die Ansammlung M aller Mengen selbst wieder als Menge zu betrachten, so ergibt sich der folgende Widerspruch:

Es sei

$$X = \{A \in M \mid A \notin A\}. \tag{1}$$

Dann ist

$$C_M(X) = \{A \in M \mid A \in A\}. \tag{2}$$

Nimmt man nun an, es wäre

$$X \in X,$$

dann folgt aus (2)

$$X \in C_M(X), \quad \text{das heißt,} \quad X \notin X;$$

nimmt man an, es wäre

$$X \notin X,$$

dann folgt aus (1)

$$X \in X.$$

Die „Menge aller Mengen“ ist also keine zulässige Begriffsbildung.

1.2 Relationen

Wir haben in 1.1 einige „Relationen“ zwischen Teilmengen einer vorgegebenen Menge kennengelernt, z. B.: $U \subseteq V$, $U \subset V$, $U = V$, $U \neq V$; im folgenden wollen wir den *Begriff der Relation präzisieren.*

Die Beschreibung der Beziehung „$U \subseteq V$“ für Teilmengen U, V einer vorgegebenen Menge M, das heißt, für $U, V \in \mathfrak{P}(M)$, könnten wir etwa so vornehmen, daß wir die Teilmenge

$$R = \{\langle U, V\rangle \mid U, V \in \mathfrak{P}(M) \wedge U \subseteq V\}$$

des cartesischen Produktes $\mathfrak{P}(M) \times \mathfrak{P}(M)$ vorgeben und sagen: U und V stehen in der Relation „$\subseteq$“ genau dann, wenn das geordnete Paar $\langle U, V\rangle$ in R liegt.

Beispiel. $M = \{0, 1\}$, das heißt, $\mathfrak{P}(M) = \{\emptyset, \{0\}, \{1\}, \{0, 1\}\}$. Die Menge R besteht aus den mit $\times$ markierten Punkten:

---

[1]) Bertrand RUSSELL, 18. Mai 1872 – 2. Februar 1970, englischer Philosoph und Mathematiker.

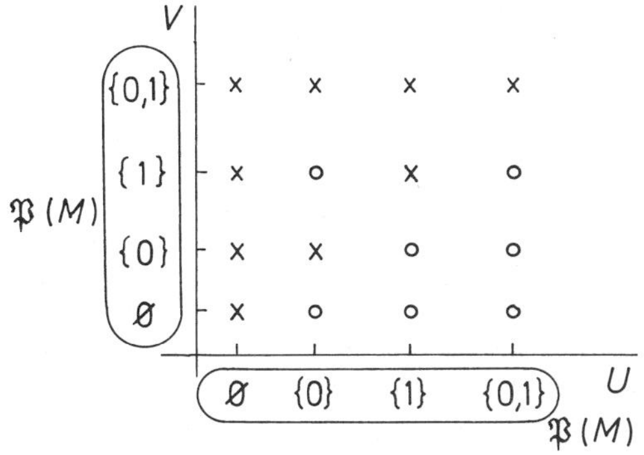

Abb. 12

Es gilt $U \subseteq V$ genau dann, wenn der Punkt $\langle U, V \rangle$ die Marke $\times$ trägt. □

Diese Überlegung führt uns zu der folgenden allgemeinen Definition einer zweistelligen Relation:

Definition. Eine *zweistellige Relation* R auf einer Menge A ist eine Teilmenge des cartesischen Produktes $A \times A$. Sind $a, b \in A$, so steht a in Relation R zu b genau dann, wenn $\langle a, b \rangle \in R$ gilt. Anstelle von $\langle a, b \rangle \in R$ werden die Schreibweisen aRb bzw. $R(a, b)$ verwendet. □

Wir haben eingangs bereits eine graphische Darstellung einer Relation R kennengelernt; eine andere Möglichkeit ist die Darstellung als *„gerichteter Graph"*: Dieser besteht aus einer Menge von „Knoten", und zwar den Elementen der Menge A, sowie einer Menge von „gerichteten Kanten" (symbolisiert durch Pfeile), die von einem „Knoten" U genau dann zu einem „Knoten" V führen, wenn das geordnete Paar $\langle U, V \rangle$ in R liegt.

Beispiel. Der (gerichtete) Graph der Relation „ $\subseteq$ " auf $A = \mathfrak{P}(\{0, 1\})$ hat die Gestalt

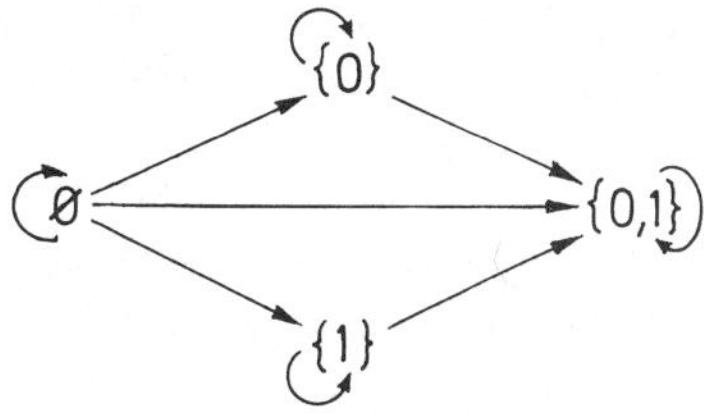

Abb. 13

Man beachte, daß die „Schlingen" ↻ in jedem Knoten des Graphen entstehen, da $\langle U, U \rangle \in R$ (das heißt $U \subseteq U$) für alle $U \in A$ gilt. □

Ein besonders einfaches, aber wichtiges Beispiel einer Relation, die auf jeder Menge A definiert werden kann, ist die *„Gleichheitsrelation"* ($a = b$). Wir setzen

$R = \{\langle a, a \rangle \mid a \in A\}$, das heißt, R besteht genau aus der Diagonale des cartesischen Produkts $A \times A$:

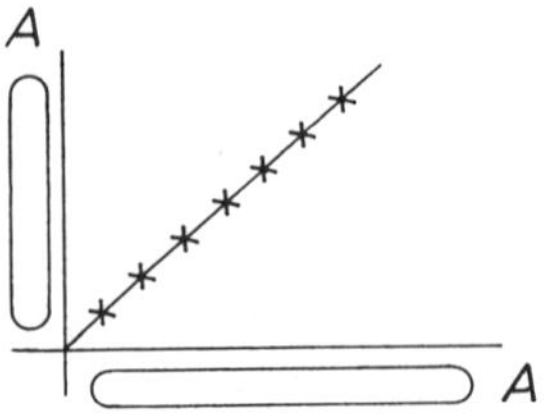

Abb. 14

Der zugehörige Graph besteht nur aus Schlingen:

 . . . .

Im folgenden werden wir einige spezielle Klassen von Relationen auszeichnen und genauer studieren.

Definition. Eine Relation R auf der Menge A heißt *Äquivalenzrelation*, wenn sie folgende Eigenschaften hat:

1) *Reflexivität:* aRa für alle $a \in A$,
2) *Symmetrie:* $aRb \Rightarrow bRa$, für alle $a, b \in A$,
3) *Transitivität:* $(aRb \wedge bRc) \Rightarrow aRc$, für alle $a, b, c \in A$.

Bemerkung. Die „Reflexivität" bedeutet, daß die Diagonale von $A \times A$ in R liegt, die „Symmetrie", daß die Teilmenge R von $A \times A$ symmetrisch bezüglich der Diagonale ist. □

Man sieht sofort, daß die oben definierte *Gleichheitsrelation eine Äquivalenzrelation* ist:

1) $a = a$, für alle $a \in A$,

2) $a = b \Rightarrow b = a$, für alle $a, b \in A$,

3) $a = b \wedge b = c \Rightarrow a = c$, für alle $a, b, c \in A$.

Allgemeiner lassen sich Äquivalenzrelationen auf einer Menge A auf folgende Art erzeugen (und zwar erhält man, wie wir gleich nachher sehen werden, *alle* Äquivalenzrelationen auf diese Art):

Definition. Eine Zerlegung der Menge A in nicht leere, paarweise disjunkte Teilmengen A_i, $i \in I$, heißt *Klasseneinteilung* oder *Partition* der Menge A. (Das heißt, es muß gelten: i) $\bigcup_{i \in I} A_i = A$, ii) $A_i \cap A_j = \emptyset$ für alle $i, j \in I$ mit $i \neq j$, iii) $A_i \neq \emptyset$ für alle $i \in I$.

Beispiele. a) Alle einelementigen Teilmengen von A.
b) Die Menge A allein.
c) $A = \{1, 2, 3, 4\}$ mit den Klassen

$$A_1 = \{1, 3\}, \qquad A_2 = \{2, 4\}. \quad \square$$

Dann gilt der folgende

Satz. Bilden die Teilmengen A_i, $i \in I$, eine Klasseneinteilung der Menge A, dann ist die Relation R definiert durch „xRy für $x \in A_j$ und $y \in A_k$ genau dann, wenn $j = k$" eine Äquivalenzrelation.

Beweis. i) Die Definition ist sinnvoll: Da die Teilmengen A_i, $i \in I$, paarweise disjunkt sind, gibt es genau ein $j \in I$ mit $x \in A_j$ und genau ein k mit $y \in A_k$.

ii) R ist reflexiv: xRx, da $x \in A_j$, $x \in A_k \Rightarrow j = k$. R ist symmetrisch: Sei $x \in A_j$, $y \in A_k$ und xRy. Dann ist $j = k$ und daher auch yRx. R ist transitiv: Sei $x \in A_j$, $y \in A_k$, $z \in A_l$. Gilt xRy und yRz, so ist $j = k$ und $k = l$, das heißt, $j = l$ und damit xRz. □

Beispiele von oben. a) R ist die Gleichheitsrelation.

b) R ist die „Allrelation": Je zwei Elemente von A stehen in Relation R.

c) R ist gegeben durch

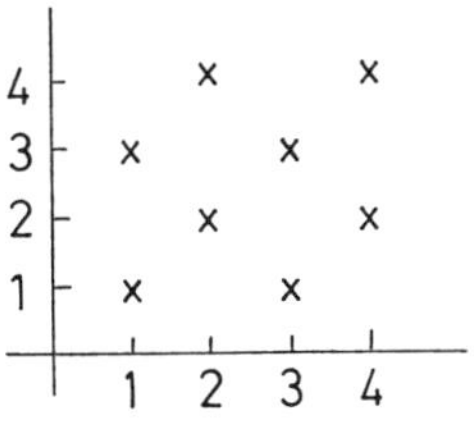

Abb. 15

Durch geeignete Änderung der Reihenfolge der Elemente von A läßt sich R als Vereinigung von Teilblöcken darstellen:

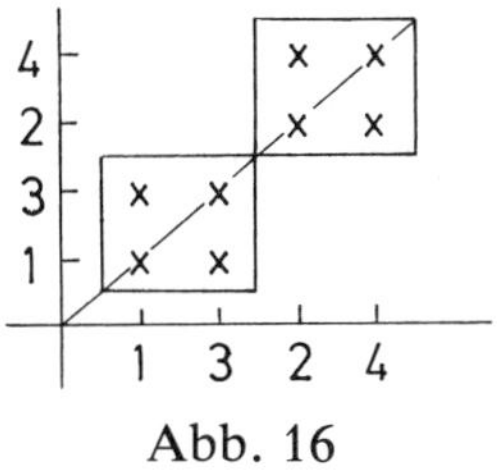

. □

Abb. 16

Die graphische Darstellung der Äquivalenzrelation R, die aus einer Klasseneinteilung der Menge in die Teilmengen A_i, $i \in I$, nach dem obigen Satz entsteht, hat bei geeigneter Wahl der Reihenfolge der Elemente stets diese Blockgestalt, da sich R ja als Vereinigung der Mengen $A_i \times A_i$, $i \in I$, schreiben läßt.

Wir wollen nun zeigen, daß jede Äquivalenzrelation R auf der Menge A von dieser Bauform ist, das heißt, durch eine Zerlegung der Menge A in Klassen entsteht:

Satz. Ist R eine Äquivalenzrelation auf der Menge A, dann bilden die Mengen $K(x) = \{y \mid yRx\}$ eine Klasseneinteilung von A, und es gilt xRy genau dann, wenn x und y in derselben Klasse liegen.

Beweis. i) $K(x) \neq \emptyset$, da wegen der Reflexivität von R gilt: $x \in K(x)$.

ii) Die Mengen $K(x)$ sind disjunkt oder gleich: Ist $K(x) \cap K(y) \neq \emptyset$, so gibt es ein z mit $z \in K(x)$ und $z \in K(y)$, das heißt, zRx und zRy, und damit auch xRz bzw. yRz (Symmetrie von R). Ist nun $a \in K(x)$ beliebig, so folgt aus aRx, xRz und zRy wegen der Transitivität auch aRy, das heißt, $a \in K(y)$, das heißt, $K(x) \subseteq K(y)$. Analog erhält man $K(y) \subseteq K(x)$, das heißt, $K(x) = K(y)$.

iii) $xRy \Leftrightarrow K(x) = K(y)$: Gilt xRy, so ist $x \in K(x) \cap K(y)$, das heißt, $K(x) \cap K(y) \neq \emptyset$ und daher $K(x) = K(y)$ nach ii). Ist umgekehrt $K(x) = K(y)$, so gilt $x \in K(y)$ und daher xRy. □

Jeder Äquivalenzrelation R entspricht also „umkehrbar eindeutig“ eine Klasseneinteilung der zugrundeliegenden Menge A. Die entsprechenden Klassen heißen auch die zu R gehörenden *Äquivalenzklassen* von A.

Zu jeder Relation R auf einer Menge A läßt sich die *Negation S von R* definieren:

$$xSy \Leftrightarrow x \not R y, \quad \text{das heißt,} \quad \langle x, y \rangle \notin R$$

bzw.

$$S = C_{A \times A}(R) .$$

Beispiel. Ist R die Gleichheitsrelation, so ist S die Relation „$\neq$“.

Diese hat folgende Eigenschaften:

1) $a \neq a$ für *kein* $a \in A$ (*„Antireflexivität“*).

2) $a \neq b \Rightarrow b \neq a$ für alle $a, b \in A$ (*Symmetrie*).

3) Im allgemeinen gilt *nicht* $a \neq b \wedge b \neq c \Rightarrow a \neq c$ (*„Atransitivität“*).

Analoge Überlegungen lassen sich für die Negation einer beliebigen Äquivalenzrelation anstellen. □

Wir wollen uns aber im weiteren einer wichtigeren Klasse von Relationen zuwenden:

Definition. Eine Relation R auf der Menge A heißt *Halbordnung* (HO, „teilweise Ordnung“, engl. partial order, PO), wenn folgende Bedingungen erfüllt sind:

1) *Reflexivität:* aRa, für alle $a \in A$.

2) *Identität:* $(aRb \wedge bRa) \Rightarrow a = b$, für alle $a, b \in A$.

3) *Transitivität* $(aRb \wedge bRc) \Rightarrow aRc$, für alle $a, b, c \in A$.

Ist R eine Halbordnung, so heißt die durch $a\bar{R}b \Leftrightarrow (aRb \wedge a \neq b)$ definierte Relation $\bar{R}$ die *zu R gehörige strikte HO*. □

Man sieht leicht, daß die strikte HO $\bar{R}$ folgende Eigenschaften besitzt:

1) $a \not{\bar{R}} a$ für alle $a \in A$ (*Antireflexivität*).

2) $a\bar{R}b \Rightarrow b \not{\bar{R}} a$ für alle $a, b \in A$ (*„Antisymmetrie“*).

3) $(a\bar{R}b \wedge b\bar{R}c) \Rightarrow a\bar{R}c$ (*Transitivität*).

Bemerkung. Die Bezeichnung der unter 2) genannten Eigenschaften von R bzw. $\bar{R}$ ist in der Literatur nicht einheitlich.

Beispiel. a) Die Teilmengenrelation zwischen Mengen ist eine HO, die Relation „echte Teilmenge" die zugehörige strikte HO:

1) $A \subseteq A$ für alle A,	bzw.	1) $A \not\subset A$ für alle A,
2) $A \subseteq B, B \subseteq A \Rightarrow A = B$,	bzw.	2) $A \subset B \Rightarrow B \not\subset A$,
3) $A \subseteq B, B \subseteq C \Rightarrow A \subseteq C$,	bzw.	3) $A \subset B, B \subset C \Rightarrow A \subset C$.

b) Die Relation $\leqslant$ für reelle Zahlen bildet eine HO; die zugehörige strikte HO ist die Relation $<$.

Über die Forderungen 1), 2), 3) von oben hinausgehend, gelten dabei noch zusätzlich die Eigenschaften

$$a \leqslant b \vee b \leqslant a \quad \text{für alle} \quad a, b \in \mathbb{R} \text{ („\textit{Dichotomie}")}$$

bzw.

$$a < b \vee b < a \vee a = b \quad \text{für alle} \quad a, b \in \mathbb{R} \text{ („\textit{Trichotomie}")} . \quad \square$$

Man definiert nun

Definition. Eine Halbordnung R auf der Menge A, bei der je 2 Elemente vergleichbar sind, das heißt, für die gilt: $aRb \vee bRa$ für alle $a, b \in A$, heißt *lineare Ordnung* (Totalordnung).

Am Beginn von 1.2 haben wir die Darstellung der Relation R als gerichteten Graphen kennengelernt. Betrachten wir die HO „ $\subseteq$ " auf $\mathfrak{P}(\{0,1,2\})$, so erhalten wir den Graphen

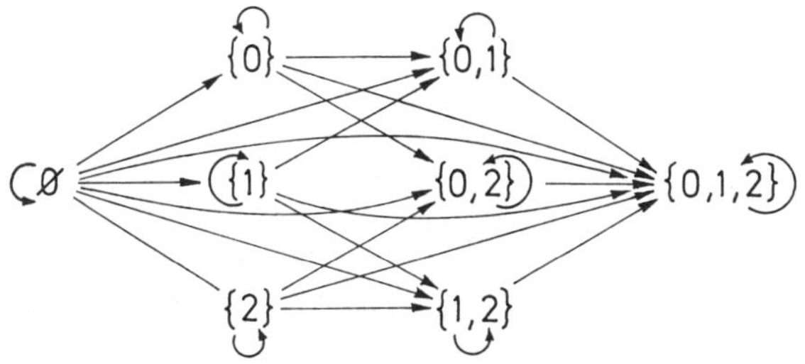

Abb. 17

Diese Darstellung läßt sich erheblich entlasten, wenn man beachtet, daß bei Kenntnis der Tatsache, daß „ $\subseteq$ " eine HO ist, zahlreiche gerichtete Kanten ohne Informationsverlust weggelassen werden können: Wegen der Reflexivität sind alle Schlingen ↻ entbehrlich, wegen der Transitivität genügt es, ausgehend von x, gerichtete Kanten nur zu den „direkten Nachfolgern" zu zeichnen, das heißt, denjenigen Knoten y, die von x nur in einem „Weg" der Länge 1 erreichbar sind. Wir erhalten

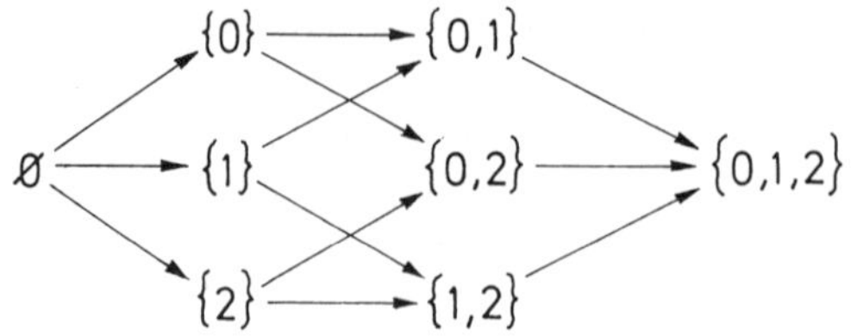

Abb. 18

Vereinbaren wir noch, daß Kanten stets als nach oben gerichtet zu betrachten sind, so können wir die Darstellung weiter vereinfachen:

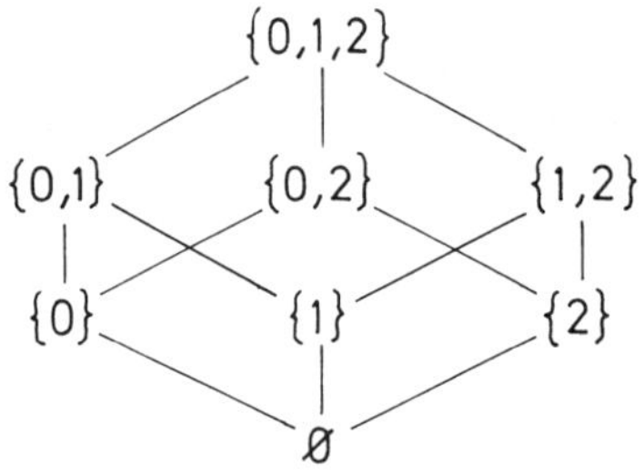

Abb. 19

Die auf diese Art gewonnene graphische Darstellung einer HO R auf A heißt das HASSE[1])-*Diagramm von R*.

Eine derartige graphische Darstellung ist sicher möglich, wenn A endlich ist. Bei unendlichen Mengen können wir in manchen Fällen zumindest einen „lokalen" Ausschnitt der HO durch das HASSE-Diagramm darstellen: Wählen wir z. B. $\mathbb{Z}$ mit der HO „$\leqslant$", so läßt sich das Intervall $[-3,2]$ darstellen durch

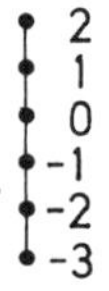

Abb. 20

Wählen wir jedoch $\mathbb{Q}$ oder $\mathbb{R}$, so besteht für $a \neq b$ jedes Intervall $[a, b]$ aus unendlich vielen Elementen, so daß eine Darstellung nicht mehr möglich ist.

Definition. Die HO R auf A heißt *lokalfinit* (*lokalendlich*), wenn für alle $a, b \in A$ das „Intervall" $[a, b] = \{x \mid x \in A,\ aRx,\ xRb\}$ endlich ist. □

Lokalfinite HO lassen sich also „lokal" (das heißt, für jedes ihrer „Intervalle") durch ein Hasse-Diagramm darstellen.

---

[1]) Helmut HASSE, 25. August 1898 – 26. Dezember 1979, Professor in Hamburg.

1.3 Funktionen, Kardinalzahl von Mengen

Im folgenden werden wir uns mit der Frage beschäftigen, ob die Relation „A hat gleich viele Elemente wie B" in sinnvoller Weise auch für unendliche Mengen A bzw. B studiert werden kann. Dazu ist es notwendig, den Begriff der eineindeutigen Zuordnung zwischen den Elementen der Mengen A und B einzuführen.

Definition. 1) Seien A und B zwei (nichtleere) Mengen. Dann versteht man unter einer *Funktion* (oder Abbildung) *f von A in B* eine Vorschrift, die jedem $a \in A$ ein eindeutig bestimmtes $b \in B$ zuordnet. b heißt das Bild von a unter f, symbolisch $b = f(a)$; A heißt Definitionsbereich, B heißt Wertevorrat von f.

2) Die Funktion $f: A \to B$ heißt *injektiv* (oder eineindeutige Abbildung von A in B oder 1-1-Abbildung von A in B), symbolisch $f: A \underset{1\text{-}1}{\to} B$, wenn jedes Element $b \in B$ höchstens einmal als Bild eines Elementes $a \in A$ unter f auftritt, das heißt,

$$f(a_1) = b, f(a_2) = b \Rightarrow a_1 = a_2, \quad \text{für alle} \quad a_1, a_2 \in A,\ b \in B$$

oder äquivalent dazu

$$a_1 \neq a_2 \Rightarrow f(a_1) \neq f(a_2), \quad \text{für alle} \quad a_1, a_2 \in A.$$

3) Die Funktion $f: A \to B$ heißt *surjektiv* (oder Abbildung von A *auf* B), symbolisch $f: A \dot{\to} B$, wenn jedes $b \in B$ mindestens einmal als Bild eines Elementes $a \in A$ unter f auftritt, das heißt:

$$\text{Zu jedem } b \in B \text{ existiert ein } a \in A \text{ mit } f(a) = b.$$

4) Die Funktion $f: A \to B$ heißt *bijektiv* (oder umkehrbar eindeutig, oder eineindeutige Abbildung von A *auf* B, oder 1-1-Abbildung von A *auf* B), symbolisch $f: A \underset{1\text{-}1}{\dot{\to}} B$, wenn f injektiv und surjektiv ist. □

Sind A und B endliche Mengen mit gleich vielen Elementen, z.B. $A = \{a_1, a_2, \ldots, a_n\}$, $B = \{b_1, b_2, \ldots, b_n\}$, so gibt es trivialerweise eine eineindeutige Zuordnung der Elemente von A und B, z.B.: $f(a_i) = b_i$ für $1 \leqslant i \leqslant n$. Dies führt zur folgenden

Definition. Die Mengen A und B heißen *gleichmächtig*, symbolisch $A \sim B$, wenn eine eineindeutige Zuordnung der Elemente von A auf die Elemente von B existiert. □

Die Beziehung „$\sim$" besitzt dann die folgenden Eigenschaften:

1) Reflexivität: $A \sim A$ für alle Mengen A: die „identische Abbildung" $\varphi: A \to A$ mit $\varphi(a) = a$ für alle $a \in A$ ist bijektiv.

2) Symmetrie: $A \sim B \Rightarrow B \sim A$: Ist φ eine 1-1-Abbildung von A auf B, so gibt es die eindeutig bestimmte Umkehrabbildung ψ mit $a = \psi(b) \Leftrightarrow a \in A$ ist das eindeutig bestimmte Urbild von $b \in B$ unter φ, und ψ ist wieder bijektiv.

3) Transitivität: $A \sim B$, $B \sim C \Rightarrow A \sim C$,

$$A \sim B \Rightarrow \text{es existiert bijektive Abbildung } \varphi: A \to B,$$

$$B \sim C \Rightarrow \text{es existiert bijektive Abbildung } \psi: B \to C.$$

Sei χ die „Hintereinanderausführung" von φ und ψ, das heißt, $\chi(a) = \psi(\varphi(a))$; dann ist χ bijektive Abbildung von A auf C, und daher $A \sim C$.

Da die Gesamtheit aller Mengen keine Menge ist, ist auch die Beziehung „ $\sim$ " keine Äquivalenzrelation auf dieser Gesamtheit! Betrachten wir die Relation „ $\sim$ " jedoch auf der Menge aller Teilmengen einer festen Menge M, das heißt, auf $\mathfrak{P}(M)$, so ist „ $\sim$ " eine Äquivalenzrelation im Sinne unserer Definition aus 1.2.

Definition. *Kardinalzahl* (Kardinalität, Mächtigkeit) einer Menge A; symbolisch $|A|$ (card(A), c(A), $\#A$).

1) Hat die Menge A nur endlich viele Elemente (A heißt dann endliche Menge), so bezeichnet $|A|$ die Anzahl der Elemente von A.

2) Allen gleichmächtigen unendlichen Mengen ordnet man als Kardinalzahl das gleiche Symbol („transfinite" Kardinalzahl) zu. □

Beispiel. Die Menge $\mathbb{N} = \{0, 1, 2, 3, \ldots\}$ erhält die Kardinalzahl $|\mathbb{N}| = \aleph_0$ (Aleph Null). Klarerweise ist für $\mathbb{N}^+ = \{1, 2, 3, \ldots\}$ $|\mathbb{N}^+| = |\mathbb{N}|$. Betrachten wir die Menge $\mathbb{Q}^+$ der positiven rationalen Zahlen, so erhebt sich die Frage, ob $\mathbb{Q}^+$ „mächtiger" als $\mathbb{N}^+$ ist.

Das *„Cantorsche Diagonalverfahren"* liefert eine 1-1-Abbildung $\mathbb{N}^+ \xrightarrow{\cdot} \mathbb{Q}^+$; damit ist auch $|\mathbb{Q}^+| = |\mathbb{N}|$, bzw. $|\mathbb{Q}| = |\mathbb{N}|$: Wir schreiben alle Brüche p/q mit $p, q \in \mathbb{N}^+$ in ein Rechtecksschema, so daß Brüche mit gleichem Nenner in derselben Zeile, solche mit gleichem Zähler in derselben Spalte stehen:

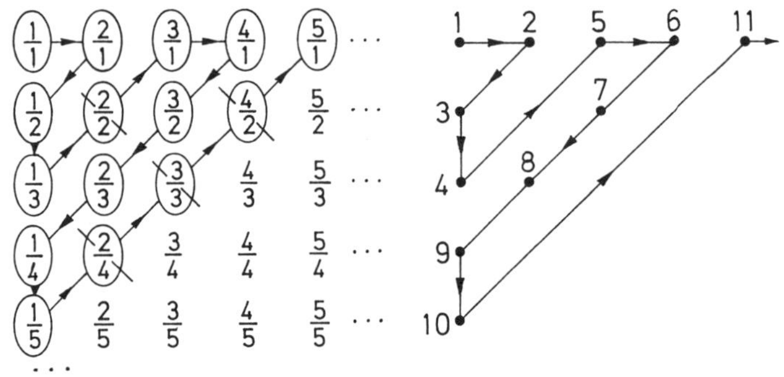

Abb. 21

Die Elemente des Rechtecksschemas werden nun längs der Diagonalen wie angedeutet durchnumeriert, wobei Brüche, die eine bereits durchlaufene Zahl aus $\mathbb{Q}^+$ auf andere Art nochmals darstellen, übergangen werden. □

Eine unendliche Menge, die zur Menge $\mathbb{N}$ gleichmächtig ist, heißt *abzählbar* (z. B. $\mathbb{Q}$, nach dem obigen Beispiel). Man kann zeigen, daß die Menge $\mathbb{R}$ der reellen Zahlen *nicht* abzählbar ist; sie enthält also, in diesem Sinn, wesentlich „mehr" Elemente als $\mathbb{N}$ bzw. $\mathbb{Q}$.

2 Zahlen

2.1 Die natürlichen Zahlen

Die Menge der *natürlichen Zahlen* $\mathbb{N} = \{0, 1, 2, 3, \ldots\}$ entsteht durch Abstraktion zweier wichtiger Probleme des praktischen Lebens, nämlich der Aufgabe des *Abzählens* einer (endlichen) Menge von Dingen bzw. der Aufgabe, (endlich viele) Objekte (linear) zu *ordnen*; dementsprechend finden wir in den meisten Sprachen natürliche Zahlen als *Kardinalien* (z. B. „zwei") bzw. als *Ordinalien* (z. B.: Der „Zweite"). Wir wollen im folgenden jedoch die natürlichen Zahlen formal durch ein auf PEANO[1]) zurückgehendes *Axiomensystem* definieren:

Axiomensystem. I Null (0) ist eine natürliche Zahl.

II Jede natürliche Zahl n hat genau einen „Nachfolger" n'.

III Null ist nicht Nachfolger einer natürlichen Zahl.

IV Jede natürliche Zahl ist Nachfolger höchstens einer natürlichen Zahl.

V Ist S eine Menge von natürlichen Zahlen, sodaß gilt:

a) $0 \in S$,

b) mit jeder Zahl $n \in S$ ist auch ihr Nachfolger $n' \in S$, das heißt, $n \in S \Rightarrow n' \in S$,

dann ist S die Menge der natürlichen Zahlen (das heißt, jede natürliche Zahl liegt in S). □

Die übliche Bezeichnung der natürlichen Zahlen ergibt sich, wenn wir $0' = 1$, $1' = 2$, $2' = 3, \ldots$ setzen. Aus Axiom V erhalten wir unmittelbar eines der wichtigsten mathematischen *Beweisprinzipien*, nämlich das

Beweisprinzip der „vollständigen Induktion". Ist eine Aussage $A(n)$ abhängig von der natürlichen Zahl n und gilt:

1) $A(0)$ ist wahr,
2) aus der Annahme „$A(n)$ ist wahr" kann hergeleitet werden, daß auch „$A(n+1)$ ist wahr" gilt, das heißt, für alle $n \in \mathbb{N}$ gilt: $A(n) \Rightarrow A(n+1)$;

dann ist $A(n)$ wahr für alle natürlichen Zahlen n. □

---

[1]) Giuseppe PEANO, 27. August 1858–20. April 1932, Professor in Turin.

Die einzelnen Schritte des Induktionsbeweises werden gelegentlich mit eigenen *Namen* versehen:

Schritt 1) heißt *„Start“* oder *„Induktionsanfang“* oder *„Induktionsbasis“* (Initialisierung).

In Schritt 2) heißt die Annahme „$A(n)$ ist wahr“ *„Induktionsannahme“* oder *„Induktionsvoraussetzung“*; die Aussage „$A(n+1)$ ist wahr“ oder auch die Implikation „$A(n) \Rightarrow A(n+1)$“ wird *„Induktionsbehauptung“* genannt, der gesamte Schritt 2 *„Induktionsschritt“*.

Man beachte, daß Punkt 2) *nicht* etwa *lautet*

$$\text{„}A(n) \text{ ist wahr für alle } n \in \mathbb{N}\text{“} \Rightarrow \text{„}A(n+1) \text{ ist wahr für alle } n \in \mathbb{N}\text{“}$$

(das wäre trivial), *sondern:* Die Folgerung

$$\text{„}A(n) \Rightarrow A(n+1)\text{“}$$

ist richtig für alle $n \in \mathbb{N}$!

Als eine erste Anwendung des Beweisprinzips betrachten wir die *„rekursive Definition“* der Addition von natürlichen Zahlen:

$$1)\ a+0 = a \qquad \text{für alle} \quad a \in \mathbb{N},$$

$$2)\ a+b' = (a+b)' \qquad \text{für alle} \quad a, b \in \mathbb{N}\,.$$

Beispiel. Um die Summe $3+3$ nach der obigen Definition zu berechnen, müßte man so vorgehen:

$$3+3 = 3+2' \underset{2)}{=} (3+2)' = (3+1')' \underset{2)}{=} ((3+1)')'$$

$$= ((3+0')')' \underset{2)}{=} (((3+0)')')' \underset{1)}{=} ((3')')' = (4')' = 5' = 6\,. \quad \square$$

Wir wollen nun *beweisen*, daß es tatsächlich *nur eine* Operation „$+$“ geben kann, die 1) und 2) von oben erfüllt: Sei dazu für festes $a \in \mathbb{N}$ $A(n)$ die Aussage „$a+n$ kann höchstens einen Wert annehmen“:

Wegen 1) ist dann $A(0)$ richtig.

Wegen 2) haben wir $A(n) \Rightarrow A(n+1)$.

Daher ist $A(n)$ richtig für alle $n \in \mathbb{N}$.

Daß auch wirklich *mindestens eine* Operation „$+$“ existiert, die 1) und 2) erfüllt, kann ebenfalls mit einem, allerdings viel komplizierteren, Induktionsbeweis gezeigt werden. Wir verweisen dazu auf die im Anhang zitierte Literatur.

Im folgenden führen wir zunächst einen weiteren Beweis mit vollständiger Induktion explizit durch und geben anschließend einige Varianten der oben erwähnten Grundform des Induktionsbeweises an:

Beispiel. Die Formel

$$0^2+1^2+2^2+\cdots+n^2=\frac{n(n+1)(2n+1)}{6}$$

soll für alle $n \in \mathbb{N}$ bewiesen werden:

1) $A(0)$ ist wahr, da

$$0^2=\frac{0(0+1)(2\cdot 0+1)}{6}.$$

2) Unter der Annahme, die Identität

$$(*) \qquad 0^2+1^2+2^2+\cdots+n^2=\frac{n(n+1)(2n+1)}{6}$$

sei wahr, müssen wir zeigen, daß auch

$$(**) \qquad 0^2+1^2+2^2+\cdots+(n+1)^2=\frac{(n+1)((n+1)+1)(2(n+1)+1)}{6}$$

richtig ist.

Zum Beweis zerlegen wir die linke Seite von (**) und verwenden für den 1. Term die als richtig angenommene Identität (*):

$$0^2+1^2+\cdots+(n+1)^2=(0^2+1^2+\cdots+n^2)+(n+1)^2$$

$$=\frac{n(n+1)(2n+1)}{6}+(n+1)^2.$$

Durch weiteres Umformen erhalten wir

$$=\frac{(n+1)(2n^2+7n+6)}{6}=\frac{(n+1)(n+2)(2n+3)}{6},$$

das heißt, die rechte Seite von (**). □

In vielen Fällen steht man vor der Aufgabe, eine Aussage $A(n)$ nicht für alle $n \in \mathbb{N}$, sondern etwa für alle $n \geqslant n_0$ (n_0 eine feste natürliche Zahl) zu beweisen:

Zweite Variante der vollständigen Induktion. Gilt für die Aussagen $A(n)$

1) $A(n_0)$ ist wahr ($n_0 \in \mathbb{N}$ fest vorgegeben),
2) $A(n)$ wahr $\Rightarrow A(n+1)$ wahr, für alle $n \geqslant n_0$,

dann ist $A(n)$ wahr für alle natürlichen Zahlen $n \geqslant n_0$. □

Die zweite Variante der vollständigen Induktion ist natürlich zur ersten Variante logisch äquivalent: Man setze

$$B(k)=A(n_0+k) \quad \text{für alle} \quad k \in \mathbb{N}.$$

Dann gilt:

1) $B(0) = A(n_0)$ ist wahr,

2) $B(k) \Rightarrow B(k+1)$ für alle $k \in \mathbb{N}$

(da $B(k) = A(n_0+k) = A(n)$ mit $n \geqslant n_0$).

Die Aussage $B(k)$ ist damit nach der ersten Variante der vollständigen Induktion wahr für alle $k \in \mathbb{N}$, das heißt, $A(n_0+k)$ ist wahr für alle $k \in \mathbb{N}$, das heißt, $A(n)$ für alle $n \geqslant n_0$.

Eine *dritte Variante* erweist sich in vielen Fällen als günstig, in denen es nicht möglich ist, die Gültigkeit der Aussage $A(n+1)$ nur unter Annahme der Gültigkeit von $A(n)$ zu beweisen, wohl aber, wenn auch die Gültigkeit von $A(n-1)$, $\ldots, A(0)$ vorausgesetzt wird.

Dritte Variante der vollständigen Induktion. Für die Aussage $A(n)$ gelte

1) $A(0)$ ist wahr,
2) aus der Richtigkeit von $A(k)$ für alle $k \leqslant n$ folgt die Richtigkeit von $A(n+1)$, das heißt,

$$A(0) \wedge A(1) \wedge \cdots \wedge A(n) \Rightarrow A(n+1), \quad \text{für alle} \quad n \in \mathbb{N} .$$

Dann ist $A(n)$ wahr für alle $n \in \mathbb{N}$. □

Die logische Äquivalenz zur ersten Variante ergibt sich durch Betrachtung der Aussage

$$C(n) = A(0) \wedge A(1) \wedge \cdots \wedge A(n) ,$$

für die dann gilt

1) $C(0)$ wahr (da $A(0) = C(0)$),

2) $C(n) \Rightarrow C(n+1)$ für alle $n \in \mathbb{N}$

$$\left(\text{da } A(0) \wedge A(1) \wedge \cdots \wedge A(n) \Rightarrow \left. \begin{matrix} A(n+1) \\ A(0) \wedge \cdots \wedge A(n) \end{matrix} \right\} \Rightarrow A(0) \wedge \cdots \wedge A(n+1) \right) .$$

Häufige Anwendungsbeispiele sind Aussagen über „Folgen" (a_n), die durch rekursive Definition gegeben sind, wobei aber in der Definition des Elements a_{n+1} nicht nur der Vorgänger a_n, sondern ein mehr oder weniger großer Teil der gesamten „Vorgeschichte" $a_0, a_1, \ldots, a_n$ auftritt.

Beispiel. Die „Folge" (a_n), $n \in \mathbb{N}$ ist rekursiv definiert durch

$$a_0 = 1,$$

$$a_{n+1} = \frac{a_0 + a_1 + \cdots + a_n}{n+1} \quad \text{für alle} \quad n \in \mathbb{N} .$$

Behauptung. $a_n = 1$ für alle $n \in \mathbb{N}$.

Beweis. 1) $A(0)$ ist wahr: $a_0 = 1$.

2) Sei $A(k)$ wahr für alle $k \leqslant n$, das heißt,

$$a_k = 1 \quad \text{für alle} \quad k \leqslant n.$$

Dann folgt

$$a_{n+1} = \frac{1+1+\cdots+1}{n+1} = \frac{n+1}{n+1} = 1 ,$$

das heißt, $A(n+1)$ ist wahr. □

Die dritte Variante läßt sich in naheliegender Weise abwandeln:

Beispiel. Die „Folge" (a_n), $n \in \mathbb{N}$ ist rekursiv definiert durch

$$a_0 = a_1 = 1,$$

$$a_{n+1} = \frac{a_n + a_{n-1}}{2} \quad \text{für alle} \quad n \in \mathbb{N} \quad \text{mit} \quad n \geqslant 1 .$$

Behauptung. $a_n = 1$ für alle $n \in \mathbb{N}$.

Beweis. 1) $A(0)$, $A(1)$ ist wahr: $a_0 = a_1 = 1$.

2) Aus der Richtigkeit von $A(k)$ für alle $k \leqslant n$, das heißt,

$$a_k = 1 \quad \text{für alle} \quad k \leqslant n ,$$

folgt die Richtigkeit von $A(n+1)$, für alle $n \geqslant 1$:

$$a_{n+1} = \frac{a_n + a_{n-1}}{2} = \frac{1+1}{2} = 1 .$$

Man beachte: i) Der Induktionsschritt ist erst ab $n = 1$ durchführbar; wir mußten daher beim Start die Richtigkeit von $A(0)$ *und* $A(1)$ beweisen.

ii) In 2) haben wir eigentlich von der Voraussetzung „$A(0) \wedge A(1) \wedge \cdots \wedge A(n)$ ist wahr" nur den Teil „$A(n-1) \wedge A(n)$ ist wahr" benutzt. □

In analoger Weise zur Summe $a + b$ können wir das *Produkt* $a \cdot b$ *von* $a, b \in \mathbb{N}$ rekursiv definieren:

Für festes $a \in \mathbb{N}$ sei

1) $a \cdot 0 = 0$,
2) $a \cdot b' = a \cdot b + a$

(das heißt, $a \cdot (n+1) = a \cdot n + a$).

Wir werden uns mit den algebraischen Eigenschaften von Summe und Produkt erst in Kapitel 3 beschäftigen, halten aber bereits an dieser Stelle fest, daß Summe und Produkt im Bereich der natürlichen Zahlen uneingeschränkt ausführbar sind und die *„Assoziativgesetze"* erfüllen:

$$(a+b)+c = a+(b+c) ,$$

$$(a \cdot b) \cdot c = a \cdot (b \cdot c) \quad \text{für alle} \quad a, b, c \in \mathbb{N} .$$

Mittels vollständiger Induktion folgt daraus, daß bei Summe oder Produkt von endlich vielen natürlichen Zahlen die Reihenfolge der Berechnung für das Ergebnis irrelevant ist, z. B.:

$$(\cdots((a_1+a_2)+a_3)+\cdots+a_n)=(a_1+(a_2+\cdots+(a_{n-1}+a_n)\cdots))\ .$$

Man schreibt daher kurz $a_1+a_2+\cdots+a_n$ bzw. $a_1\cdot a_2\cdot\cdots\cdot a_n$. Zur Abkürzung verwendet man die folgenden *Symbole:*

Es seien $k, l \in \mathbb{N}$:

$$\sum_{i=k}^{l} a_i = \begin{cases} a_k+a_{k+1}+\cdots+a_l & \text{für } k\leqslant l\,, \\ 0 & \text{für } k>l \text{ („\textit{leere Summe}“)}, \end{cases}$$

$$\prod_{i=k}^{l} a_i = \begin{cases} a_k\cdot a_{k+1}\cdot\cdots\cdot a_l & \text{für } k\leqslant l\,, \\ 1 & \text{für } k>l \text{ („\textit{leeres Produkt}“)}. \end{cases}$$

Daneben sind gelegentlich auch die Bezeichnungsweisen

$$\sum_{k\leqslant \underset{.}{i}\leqslant l} a_i \qquad \text{bzw.} \qquad \prod_{k\leqslant \underset{.}{i}\leqslant l} a_i$$

gebräuchlich (der Punkt unter dem i markiert den laufenden Index, er kann weggelassen werden, wenn keine Verwechslungsgefahr besteht).

In Form eines Algorithmus kann die Berechnung von

$$S=\sum_{i=k}^{l} a_i$$

wie folgt vonstatten gehen:

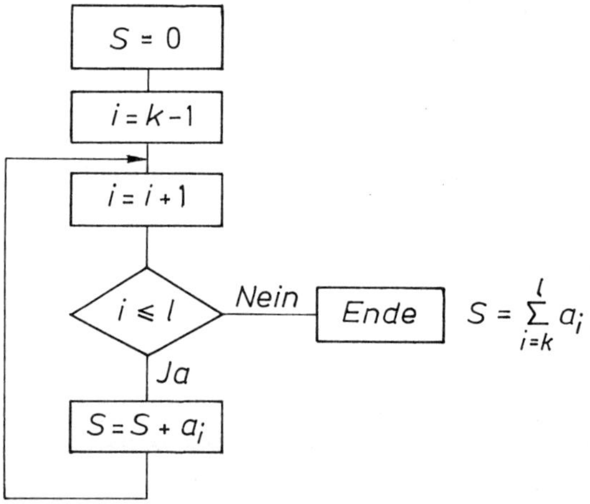

Abb. 22

Zur Berechnung von

$$P=\prod_{i=k}^{l} a_i$$

ist anstelle von „$S=0$" (leere Summe) „$P=1$" (leeres Produkt) zu setzen, sowie „$P=P\cdot a_i$" statt „$S=S+a_i$". ($\sum$- bzw. $\prod$-Notation lassen sich natürlich für Elemente a_i aus einer beliebigen Menge, auf der eine assoziative „Addition" bzw. „Multiplikation" erklärt ist, verwenden.)

2.2 Die ganzen, rationalen und reellen Zahlen

Während Addition und Multiplikation im Bereich der natürlichen Zahlen uneingeschränkt ausführbar sind, gilt dies für die Operationen der Subtraktion und Division nicht mehr:

Sind $a, b\in\mathbb{N}$, so braucht die *„Differenz"* $a-b$, das heißt, die Lösung der Gleichung $x+b=a$, in $\mathbb{N}$ nicht zu existieren. Man erweitert daher $\mathbb{N}=\{0\}\cup\{1,2,\ldots\}$ um die Elemente $-1,-2,\ldots$ zur Menge $\mathbb{Z}$ der *ganzen Zahlen.* Dabei heißen die Zahlen aus $\{\cdots,-2,-1\}$ *negative* ganze Zahlen, die Elemente von $\{1,2,\ldots\}$ *positive* ganze Zahlen.

Man könnte $\mathbb{Z}$ formal exakt aus $\mathbb{N}$ konstruieren als die Menge aller Äquivalenzklassen von Paaren (a,b) von Elementen $a,b\in\mathbb{N}$, wobei (a,b) und (c,d) genau dann äquivalent sein sollen, wenn $a+d=b+c$ ist, das heißt, (a,b) bzw. (c,d) steht für das Element „$a-b$" = „$c-d$" von $\mathbb{Z}$. (Man beachte, daß die Operation „ $-$ " ja eigentlich noch nicht definiert ist.) Wir werden jedoch im folgenden, um den Umfang dieses Bandes nicht zu sprengen, auf eine formale Definition der Operationen $+$, $-$, $\cdot$, $:$ auf $\mathbb{Z}$ (bzw. später auch auf $\mathbb{Q}$, $\mathbb{R}$) verzichten und die Wirkung dieser Operationen als bekannt voraussetzen. Der Interessierte kann die formalen Definitionen in der weiterführenden Literatur (siehe Anhang) nachlesen.

Die nur eingeschränkte Ausführbarkeit der Division $a:b$, das heißt, der Lösung der Gleichung $bx=a$, $a,b\in\mathbb{Z}$, führt zur Menge $\mathbb{Q}$ der *rationalen Zahlen,* das heißt, der „Brüche" a/b, $a,b\in\mathbb{Z}$, $b\neq 0$. Dabei gilt $a/b=c/d$ genau dann, wenn $ad=bc$ ist.

Bemerkung. Die *Darstellung* der Zahl $x=p/q\in\mathbb{Q}$ kann *eindeutig* gemacht werden durch die Forderungen: $p\in\mathbb{Z}$, $q\in\mathbb{N}-\{0\}$, $\operatorname{ggT}(p,q)=1$. Dabei ist $\operatorname{ggT}(p,q)$ der größte gemeinsame Teiler der Zahlen p und q, der später noch genauer diskutiert werden wird.

Wir halten fest: Die Gleichung $bx=a$ besitzt für $a,b\in\mathbb{Z}$, $b\neq 0$, stets eine Lösung in $\mathbb{Q}$. Ist $b=0$, das heißt, lautet die Gleichung $0\cdot x=a$, so gibt es für $a\neq 0$ keine Lösung, während für $a=0$ jedes $x\in\mathbb{Q}$ Lösung ist.

Wählt man auf einer Geraden zwei Punkte, die den Zahlen 0 und 1 entsprechen sollen, so lassen sich in naheliegender Weise auch alle übrigen Elemente von $\mathbb{N}$, $\mathbb{Z}$ bzw. $\mathbb{Q}$ als Punkte der Geraden interpretieren. Zwischen je zwei „rationalen Punkten" existieren dann unendlich viele weitere „rationale Punkte", da ja mit $a,b\in\mathbb{Q}$, $a\neq b$, auch $(a+b)/2\in\mathbb{Q}$, sowie $(a+(a+b)/2)/2$ und $((a+b)/2+b)/2\in\mathbb{Q}$ usw.

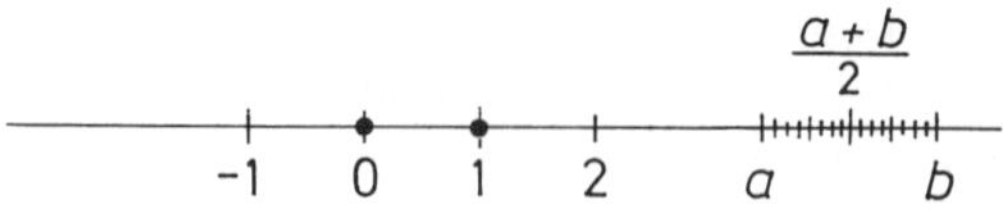

Abb. 23

Schon im klassischen Griechenland war jedoch bekannt, daß es dennoch Punkte der „Zahlengeraden" gibt, denen man keine rationale Zahl zuordnen kann: Es sei x die Länge der Diagonale des Quadrats mit Seitenlänge 1. Dann gilt (nach dem Satz von PYTHAGORAS[1])) $x^2 = 1 + 1 = 2$.

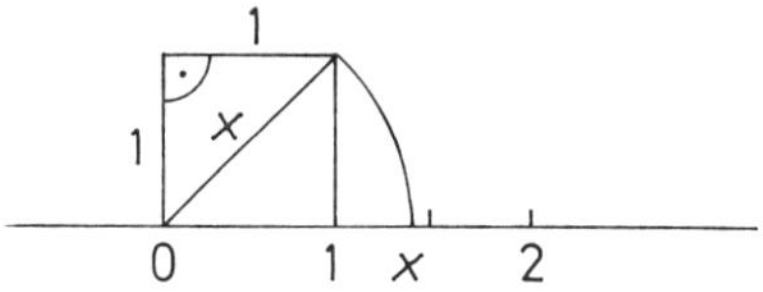

Abb. 24

Die Gleichung $x^2 = 2$ *besitzt jedoch keine Lösung in* $\mathbb{Q}$.

(*Beweis.* Der „klassische" Beweis dieses Faktums verläuft so: Nehmen wir an, es gäbe eine Lösung x der Gleichung in $\mathbb{Q}$; da mit x auch $-x$ Lösung der Gleichung ist, können wir annehmen, daß $x > 0$ gilt. Dann besitzt x eine Darstellung $x = p/q$, $p, q \in \mathbb{N}$, $q \neq 0$, $\operatorname{ggT}(p, q) = 1$, und wir erhalten, wegen $x^2 = 2$, $p^2 = 2q^2$. Damit ist 2 ein Teiler von p^2 und daher auch von p, das heißt, $p = 2p'$, mit einem geeigneten $p' \in \mathbb{N}$. Nun ist $4p'^2 = 2q^2$, das heißt, $q^2 = 2p'^2$, und daher auch $q = 2q'$, mit $q' \in \mathbb{N}$. Damit wäre aber $\operatorname{ggT}(p, q) \geqslant 2$, ein Widerspruch zur Voraussetzung $\operatorname{ggT}(p, q) = 1$. □

Das eben verwendete **Beweisprinzip**, nämlich die Richtigkeit der Aussage A zu beweisen, indem man zeigt, daß aus der Richtigkeit der Negation von A ein Widerspruch folgen würde, heißt *indirekter Beweis.*)

Man „vervollständigt" nun die Menge $\mathbb{Q}$ zur Menge $\mathbb{R}$ der *reellen Zahlen,* indem man die noch „fehlenden" Punkte der Zahlengeraden zur Menge $\mathbb{Q}$ hinzufügt.

Diese „anschauliche" Erklärung der Menge $\mathbb{R}$ stellt natürlich keine exakte Definition dar (um so mehr, als man zeigen kann, daß es in Wirklichkeit auch ganz andere Möglichkeiten als die Menge $\mathbb{R}$ gibt, unsere anschauliche Vorstellung einer Zahlengeraden zu formalisieren – sogenannte Nichtstandardmodelle der Zahlengeraden).

Eine *exakte Definition der reellen Zahlen* kann auf viele, sehr verschiedene, Arten vorgenommen werden (z.B. durch sogenannte DEDEKIND[2])-Schnitte, als Äquivalenzklassen von „Intervallschachtelungen", als Äquivalenzklassen von

---

[1]) PYTHAGORAS, ca. 580–500 v. Chr. Der nach ihm benannte Satz war jedoch schon früher bekannt.

[2]) Richard DEDEKIND, 6. Oktober 1831–12. Februar 1916, Professor in Zürich und Braunschweig.

„CAUCHY“ [1])-Folgen“ etc.). Allen Konstruktionen ist, bei wirklich genauer Durchführung, jedoch eine relativ große mathematische Subtilität eigen – wir wollen daher im Rahmen dieser Darstellung auf eine genauere Diskussion dieser Verfahren verzichten. Wir werden statt dessen an einigen Stellen in axiomatischer Form Eigenschaften der Menge $\mathbb{R}$ angeben (die jeweils mit unserer anschaulichen Vorstellung der Zahlengeraden verträglich sein werden) und mit diesen postulierten Eigenschaften der reellen Zahlen weiterarbeiten.

Insbesonders wollen wir die *Operationen der Addition und Multiplikation* reeller Zahlen als bekannt voraussetzen. Wir halten weiters fest, daß für diese Operationen die *folgenden Eigenschaften* erfüllt sind: Es sei $\mathbb{R}_0 = \mathbb{R}\backslash\{0\}$; dann gilt:

1) *„Abgeschlossenheit“:*

$$a, b \in \mathbb{R} \Rightarrow a + b \in \mathbb{R}\,,$$

$$a, b \in \mathbb{R} \Rightarrow a \cdot b \in \mathbb{R}\,.$$

2) *„Assoziativgesetze“:*

$$a, b, c \in \mathbb{R} \Rightarrow (a + b) + c = a + (b + c)\,,$$

$$a, b, c \in \mathbb{R} \Rightarrow (a \cdot b) \cdot c = a \cdot (b \cdot c)\,.$$

3) Existenz von *„Einheitselementen“:* Es gibt Elemente $0 \in \mathbb{R}$, $1 \in \mathbb{R}_0$, so daß gilt:

$$a \in \mathbb{R} \Rightarrow a + 0 = 0 + a = a\,,$$

$$a \in \mathbb{R} \Rightarrow a \cdot 1 = 1 \cdot a = a\,.$$

4) Existenz von *„inversen Elementen“:*

$$a \in \mathbb{R} \Rightarrow a + (-a) = (-a) + a = 0\,,$$

$$a \in \mathbb{R}_0 \Rightarrow a \cdot \frac{1}{a} = \frac{1}{a} \cdot a = 1\,.$$

(Man beachte, daß für $a = 0$ kein Element $1/a$ in $\mathbb{R}$ existiert.)

5) *„Kommutativgesetze“:*

$$a, b \in \mathbb{R} \Rightarrow a + b = b + a\,,$$

$$a, b \in \mathbb{R} \Rightarrow a \cdot b = b \cdot a\,.$$

6) *„Distributivgesetz“:*

$$a, b, c \in \mathbb{R} \Rightarrow a \cdot (b + c) = a \cdot b + a \cdot c\,.$$

Man sagt aufgrund der obigen Eigenschaften: $\langle \mathbb{R}, +, \cdot \rangle$ bildet einen *„Körper“*, $\langle \mathbb{R}, + \rangle$ bzw. $\langle \mathbb{R}_0, \cdot \rangle$ eine *„Gruppe“*. (Entsprechendes gilt auch für die Menge $\mathbb{Q}$ der rationalen Zahlen.)

---

[1]) Augustin Louis CAUCHY, 21. August 1783–23. Mai 1857, Professor an der Ecole Polytechnique und der Sorbonne.

Aufgrund der Assoziativgesetze hängt das Ergebnis der Berechnung der Ausdrücke

$$\underbrace{a+a+\cdots+a}_{n\text{-mal}} \quad \text{bzw.} \quad \underbrace{a\cdot a\cdot\cdots\cdot a}_{n\text{-mal}}$$

nicht von der Reihenfolge der Addition bzw. Multiplikation ab; man führt daher Kurzschreibweisen ein, nämlich $n \cdot a$ („*Vielfaches*“) bzw. a^n (*Potenz*). Beide Symbole können für beliebiges $n \in \mathbb{N}$ natürlich wieder rekursiv definiert werden:

Vielfaches: $0 \cdot a = 0$, $(n+1)a = n \cdot a + a$ für alle $n \geqslant 0$

Potenz: $a^0 = 1$, $a^{n+1} = a^n \cdot a$ für alle $n \geqslant 0$.

Wir sind zur reellen Zahl $\sqrt{2}$ über die Lösung der Gleichung $x^2 - 2 = 0$ gelangt.

Betrachten wir nun allgemein die Gleichung

$$(*) \qquad a_n x^n + a_{n-1} x^{n-1} + \cdots + a_1 x + a_0 = 0, \quad (n \geq 1),$$

wobei die „Koeffizienten“ a_i in $\mathbb{Z}$ liegen sollen, $a_n \neq 0$. Man nennt dann (*) eine *algebraische Gleichung* mit ganzzahligen Koeffizienten.

Es ergeben sich nun in natürlicher Weise zwei Fragestellungen:

1) Ist jede reelle Zahl Lösung einer derartigen Gleichung?
2) Ist umgekehrt jede derartige Gleichung in $\mathbb{R}$ lösbar?

Beide Fragen sind negativ zu beantworten:

1) Eine reelle Zahl, die Lösung einer Gleichung (*) mit ganzzahligen Koeffizienten ist, heißt *algebraische Zahl*. Man kann nun (mit sehr tiefliegenden mathematischen Methoden) zeigen, daß etwa die Zahlen e und π keine algebraischen Zahlen sind. Derartige Zahlen heißen *transzendente Zahlen*. Tatsächlich gibt es im Sinn der Mächtigkeit von Mengen sogar wesentlich „mehr“ transzendente Zahlen als algebraische Zahlen in $\mathbb{R}$: Man kann nämlich zeigen, daß die Menge der algebraischen Zahlen in $\mathbb{R}$ gleichmächtig mit $\mathbb{N}$, das heißt, abzählbar ist, während die Menge der transzendenten reellen Zahlen gleichmächtig mit $\mathbb{R}$ selbst ist.

2) Hier kann ein Gegenbeispiel sehr einfach angegeben werden: *Die Gleichung*

$$x^2 + 1 = 0$$

besitzt keine Lösung in $\mathbb{R}$ (da für $x \in \mathbb{R}$ stets $x^2 \geqslant 0$ gilt – vgl. den Abschnitt „Angeordnete Körper“). Bezeichnen wir nun einfach eine „Lösung“ dieser Gleichung mit „i“, so können wir mit Objekten der Gestalt $a + ib$, $a, b \in \mathbb{R}$, in naheliegender Weise rechnen, wenn wir stets die Bedingung $i^2 + 1 = 0$, das heißt, $i^2 = -1$, berücksichtigen. Dies führt uns zum Abschnitt 2.3.

2.3 Die komplexen Zahlen

Definition. Unter einer *komplexen Zahl* z verstehen wir ein geordnetes Paar $\langle a, b\rangle$ von reellen Zahlen, wobei wir anstelle von $\langle a, b\rangle$ auch die Schreibweise $a+ib$ verwenden.

a heißt *Realteil* von z, symbolisch $a = \mathrm{Re}(z)$;

b heißt *Imaginärteil* von z, symbolisch $b = \mathrm{Im}(z)$.

Die Menge aller komplexen Zahlen bezeichnen wir mit $\mathbb{C}$.

Seien $a, b, c, d \in \mathbb{R}$. Dann sind *Summe und Produkt von komplexen Zahlen* definiert durch

$$(a+ib)+(c+id) = (a+c)+i(b+d)$$

bzw.

$$(a+ib)\cdot(c+id) = (ac-bd)+i(ad+bc)\ . \quad \square$$

Man beachte, daß die Bezeichnung $a+ib$ für das geordnete Paar $\langle a, b\rangle$ nur deshalb sinnvoll ist, weil die nach den obigen Regeln gebildete Summe der Zahl $a = a+i\cdot 0 \in \mathbb{C}$ und des Produkts der Zahlen $i = 0+i\cdot 1$ sowie $b = b+i\cdot 0$ gleich der komplexen Zahl $a+ib$ ist. Weiter erfüllt das oben definierte Produkt die geforderte Bedingung $i^2 = (0+i\cdot 1)(0+i\cdot 1) = (-1+i\cdot 0) = -1$.

Man kann leicht nachweisen, daß die Menge $\mathbb{C}$ mit den Operationen der Addition und Multiplikation die im vorigen Abschnitt angeführten Eigenschaften eines *Körpers* besitzt.

Aus der Definition der komplexen Zahlen als geordnete Paare $\langle a, b\rangle$, $a, b \in \mathbb{R}$, ergibt sich unmittelbar, daß jeder komplexen Zahl $z = \langle a, b\rangle = a+ib$ eineindeutig ein Punkt in einem kartesischen Koordinatensystem in der Ebene zugeordnet werden kann, nämlich der Punkt mit den Koordinaten $\langle a, b\rangle$. Diese Darstellung der komplexen Zahlen heißt GAUSS[1]*sche Zahlenebene.* Ihre besondere Bedeutung beruht darin, daß die abstrakt definierten *Operationen* der Addition und Multiplikation in ihr sehr einfache *geometrische Interpretationen* besitzen: So ergibt sich unmittelbar, daß die *Addition* der Zahl $c+id$ zur Zahl $a+ib$ geometrisch eine Translation des Punktes $\langle a, b\rangle$ um den „Vektor" $\binom{c}{d}$ bedeutet:

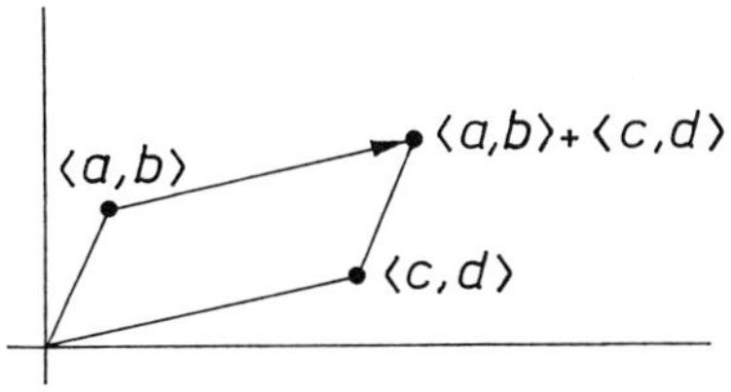

Abb. 25

Zur Interpretation der Multiplikation erweist sich eine *andere Darstellung der komplexen Zahlen* als günstiger, nämlich die *„trigonometrische" Darstellung* der Zahl $z = a+ib$ durch die *„Polarkoordinaten"* $[r, \varphi]$ des Punktes $\langle a, b\rangle$ der Ebene:

---

[1]) Carl Friedrich GAUSS, 30. April 1777 – 23. Februar 1855, Professor für Astronomie in Göttingen, einer der bedeutendsten Mathematiker aller Zeiten.

Dabei mißt r den Abstand des Punktes $\langle a, b\rangle$ vom Ursprung $\langle 0,0\rangle$, φ den Winkel zwischen der positiven x-Achse und dem Strahl, der von $\langle 0,0\rangle$ ausgehend durch den Punkt $\langle a, b\rangle$ geht:

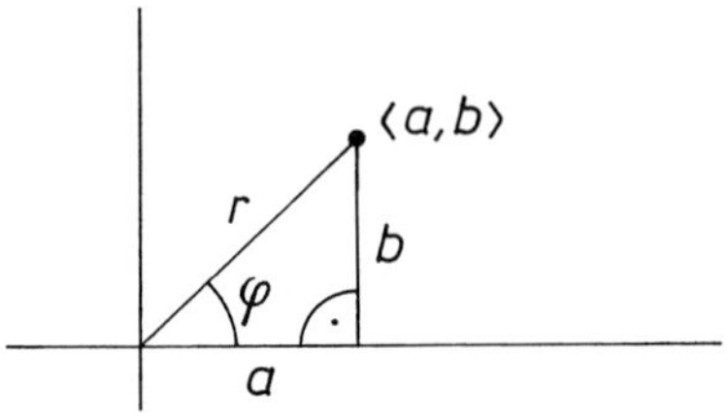

Abb. 26

Man beachte, daß der Winkel φ für $r > 0$ natürlich nur bis auf ganzzahlige Vielfache von 360° bzw. 2π (im Bogenmaß) eindeutig bestimmt ist, während für $r = 0$ jeder beliebige Winkel φ zugeordnet werden kann. Jedenfalls können wir jede komplexe Zahl z in der Form

$$z = [r, \varphi]\,, \qquad r \geqslant 0\,, \qquad 0° \leqslant \varphi < 360° \qquad \textit{bzw.} \qquad 0 \leqslant \varphi < 2\pi$$

darstellen.

Der *Zusammenhang* mit der Darstellung $z = a + ib$ ergibt sich wie folgt: Einerseits ersieht man aus der obigen Skizze sofort die Beziehungen

$$\begin{cases} a = r \cdot \cos\varphi\,, \\ b = r \cdot \sin\varphi\,. \end{cases}$$

Andererseits gilt natürlich

$$r = \sqrt[+]{a^2 + b^2}\,.$$

Die eindeutige Festlegung des Winkels kann jedoch nicht etwa nur durch die Beziehung $\tan\varphi = b/a$ erfolgen, da ja $\tan\varphi = \tan(\varphi + \pi)$ gilt und sich die Winkel von $a + ib$ und $(-a) + i(-b)$ nicht unterscheiden ließen. Die eindeutige Beschreibung des Winkels ist aber durch die beiden Beziehungen

$$\cos\varphi = \frac{a}{r} = \frac{a}{\sqrt[+]{a^2+b^2}} \qquad \textit{und} \qquad \sin\varphi = \frac{b}{r} = \frac{b}{\sqrt[+]{a^2+b^2}}$$

möglich; insgesamt also

$$\begin{cases} r = \sqrt[+]{a^2+b^2} \\ \text{und für } r \neq 0: \\ \cos\varphi = \dfrac{a}{r}\,, \\ \sin\varphi = \dfrac{b}{r}\,, \end{cases} \qquad (0 \leqslant \varphi < 2\pi)\,.$$

Die geometrisch eingeführten Beschreibungsgrößen r bzw. φ der komplexen Zahl $z = [r, \varphi]$ heißen *Absolutbetrag* bzw. *Argument von z*, symbolisch

$$r = |z|, \qquad \varphi = \arg z .$$

Lassen wir die Einschränkung $0 \leqslant \varphi < 2\pi$ fallen, so sind nach dem oben Gesagten die komplexen Zahlen

$$z_1 = [r_1, \varphi_1] \qquad \text{bzw.} \qquad z_2 = [r_2, \varphi_2]$$

genau dann gleich, wenn

$$r_1 = r_2 = 0 \,, \quad \varphi_1, \varphi_2 \text{ beliebig oder } \quad r_1 = r_2 \quad \text{und} \quad \varphi_1 = \varphi_2 + k \cdot 2\pi$$

für ein geeignetes $k \in \mathbb{Z}$ gilt.

Kehren wir zur Frage nach der *geometrischen Deutung der Multiplikation* zurück: Für

$$z_1 = [r_1, \varphi_1] = r_1 \cos \varphi_1 + i r_1 \sin \varphi_1 = r_1 (\cos \varphi_1 + i \sin \varphi_1)$$

bzw.

$$z_2 = [r_2, \varphi_2] \qquad = r_2 (\cos \varphi_2 + i \sin \varphi_2)$$

haben wir

$$\begin{aligned} z_1 z_2 &= r_1 r_2 ((\cos \varphi_1 \cos \varphi_2 - \sin \varphi_1 \sin \varphi_2) \\ &\quad + i (\cos \varphi_1 \sin \varphi_2 + \sin \varphi_1 \cos \varphi_2)) \\ &= r_1 r_2 (\cos (\varphi_1 + \varphi_2) + i \sin (\varphi_1 + \varphi_2)) \end{aligned}$$

(nach dem Additionstheorem für $\sin(\alpha + \beta)$ bzw. $\cos(\alpha + \beta)$), das heißt,

$$z_1 \cdot z_2 = [r_1 r_2, \varphi_1 + \varphi_2]$$

oder

$$\begin{cases} |z_1 z_2| = |z_1| \cdot |z_2| \,, \\ \arg(z_1 \cdot z_2) = \arg z_1 + \arg z_2 \,. \end{cases}$$

Die Multiplikation der Zahl z_1 mit der Zahl z_2 bedeutet geometrisch also eine Drehung um den Winkel φ_2 und eine Streckung um den Faktor r_2, das heißt, eine *Drehstreckung.*

Die Darstellung von z durch Betrag und Argument ermöglicht es, für $z \neq 0$ auf sehr einfachem Wege das inverse Element $z^{-1} = 1/z$ bezüglich der Multiplikation anzugeben. Wir vereinbaren zunächst die folgende Definition.

Definition. Sei $z = a + ib \in \mathbb{C}$. Dann heißt $\bar{z} = a - ib \in \mathbb{C}$ die *konjugiert komplexe Zahl* zur Zahl z. □

Es ergeben sich dann unmittelbar die folgenden Beziehungen:

$$\frac{z + \bar{z}}{2} = \operatorname{Re}(z) \,, \qquad \frac{z - \bar{z}}{2i} = \operatorname{Im}(z) \,, \qquad z \cdot \bar{z} = |z|^2 .$$

Der Ausdruck $N(z) = z \cdot \bar{z} = |z|^2$ heißt *Norm von z.*

Mit diesen Bezeichnungen ergibt sich: Sei

$$z = [r, \varphi] \neq 0 \qquad \text{und} \qquad z^{-1} = [\varrho, \psi] \, ,$$

das heißt,

$$[r, \varphi] \cdot [\varrho, \psi] = 1 = [1, 0]$$

bzw.

$$[r \cdot \varrho, \varphi + \psi] = [1, 0] \, .$$

Dann ist

$$r \cdot \varrho = 1 \, , \qquad \varphi + \psi = 0 + 2k\pi \, , \qquad k \in \mathbb{Z} \, .$$

Wir erhalten also

$$\varrho = r^{-1} \, , \qquad \psi = -\varphi + 2k\pi \, , \qquad k \in \mathbb{Z} \, ,$$

z. B.: $\psi = -\varphi$.

Berücksichtigt man $\cos(-\varphi) = \cos\varphi$ sowie $\sin(-\varphi) = -\sin\varphi$, so bedeutet das:

$$\begin{cases} z = r(\cos\varphi + i\sin\varphi) \, , & r \neq 0 \\ \Rightarrow z^{-1} = r^{-1}(\cos\varphi - i\sin\varphi) \, . \end{cases}$$

Da für

$$z = r(\cos\varphi + i\sin\varphi)$$

$$\bar{z} = r(\cos\varphi - i\sin\varphi)$$

und

$$z \cdot \bar{z} = r^2 \, ,$$

können wir auch schreiben

$$\frac{1}{z} = \frac{\bar{z}}{z \cdot \bar{z}} = \frac{\bar{z}}{r^2} \, ,$$

wobei der Nenner stets eine reelle Zahl ist. Weiters erhalten wir unmittelbar:

$$z_1 = [r_1, \varphi_1] \, , \qquad z_2 = [r_2, \varphi_2] \qquad \text{mit} \quad z_2 \neq 0 \, , \quad \text{das heißt} \quad r_2 \neq 0 \, ,$$

$$\Rightarrow \frac{z_1}{z_2} = \left[\frac{r_1}{r_2}, \varphi_1 - \varphi_2\right] .$$

Definieren wir die Potenzen z^n, $n \in \mathbb{N}$, der Zahl $z \in \mathbb{C}$ wieder rekursiv durch

$$z^0 = 1 \, , \qquad z^{n+1} = z^n \cdot z \qquad \text{für alle} \quad n \in \mathbb{N} \, ,$$

so erhalten wir

$$z = [r, \varphi] \Rightarrow z^n = [r^n, n\varphi] \qquad \text{für alle} \quad n \in \mathbb{N} \, .$$

Berücksichtigt man $z^{-1} = [r^{-1}, -\varphi]$, und setzt man

$$z^{-n} = (z^{-1})^n \, ,$$

so ergibt sich auch

$$z = [r, \varphi] \Rightarrow z^{-n} = [r^{-n}, -n \cdot \varphi] \qquad \text{für alle} \quad n \in \mathbb{N} \, .$$

Damit haben wir

$$z = [r, \varphi] \Rightarrow z^n = [r^n, n\varphi] \qquad \text{für alle} \quad n \in \mathbb{Z}$$

bzw.

$$z = r(\cos\varphi + i\sin\varphi) \Rightarrow z^n = r^n(\cos n\varphi + i\sin n\varphi) \qquad \textit{für alle} \quad n \in \mathbb{Z}\,,$$

die MOIVRE[1]*sche Formel.*

Im Spezialfall $r = 1$ hat sie die Gestalt

$$(\cos\varphi + i\sin\varphi)^n = \cos n\varphi + i\sin n\varphi \qquad \textit{für alle} \quad n \in \mathbb{Z}\,.$$

Wir wollen uns nun mit dem Problem des *Wurzelziehens* im Bereich der komplexen Zahlen beschäftigen. Dabei nennen wir jede Lösung w der Gleichung

$$(*) \qquad w^n = z$$

eine *n-te Wurzel* der komplexen Zahl z. Wie wir gleich sehen werden, besitzt die Gleichung (*) für $n \geqslant 2$ i. allg. mehrere verschiedene (nämlich n) Lösungen; man verwendet nun das Symbol $\sqrt[n]{z}$ einerseits als Abkürzung für die Menge *aller* Lösungen der Gleichung (*), andererseits aber oft auch als Abkürzung für ein spezielles Element dieser Menge, das heißt, für einen speziellen Wert der n-ten Wurzel.

Um alle Werte von $\sqrt[n]{z}$ zu bestimmen, gehen wir so vor: Es sei

$$z = [r, \varphi] = r(\cos\varphi + i\sin\varphi)$$

und

$$w = [\varrho, \psi] = \varrho(\cos\psi + i\sin\psi)$$

eine Lösung von $w^n = z$, das heißt,

$$[\varrho^n, n\psi] = [r, \varphi]\,.$$

Fall 1. $z = 0$, das heißt, $r = 0$:

$$\Rightarrow \varrho^n = 0 \Rightarrow \varrho = 0\,, \qquad \text{das heißt,} \qquad w = 0 \quad (\Rightarrow \psi \text{ beliebig!})\,.$$

Fall 2. $z \neq 0$, das heißt, $r \neq 0$:

$$\Rightarrow \varrho^n = r\,, \qquad n\psi = \varphi + 2k\pi\,, \qquad k \in \mathbb{Z}$$

$$\Rightarrow \varrho = \sqrt[n]{r}\,, \qquad \psi = \frac{\varphi + 2k\pi}{n}\,, \qquad k \in \mathbb{Z}\,.$$

Dabei liefern zwei Zahlen k_1 bzw. $k_2 \in \mathbb{Z}$ genau dann das gleiche Ergebnis, wenn

$$\frac{\varphi + 2k_1\pi}{n} = \frac{\varphi + 2k_2\pi}{n} + l \cdot 2\pi\,,$$

das heißt,

$$k_1 - k_2 = l \cdot n \qquad \text{für ein} \qquad l \in \mathbb{Z}\,.$$

Wir definieren nun:

Definition. Seien $x, y, q \in \mathbb{C}$. Dann heißen x und y *kongruent modulo q,* symbolisch $x \equiv y (\operatorname{mod} q)$, wenn eine Zahl $l \in \mathbb{Z}$ existiert, so daß $x - y = l \cdot q$. □

---

[1]) Abraham de MOIVRE, 1667 – 1754.

Damit erhalten wir: Sei $z \neq 0$. Dann sind die n-ten Wurzeln von $z = r(\cos\varphi + i\sin\varphi)$ die Zahlen

$$(**) \qquad \sqrt[n]{z} = \sqrt[n]{r}\left(\cos\frac{\varphi+2k\pi}{n} + i\sin\frac{\varphi+2k\pi}{n}\right), \qquad k\in\mathbb{Z},$$

wobei $k_1, k_2 \in \mathbb{Z}$ genau dann den gleichen Wert liefern, wenn $k_1 \equiv k_2 \,(\mathrm{mod}\, n)$ gilt.

Man erhält also *alle verschiedenen Werte von* $\sqrt[n]{z}$, indem man etwa alle $k \in \{0, 1, \ldots, n-1\}$ in (**) verwendet.

Wir haben weiter oben bereits die Begriffe *Absolutbetrag, Norm* und *konjugiert komplexe Zahl* eingeführt. Im folgenden geben wir kurz einige *Eigenschaften* an:

1) Für $z = a + ib$, $a, b \in \mathbb{R}$, ist $\bar{z} = a - ib$, und es gilt

$$\bar{\bar{z}} = z,$$

$$\overline{z_1 + z_2} = \bar{z}_1 + \bar{z}_2, \qquad \text{speziell} \qquad \overline{-z} = -\bar{z},$$

$$\overline{z_1 \cdot z_2} = \bar{z}_1 \cdot \bar{z}_2, \qquad \text{speziell} \qquad \overline{\left(\frac{1}{z}\right)} = \frac{1}{\bar{z}}.$$

2) Für $N(z) = z \cdot \bar{z} = |z|^2$ gilt

$$N(z_1 \cdot z_2) = N(z_1) \cdot N(z_2),$$

$$N\left(\frac{z_1}{z_2}\right) = \frac{N(z_1)}{N(z_2)} \qquad \text{für} \qquad z_2 \neq 0.$$

3) Für $|z| = \sqrt[+]{a^2 + b^2} = \sqrt[+]{z \cdot \bar{z}}$ ist

$$|z_1 \cdot z_2| = |z_1| \cdot |z_2|,$$

$$\left|\frac{z_1}{z_2}\right| = \frac{|z_1|}{|z_2|} \qquad \text{für} \qquad z_2 \neq 0,$$

jedoch sind i. allg. $|z_1 + z_2|$ und $|z_1| + |z_2|$ verschieden (z. B. für $z_1 = 1$, $z_2 = -1$).

Es gilt jedoch die „*Dreiecksungleichung*“:

$$|z_1 + z_2| \leqslant |z_1| + |z_2| \qquad \text{für alle} \quad z_1, z_2 \in \mathbb{C}.$$

Beweis. Es ist

$$\begin{aligned} |z_1 + z_2|^2 &= (z_1 + z_2) \cdot (\bar{z}_1 + \bar{z}_2) \\ &= |z_1|^2 + |z_2|^2 + z_1\overline{z_2} + \overline{z_1} \cdot z_2 \\ &= |z_1|^2 + 2\,\mathrm{Re}(z_1\overline{z_2}) + |z_2|^2 \\ &\leqslant |z_1|^2 + 2\,|z_1\overline{z_2}| + |z_2|^2 \\ &= |z_1|^2 + 2\,|z_1 z_2| + |z_2|^2 \\ &= (|z_1| + |z_2|)^2. \end{aligned}$$

Ziehen wir die positive reelle Wurzel, so ergibt sich

$$|z_1+z_2| \leqslant |z_1|+|z_2| . \quad \square$$

Beachten wir $|-z|=|z|$, so ist

$$|z_1-z_2| \leqslant |z_1|+|-z_2|=|z_1|+|z_2| ,$$

das heißt, es gilt auch

$$|z_1-z_2| \leqslant |z_1|+|z_2| \qquad \textit{für alle} \qquad z_1, z_2 \in \mathbb{C} .$$

Ist $x \in \mathbb{R}$, so läßt sich die Funktion $|x|$ einfacher definieren durch

$$|x| = \begin{cases} x, & x \geqslant 0, \\ -x, & x < 0. \end{cases}$$

Setzen wir weiters

$$\operatorname{sgn} x = \begin{cases} 1, & x > 0, \\ 0, & x = 0, \\ -1, & x < 0, \end{cases} \qquad (\text{„\textit{Signumfunktion}“}) ,$$

so gilt also stets $x = \operatorname{sgn} x \cdot |x|$.

Die Schaubilder der Funktionen $|x|$ bzw. $\operatorname{sgn} x$ haben die Gestalt

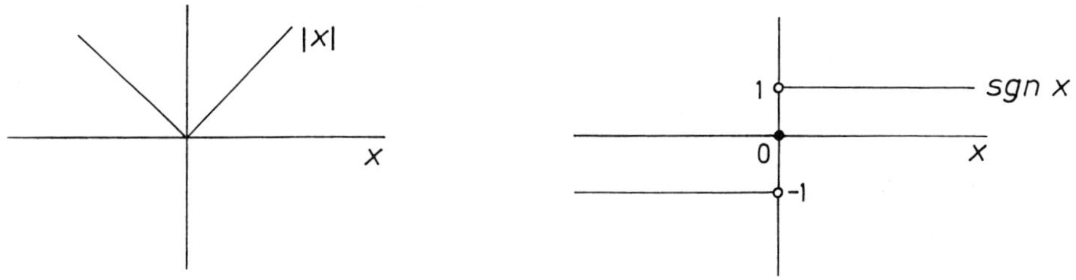

Abb. 27

Wir haben durch die Dreiecksungleichung eine Abschätzung von $|z_1+z_2|$ (z_1, $z_2 \in \mathbb{C}$) nach oben gewonnen. Nun soll eine *Abschätzung nach unten* angegeben werden:

Wegen

$$z_1 = (z_1+z_2) - z_2$$

ist

$$|z_1| = |(z_1+z_2)-z_2| \leqslant |z_1+z_2| + |z_2| ,$$

das heißt,

$$|z_1+z_2| \geqslant |z_1| - |z_2| .$$

Analog erhält man

$$|z_1+z_2| \geqslant |z_2| - |z_1| .$$

Da $|z_1|-|z_2| \in \mathbb{R}$, ist nach dem oben über $|x|$, $x \in \mathbb{R}$, Gesagten eine der Zahlen $|z_1|-|z_2|$ bzw. $|z_2|-|z_1|$ gleich $||z_1|-|z_2||$ und damit

$$|z_1+z_2| \geqslant ||z_1|-|z_2|| \qquad \text{für alle} \qquad z_1, z_2 \in \mathbb{C} .$$

Natürlich gilt dann auch

$$|z_1 - z_2| \geqslant ||z_1| - |z_2||.$$

(Man ersetze in der 1. Ungleichung z_2 durch $-z_2$.)

Zusammenfassung.

$$||z_1| - |z_2|| \leqslant |z_1 \pm z_2| \leqslant |z_1| + |z_2| \qquad \text{für alle} \qquad z_1, z_2 \in \mathbb{C}.$$

Wir haben $|z|$ geometrisch als Abstand des Punktes z der Gaußschen Zahlenebene vom Ursprung definiert. Die Funktion $|z|$ eignet sich daher besonders gut zur *Beschreibung bestimmter Teilmengen der Ebene:*

Beispiel. 1) $|z - z_0| = R$, $z_0 \in \mathbb{C}$, $R \geqslant 0$, beschreibt die Menge aller $z \in \mathbb{C}$, die vom Punkt $z_0 \in \mathbb{C}$ den Abstand R haben, also einen Kreis mit Mittelpunkt z_0 und Radius R.

2) $|z - z_0| \leqslant R$, $z_0 \in \mathbb{C}$, $R \geqslant 0$, beschreibt eine Kreisscheibe:

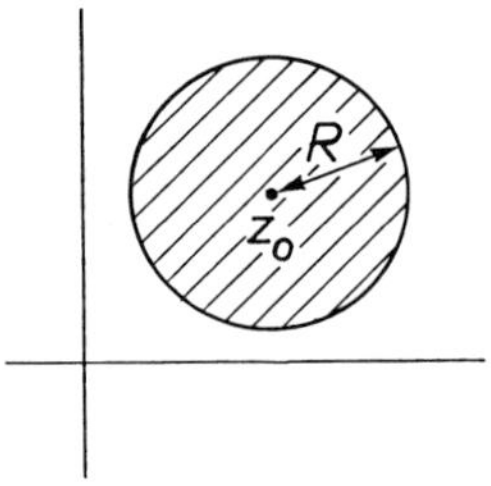

Abb. 28

3) $|z - z_1| = |z - z_2|$, $z_1, z_2 \in \mathbb{C}$, $z_1 \neq z_2$, beschreibt eine Gerade, nämlich die Streckensymmetrale der Punkte z_1, z_2.

4) $|z - z_1| \leqslant |z - z_2|$, $z_1, z_2 \in \mathbb{C}$, $z_1 \neq z_2$, beschreibt eine Halbebene:

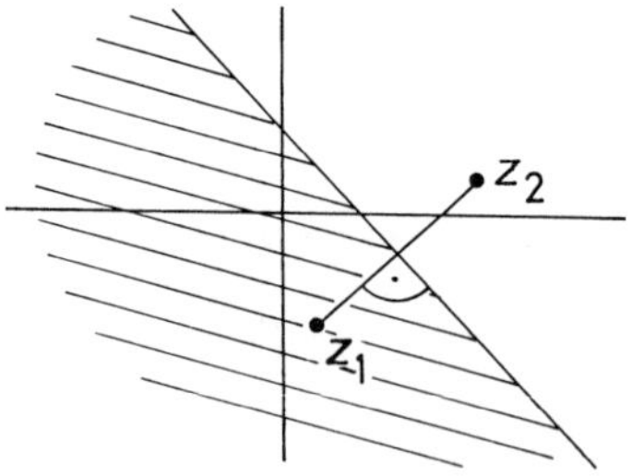

. □

Abb. 29

Ausgangspunkt für die Erweiterung der Menge $\mathbb{R}$ zur Menge $\mathbb{C}$ war unsere Beobachtung, daß nicht jede algebraische Gleichung mit ganzzahligen Koeffizienten eine Lösung in $\mathbb{R}$ besitzt. Tatsächlich kann man zeigen, daß jede derartige Gleichung in $\mathbb{C}$ eine Lösung hat. Es gilt sogar mehr:

Fundamentalsatz der Algebra. Jede algebraische Gleichung $c_n x^n + c_{n-1} x^{n-1} + \cdots + c_0 = 0$ vom Grad $n \geqslant 1$ mit Koeffizienten $c_i \in \mathbb{C}$ $(0 \leqslant i \leqslant n)$ besitzt in $\mathbb{C}$ mindestens eine Lösung.

$\mathbb{C}$ heißt aufgrund dieser Eigenschaft *algebraisch abgeschlossen.*

Für manche Anwendungen (etwa in der Physik) erweist es sich als zweckmäßig, „Zahlen“ zu betrachten, die aus der Menge $\mathbb{C}$ durch Bildung von Paaren („Quaternionen“ nach HAMILTON[1])), Quadrupeln („Oktaven“ nach CAYLEY[2])), etc. hervorgehen, und für die eine Addition bzw. Multiplikation definiert werden kann, die auf der „Teilmenge“ $\mathbb{C}$ mit den üblichen Operationen übereinstimmt. Dabei ist es jedoch nicht mehr möglich, die „schönen“ algebraischen Eigenschaften des Körpers $\mathbb{C}$ zu erhalten.

Zum Abschluß dieses Kapitels geben wir eine graphische Übersicht über die betrachteten Zahlensysteme:

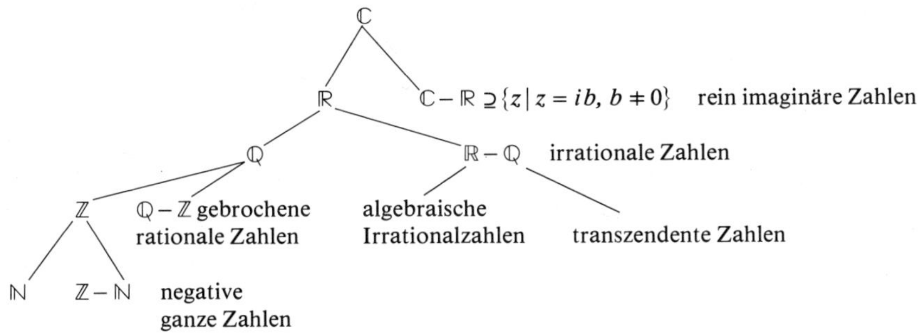

---

[1]) William Rowan HAMILTON, 4. August 1805 – 2. September 1865, Professor für Astronomie in Dublin.

[2]) Arthur CAYLEY, 16. August 1821 – 26. Januar 1895, Rechtsanwalt und Professor für Mathematik in Cambridge.

3 Algebraische Strukturen I

In diesem Kapitel geben wir einen kurzen Überblick über einige wichtige algebraische Strukturen. Eine genauere Diskussion spezieller algebraischer Fragestellungen werden wir im Kapitel „Lineare Algebra“ sowie im 3. Band vornehmen.

3.1 Gruppoid, Halbgruppe, Monoid, Gruppe

Unter einer *algebraischen Struktur* verstehen wir eine nichtleere Menge G mit einer oder mehreren „Operationen“. Wir werden uns dabei zunächst auf den Fall einer „*zweistelligen (oder binären)* Operation“ $*$ beschränken, das heißt, einer Vorschrift $*$, die jedem geordneten Paar $\langle a, b \rangle$ von Elementen $a, b \in G$ ein „Ergebnis“ $a * b \in G$ zuordnet. $\langle G, * \rangle$ hat also die Eigenschaft

G1 („Abgeschlossenheit“). *$a, b \in G \Rightarrow a * b \in G$ für alle $a, b \in G$.* (Man könnte auch sagen: Eine zweistellige Operation $*$ ist eine Funktion $*: G \times G \to G$.)

Wir wollen nun zunächst an einigen Beispielen das Vorhandensein oder Nichtvorhandensein spezieller Eigenschaften einer Operation $*$ diskutieren, die wir schon bei den Operationen der Addition und Multiplikation von Zahlen kennengelernt haben.

Beispiel 1. Es sei M eine beliebige Menge, $G = \mathfrak{P}(M)$, und „ $\cup$ “ die Vereinigung von Mengen. Offensichtlich ist G1 erfüllt:

$$A, B \in \mathfrak{P}(M) \Rightarrow A \cup B \in \mathfrak{P}(M) .$$

Weiters wissen wir, daß auch

$$(A \cup B) \cup C = A \cup (B \cup C) \qquad \text{für alle} \qquad A, B, C \in \mathfrak{P}(M)$$

gilt. Wir nennen diese Eigenschaft

G2 („Assoziativgesetz“). $(a * b) * c = a * (b * c)$, *für alle $a, b, c \in G$.*

Weiters gibt es in $\mathfrak{P}(M)$ ein Element E, so daß für jedes $A \in \mathfrak{P}(M)$ $A \cup E = E \cup A = A$ gilt, nämlich $E = \emptyset$. Allgemein setzen wir

G3 (Existenz eines „Einheitselements“). *Es existiert ein $e \in G$, so daß für alle $a \in G$ gilt: $a * e = e * a = a$.*

Fragen wir, ob es zu jedem $A \in \mathfrak{P}(M)$ eine Menge $A' \in \mathfrak{P}(M)$ mit $A \cup A' = A' \cup A = E = \emptyset$ gibt, so müssen wir diese Frage i. allg. negativ beantworten: Nur zur Menge $A = \emptyset$ existiert ein derartiges „inverses" Element, nämlich $A' = \emptyset$. Wir bezeichnen mit G4 die Eigenschaft

G4 (Existenz von „inversen Elementen"). *Für jedes $a \in G$ existiert ein $a' \in G$ mit $a * a' = a' * a = e$ (wobei e das Einheitselement aus* G3 *ist). Statt a' werden wir oft auch a^{-1} schreiben.*

Man beachte, daß unsere Formulierung von G4 nur dann sinnvoll ist, wenn das Element $e \in G$ eindeutig bestimmt ist. Wir werden weiter unten zeigen, daß es nur ein Element e geben kann, das G3 erfüllt.

Schließlich gilt für beliebige $A, B \in \mathfrak{P}(M)$ noch $A \cup B = B \cup A$. Dies führt uns zur Eigenschaft

G5 („Kommutativgesetz"). $a * b = b * a$, *für alle* $a, b \in G$. □

Beispiel 2. Es sei $G = \mathbb{R}^+ = \{x \mid x \in \mathbb{R} \wedge x > 0\}$ und „$*$" die Zuordnung $\langle a, b\rangle \mapsto a^b$. Offensichtlich gilt wieder G1, da $a^b \in \mathbb{R}^+$ für $a, b \in \mathbb{R}^+$. Jedoch erfüllt $*$ i. allg. nicht G2, z. B.:

$$(2^2)^3 = 64 \ , \quad \text{aber} \quad 2^{(2^3)} = 256 \ .$$

In $\mathbb{R}^+$ existiert weiters ein eindeutig bestimmtes e mit

$$a * e = a^e = a \ , \quad \text{für alle} \quad a \in \mathbb{R}^+ \ ,$$

nämlich $e = 1$; allerdings gilt nicht

$$e * a = e^a = 1^a = a \quad \text{für alle} \quad a \in \mathbb{R}^+ \ .$$

e ist daher kein Einheitselement im Sinn von G3. (Man nennt ein Element e, das die Bedingung $a * e = a$ für alle $a \in G$ erfüllt, auch „Rechtseinheitselement".) Da $\langle \mathbb{R}^+, * \rangle$ kein Einheitselement besitzt, kann Bedingung G4 nicht aufgestellt werden. Das Kommutativgesetz G5 gilt ebenfalls nicht, z. B.: $2^3 = 8$, aber $3^2 = 9$. □

Beispiel 3. Es sei G die Menge aller Bewegungen in der Ebene, das heißt, aller Abbildungen, die sich als Zusammensetzung von Drehungen und Translationen (Parallelverschiebungen) schreiben lassen, und „$\circ$" die Zusammensetzung (Hintereinanderausführung) von Abbildungen. Aus der Definition von G ergibt sich unmittelbar, daß G1 erfüllt ist.

Das Assoziativgesetz gilt, da es für die Zusammensetzung beliebiger Abbildungen richtig ist (Beweis als Übung!)

Die identische Abbildung, nämlich die Drehung um 0° und Translation um 0 in eine beliebige Richtung, hat, wie man sofort sieht, die Eigenschaft eines Einheitselements bezüglich $\circ$.

Ferner läßt sich zu jeder Bewegung A eine „inverse" Bewegung A' leicht angeben, da jede Drehung um den Winkel φ durch eine Drehung um den Winkel $-\varphi$, jede Translation um den „Vektor" $\binom{a}{b}$ durch die Translation $\binom{-a}{-b}$ rückgängig gemacht werden kann. $\langle G, \circ \rangle$ erfüllt also G1, G2, G3 und G4. Jedoch erfüllt $\langle G, \circ \rangle$ nicht G5:

Sei dazu A die Drehung um 90° um den Ursprung, B die Translation um $\binom{1}{0}$, das heißt, um eine Einheit nach rechts, und P der Punkt $\langle 1,0 \rangle$.

Dann ist

$$(B \circ A)(P) = B(A(P)) = \langle 1,1 \rangle , \qquad \text{aber} \qquad (A \circ B)(P) = A(B(P)) = \langle 0,2 \rangle .$$

Offensichtlich folgt also i. allg. aus der Gültigkeit der Eigenschaften G1, G2, G3, G4 nicht diejenige von G5. □

Wir haben noch die oben angekündigte *Eindeutigkeit des Einheitselements e* zu zeigen:

Satz. $\langle G, * \rangle$ erfülle Eigenschaft G1. Dann gibt es höchstens ein Element $e \in G$ mit

$$a * e = e * a = a \quad \text{für alle} \quad a \in G .$$

Beweis. Es gelte

(1) $$a * e_1 = e_1 * a = a$$

und

(2) $$a * e_2 = e_2 * a = a$$

für alle $a \in G$.

Setzen wir in (1) $a = e_2$, so folgt

$$e_2 * e_1 = (e_1 * e_2 =) e_2 ;$$

setzen wir in (2) $a = e_1$, so folgt

$$(e_1 * e_2 =) e_2 * e_1 = e_1 ,$$

das heißt, $e_1 = e_2$. □

Man kann auch zeigen, daß das *inverse Element* im folgenden Sinn *eindeutig bestimmt* ist:

Satz. $\langle G, * \rangle$ erfülle G1, G2 und G3. Dann gibt es zu jedem $a \in G$ höchstens ein $a' \in G$ mit $a * a' = a' * a = e$.

Beweis. Es gelte

$$a * a_1 = a_1 * a = e$$

und

$$a * a_2 = a_2 * a = e .$$

Dann ist aber

$$a_1 = a_1 * e = a_1 * (a * a_2) = (a_1 * a) * a_2 = e * a_2 = a_2 . \quad \square$$

Wir definieren nun:

Definition. Eine algebraische Struktur $\langle G, *\rangle$ mit einer zweistelligen Operation $*$ heißt:

Gruppoid, wenn sie G1 erfüllt;

Halbgruppe, wenn sie G1 und G2 erfüllt;

Monoid, wenn sie G1, G2 und G3 erfüllt;

Gruppe, wenn sie G1, G2, G3 und G4 erfüllt;

Kommutative oder ABEL[1]*-sche Gruppe,* wenn sie G1, G2, G3, G4 und G5 erfüllt. □

Beispiele.

Gruppoid:	$\langle \mathbb{R}^+, *\rangle$ mit $a*b=a^b$,
Halbgruppe:	$\langle \mathbb{R}^+, +\rangle$,
Monoid:	$\langle \mathbb{N}, +\rangle$ $(e=0)$,
Gruppe:	$\langle$Bewegungen der Ebene, $\circ\rangle$,
Abelsche Gruppe:	$\langle \mathbb{Z}, +\rangle$, $\langle \mathbb{R}, +\rangle$, $\langle \mathbb{R}_0=\mathbb{R}-\{0\}, \cdot\rangle$. □

Ist $\langle G, *\rangle$ eine algebraische Struktur, so sind diejenigen Teilmengen $H \subseteq G$ von besonderem Interesse, für die $\langle H, *\rangle$ wiederum die von $\langle G, *\rangle$ verlangten algebraischen Eigenschaften besitzt. Wir wollen uns im Rahmen dieses einführenden Kapitels mit einem kurzen Studium der Untergruppen einer Gruppe G begnügen:

Definition. Sei $\langle G, *\rangle$ eine Gruppe. Eine Teilmenge $H \subseteq G$, für die $\langle H, *\rangle$ wiederum eine Gruppe ist, heißt *Untergruppe* von $\langle G, *\rangle$. (Man beachte, daß insbesondere $H \neq \emptyset$ gelten muß.) □

Zum Nachweis, daß $\langle H, *\rangle$ Untergruppe der Gruppe $\langle G, *\rangle$ ist, brauchen jedoch nicht die Eigenschaften G1 bis G4 nachgeprüft zu werden. Es gilt vielmehr:

Satz. $\langle H, *\rangle$ ist genau dann Untergruppe der Gruppe $\langle G, *\rangle$, wenn

1) H nichtleere Teilmenge von G ist,
2) für alle $a, b \in H$ gilt: $a*b^{-1} \in H$.

(Dabei bezeichnet b^{-1} das inverse Element zu b in G.)

Beweis. i) $\langle H, *\rangle$ erfüllt G2, da die Gültigkeit des Assoziativgesetzes beim Übergang von G zu einer Teilmenge natürlich erhalten bleibt.

ii) Mit $a \in H$ ist wegen 2) auch

$$a*a^{-1}=e \in H .$$

---

[1] Niels Henrik ABEL, 5. August 1802 – 6. April 1829; trotz seiner kurzen Lebenszeit hat er bedeutende Beiträge zur Mathematik verfaßt (ähnlich wie sein Zeitgenosse GALOIS).

Es gilt natürlich

$$a * e = e * a = a \quad \text{für alle} \quad a \in H ,$$

da diese Identität sogar für alle $a \in G$ gilt. $\langle H, * \rangle$ erfüllt also G3.

iii) Da $e \in H$, ist mit $a \in H$ auch

$$e * a^{-1} = a^{-1} \in H ,$$

und es gilt natürlich weiterhin

$$a * a^{-1} = a^{-1} * a = e ,$$

das heißt, $\langle H, * \rangle$ erfüllt G4.

iv) Seien $a, b \in H$. Dann ist auch $b^{-1} \in H$ und damit auch $(b^{-1})^{-1} \in H$ und nach 2): $a * (b^{-1})^{-1} \in H$. Wegen $b^{-1} * (b^{-1})^{-1} = e = (b^{-1})^{-1} * b^{-1}$ ist aber $(b^{-1})^{-1} = b$, so daß

$$a * (b^{-1})^{-1} = a * b ,$$

das heißt,

$$a * b \in H ,$$

und $\langle H, * \rangle$ erfüllt auch G1. □

Ist die Gruppe $\langle G, * \rangle$ endlich, so läßt sich Forderung 2) aus dem obigen Satz nochmals abschwächen. Zum Beweis des entsprechenden Satzes bedarf es einiger kurzer Vorarbeiten:

Definition. Sei $\langle G, * \rangle$ eine Gruppe. Dann sind die *Potenzen* a^n ($n \in \mathbb{N}$) eines Elements $a \in G$ rekursiv bestimmt durch

$$a^0 = e , \quad a^{n+1} = a^n \cdot a \quad \text{für alle} \quad n \in \mathbb{N} .$$

Gibt es mindestens eine natürliche Zahl $n \geqslant 1$, so daß $a^n = e$, so heißt die kleinste Zahl $n_0 \geqslant 1$ mit dieser Eigenschaft die *Ordnung von a in G*, symbolisch $n_0 = o_G(a)$. Ist $a^n \neq e$ für alle $n \in \mathbb{N}$ mit $n \geqslant 1$, so sagt man: a hat Ordnung unendlich (∞) in G. □

Es gilt dann der folgende

Satz. Ist $\langle G, * \rangle$ eine Gruppe und hat a in G endliche Ordnung n, das heißt, $o_G(a) = n \in \mathbb{N}$, so ist $a^{n-1} = a^{-1}$. Ist G endlich, so hat jedes $a \in G$ endliche Ordnung.

Beweis. Der erste Teil des Satzes ergibt sich aus

$$a \cdot a^{n-1} = a^n = e , \quad a^{n-1} \cdot a = a^n = e .$$

Zum Beweis des 2. Teiles betrachten wir für festes $a \in G$ die Menge

$$M(a) = \{a^n \mid n \in \mathbb{N}\}$$

der Potenzen von a. Da $M(a) \subseteq G$, ist auch $M(a)$ endlich. Daher muß es Zahlen $m, n \in \mathbb{N}$ mit $0 < m < n$ geben, für die

$$a^m = a^n$$

gilt (sonst enthielte $M(a)$ unendlich viele verschiedene Elemente).

Dann ist aber auch

$$a^{m-1} = a^{m-1} * e = a^{m-1} * (a * a^{-1}) = (a^{m-1} * a) * a^{-1} = a^m * a^{-1} = a^n * a^{-1}$$
$$= (a^{n-1} * a) * a^{-1} = a^{n-1} * (a * a^{-1}) = a^{n-1} * e = a^{n-1} .$$

Führt man die Reduktion des Exponenten $(n-m)$-mal durch, so erhält man schließlich

$$e = a^0 = a^{n-m} , \qquad \text{mit} \qquad n-m \geqslant 1 .$$

Daher hat a endliche Ordnung. □

Wir können nun unser ursprünglich angestrebtes Resultat über die Charakterisierung der Untergruppen einer endlichen Gruppe zeigen:

Satz. Sei $\langle G, *\rangle$ *endliche* Gruppe. $\langle H, *\rangle$ ist genau dann Untergruppe von $\langle G, *\rangle$, wenn

1) H nichtleere Teilmenge von G ist,
2) $\langle H, *\rangle$ die Eigenschaft G1 erfüllt, das heißt,

$$a, b \in H \Rightarrow a * b \in H , \quad \text{für alle} \quad a, b \in H .$$

Beweis. Wir müssen zeigen: $a, b \in H \Rightarrow a * b^{-1} \in H$, für alle $a, b \in H$. Da G endlich ist, hat jedes $b \in G$ endliche Ordnung, und es gilt

$$b^{-1} = b^{o_G(b)-1} ,$$

wobei $o_G(b) - 1 = n \in \mathbb{N}$ ist.

Wegen Eigenschaft 2) von $\langle H, *\rangle$ ist mit $b \in H$ auch $b^n \in H$ für alle $n \in \mathbb{N}$ mit $n \geqslant 1$ (Beweis mit vollständiger Induktion):

i) $b^1 = b \in H$.
ii) Ist $b^n \in H$, so ist wegen $b \in H$ und $b^{n+1} = b^n * b$ auch $b^{n+1} \in H$ (Eigenschaft 2)).

Damit ist für $b \in H$ auch $b^{-1} \in H$, wenn $o_G(b) - 1 \geqslant 1$, das heißt, $o_G(b) \geqslant 2$ gilt.

Ist $o_G(b) = 1$, das heißt, $b^1 = b = e$, so ist wegen $e^{-1} = e$ ebenfalls $b^{-1} \in H$.
Für jedes $b \in H$ ist also auch $b^{-1} \in H$. Wegen 2) ist dann aber für alle $a, b \in H$ auch $a * b^{-1} \in H$, und $\langle H, *\rangle$ ist Untergruppe von $\langle G, *\rangle$. □

Besitzt das Element $a \in G$ endliche Ordnung n, so bildet insbesondere

$$\langle H = \{a^1, a^2, \ldots, a^{n-1}, a^n = e\}, *\rangle$$

eine Untergruppe von $\langle G, *\rangle$. $\langle H, *\rangle$ heißt die *von a erzeugte zyklische Untergruppe* von $\langle G, *\rangle$.

Beispiel. $G = \{0,1,2,3\}$ bildet mit der durch die *Verknüpfungstafel*

$*$	0	1	2	3
0	0	1	2	3
1	1	2	3	0
2	2	3	0	1
3	3	0	1	2

definierten Operation $*$ eine Gruppe mit Einheitselement 0. Für die Ordnungen der Elemente gilt:

$$o_G(0) = 1\ , \qquad o_G(1) = 4\ , \qquad o_G(2) = 2\ , \qquad o_G(3) = 4\ .$$

Die von 2 erzeugte zyklische Untergruppe ist

$$\langle \{0,2\}, * \rangle\ . \quad \square$$

3.2 Halbring, Ring, Integritätsbereich, Körper

In diesem Abschnitt beschäftigen wir uns kurz mit den wichtigsten algebraischen Strukturen mit zwei zweistelligen Operationen.

Definition. $\langle H, +, \cdot \rangle$ heißt *Ring,* wenn

1) $\langle H, + \rangle$ abelsche Gruppe ist,
2) $\langle H, \cdot \rangle$ Halbgruppe ist und
3) die *„Distributivgesetze"* gelten:

$$a \cdot (b+c) = a \cdot b + a \cdot c\ ,$$

$$(a+b) \cdot c = a \cdot c + b \cdot c \quad \text{für alle} \quad a, b, c \in H\ .$$

Beispiele. Einige Beispiele sind: $\langle \mathbb{Z}, +, \cdot \rangle$, $\langle \mathbb{Q}, +, \cdot \rangle$, $\langle \mathbb{R}, +, \cdot \rangle$, $\langle \mathbb{C}, +, \cdot \rangle$. $\square$

Ein weiteres sehr wichtiges Beispiel soll genauer studiert werden: der *„Restklassenring modulo m"*, symbolisch $\mathbb{Z}_m$. Sei $m \in \mathbb{Z}$ fix vorgegeben. Wie schon in 2.3 in allgemeinerem Zusammenhang eingeführt, nennen wir zwei Elemente $x, y \in \mathbb{Z}$ *kongruent modulo m,* symbolisch $x \equiv y \pmod m$, wenn es ein $l \in \mathbb{Z}$ gibt mit $x - y = l \cdot m$, das heißt,

$$x \equiv y \pmod m \Leftrightarrow \text{es existiert } l \in \mathbb{Z} \text{ mit } x - y = l \cdot m\ .$$

Man kann leicht zeigen, daß hierdurch eine Äquivalenzrelation auf $\mathbb{Z}$ definiert wird. Die zu x gehörige Äquivalenzklasse (vgl. 1.2) hat die Gestalt

$$\bar{x} = \{y \mid y = x + l \cdot m\, ,\, l \in \mathbb{Z}\}\ .$$

Die Menge aller Äquivalenzklassen wird mit $\mathbb{Z}_m$ bezeichnet.

Speziell ist $\mathbb{Z}_m = \mathbb{Z}_{-m}$, $\mathbb{Z}_0 = \mathbb{Z}$, $\mathbb{Z}_1 = \{\bar{0}\}$.

Wir beschränken uns im folgenden auf $m \in \mathbb{N}$, $m \geqslant 1$. Auf $\mathbb{Z}_m$ kann eine *Addition und* eine *Multiplikation* definiert werden durch:

$$\bar{x} + \bar{y} = \overline{x+y}\,,$$

$$\bar{x} \cdot \bar{y} = \overline{x \cdot y}\,.$$

Man beachte, daß die Definition nur sinnvoll ist, da für $x_1 \equiv x_2 \pmod{m}$ und $y_1 \equiv y_2 \pmod{m}$ auch $x_1 + y_1 \equiv x_2 + y_2 \pmod{m}$ bzw. $x_1 \cdot y_1 \equiv x_2 \cdot y_2 \pmod{m}$ gilt.

Man weist leicht nach, daß $\langle \mathbb{Z}_m, + \rangle$ eine kommutative Gruppe bildet, $\langle \mathbb{Z}_m, \cdot \rangle$ ein kommutatives Monoid und daß die Distributivgesetze gelten.

Das Einheitselement bezüglich der Operation „+" in einem Ring heißt auch *Nullelement*; es ist hier die Restklasse $\bar{0}$.

Besitzt ein Ring auch ein Einheitselement bezüglich „·", welches vom Nullelement verschieden ist, so heißt $\langle H, +, \cdot \rangle$ *Ring mit Einselement.*

In $\langle \mathbb{Z}_m, \cdot \rangle$ ist $\bar{1}$ Einheitselement.

Wir halten fest: *Der Restklassenring* $\langle \mathbb{Z}_m, +, \cdot \rangle$ *ist für* $m \in \mathbb{N}$, $m \neq 1$, *ein kommutativer Ring mit Einselement.*

In $\mathbb{Z}$ (wie auch in $\mathbb{Q}$, $\mathbb{R}$, $\mathbb{C}$) ist die Gleichung $a \cdot b = 0$ nur dann erfüllt, wenn mindestens eine der Zahlen a bzw. b gleich 0 ist.

In $\mathbb{Z}_m$ gilt dies i. allg. nicht mehr. Sei $m = 4$. Dann hat die „Verknüpfungstafel" der Multiplikation folgendes Aussehen:

·	$\bar{0}$	$\bar{1}$	$\bar{2}$	$\bar{3}$
$\bar{0}$	$\bar{0}$	$\bar{0}$	$\bar{0}$	$\bar{0}$
$\bar{1}$	$\bar{0}$	$\bar{1}$	$\bar{2}$	$\bar{3}$
$\bar{2}$	$\bar{0}$	$\bar{2}$	$\bar{0}$	$\bar{2}$
$\bar{3}$	$\bar{0}$	$\bar{3}$	$\bar{2}$	$\bar{1}$

Speziell ist also $\bar{2} \cdot \bar{2} = \bar{0}$.

Definition. Ein Element $a \neq 0$ eines Rings $\langle H, +, \cdot \rangle$ heißt Nullteiler in H, wenn es ein Element $b \in H$, $b \neq 0$, gibt, mit $a \cdot b = 0$ oder $b \cdot a = 0$. □

Ist m eine zusammengesetzte Zahl, das heißt, $m = r \cdot s$, $r, s \in \mathbb{N}$, $r, s \geqslant 2$, so besitzt $\mathbb{Z}_m$ stets Nullteiler: Es ist nämlich $\bar{r} \neq \bar{0}$, $\bar{s} \neq \bar{0}$ (da $2 \leqslant r, s < m$), aber $\bar{r} \cdot \bar{s} = \overline{r \cdot s} = \bar{m} = \bar{0}$.

Ist hingegen $m = p$ eine Primzahl, so kann es in $\mathbb{Z}_p$ keine Nullteiler geben:

Sei $\bar{r} \cdot \bar{s} = \bar{0} = \{y \mid y = l \cdot p,\ l \in \mathbb{Z}\}$, $\bar{r}, \bar{s} \neq \bar{0}$ und $r \in \bar{r}$, $s \in \bar{s}$ mit $1 \leqslant r, s \leqslant p-1$ (solche Repräsentanten lassen sich in jeder von $\bar{0}$ verschiedenen Restklasse von $\mathbb{Z}_p$ finden). Wegen $r \cdot s \in \bar{r} \cdot \bar{s}$ ist $r \cdot s$ durch p teilbar; da p Primzahl ist, müßte r oder s selbst durch p teilbar sein – ein Widerspruch zu $1 \leqslant r, s \leqslant p-1$.

Definition. Ein kommutativer Ring mit Einselement, in dem es keine Nullteiler gibt, heißt *Integritätsbereich.* □

Wir wissen also: Sei $m \geqslant 1$. Dann gilt:

> $\langle \mathbb{Z}_m, +, \cdot \rangle$ *ist genau dann ein Integritätsbereich, wenn m eine Primzahl ist.*

Weitere Beispiele von Integritätsbereichen:

$$\langle \mathbb{Z}, +, \cdot \rangle, \quad \langle \mathbb{Q}, +, \cdot \rangle, \quad \langle \mathbb{R}, +, \cdot \rangle, \quad \langle \mathbb{C}, +, \cdot \rangle .$$

Definition. Ein Ring $\langle H, +, \cdot \rangle$ mit der Eigenschaft, daß $\langle H_0 = H - \{0\}, \cdot \rangle$ eine abelsche Gruppe bildet, heißt *Körper* (0 steht für das Nullelement von $\langle H, +, \cdot \rangle$). □

Beispiele. $\langle \mathbb{Q}, +, \cdot \rangle$, $\langle \mathbb{R}, +, \cdot \rangle$, $\langle \mathbb{C}, +, \cdot \rangle$. □

In einem Körper kann es keine Nullteiler geben: Wäre $a \cdot b = 0$, $b \neq 0$, so existierte b^{-1} und wir erhielten

$$a = abb^{-1} = 0 \cdot b^{-1}, \quad \text{das heißt,} \quad a = 0 ,$$

da in einem beliebigen Ring $\langle H, +, \cdot \rangle$, wegen $0 \cdot c = (0+0) \cdot c = 0 \cdot c + 0 \cdot c$,

$$0 \cdot c = 0 \quad \textit{für alle} \quad c \in H$$

gilt.

Jeder Körper ist also auch ein Integritätsbereich.

Die Umkehrung stimmt i. allg. nicht (vgl. z. B. $\langle \mathbb{Z}, +, \cdot \rangle$). Jedoch gilt der folgende

Satz. Jeder endliche Integritätsbereich $\langle H, +, \cdot \rangle$ ist ein Körper.

Beweis. Wir müssen zeigen, daß es zu jedem $a \neq 0$ ein multiplikatives Inverses a^{-1} gibt. Wir gehen dazu ähnlich wie bei der Untersuchung der Ordnung der Elemente einer endlichen Gruppe vor und betrachten die Potenzen von a:

Da H endlich ist, existieren m, n mit $0 < m < n$ und

$$a^m = a^n$$

$$\Rightarrow a^n - a^m = 0 \quad \text{bzw.} \quad a^m(a^{n-m} - 1) = 0 .$$

Wegen der Nullteilerfreiheit von H und wegen $a \neq 0$ muß $a^{n-m} = 1$ gelten.

Damit ist aber a^{n-m-1} invers zu a bezüglich „ $\cdot$ “ (man beachte $n - m - 1 \in \mathbb{N}$). □

Gemeinsam mit unseren obigen Erkenntnissen über $\langle \mathbb{Z}_m, +, \cdot \rangle$ ergibt das den folgenden

Satz. Der Restklassenring $\langle \mathbb{Z}_m, +, \cdot \rangle$ ist für $m \geqslant 1$ genau dann ein Körper, wenn m eine Primzahl ist.

Wir haben also in $\langle \mathbb{Z}_p, +, \cdot \rangle$, p Primzahl, Beispiele endlicher Körper gefunden. Ein endlicher Körper wird auch GALOIS[1])-*Feld* genannt. Die Körper $\langle \mathbb{Z}_p, +, \cdot \rangle$ tragen daher auch die Kurzbezeichnung GF(p).

---

[1]) Evariste GALOIS, 25. Oktober 1811 – 30. Mai 1832, fand seine bedeutenden Beiträge zur Algebra in ganz jungen Jahren. Mit 20 Jahren fiel er im Duell.

Definition. Sei $\langle H, +, \cdot \rangle$ ein Körper. Besitzt das Einselement 1 in $\langle H, + \rangle$ endliche Ordnung, so heißt diese Zahl die *Charakteristik von H,* symbolisch char$H$. Ist die Ordnung von 1 in $\langle H, + \rangle$ unendlich, so heißt H Körper der Charakteristik 0, symbolisch char$H = 0$. □

Beispiel. Die Restklassenkörper GF(p) haben Charakteristik p. $\mathbb{Q}$, $\mathbb{R}$, $\mathbb{C}$ haben Charakteristik 0. □

Als letzte Klasse algebraischer Strukturen mit zwei zweistelligen Operationen führen wir noch die folgende ein:

Definition. $\langle H, +, \cdot \rangle$ heißt *Halbring* (Semiring), wenn

1) $\langle H, + \rangle$ kommutatives Monoid mit Einheitselement „0",
2) $\langle H, \cdot \rangle$ Monoid mit Einheitselement „1" $\neq$ „0" ist,
3) die Distributivgesetze

$$a(b+c) = ab+ac\ , \quad (a+b)c = ac+bc$$

für alle $a, b, c \in H$ gelten und
4) $a \cdot 0 = 0 \cdot a = 0$ für alle $a \in H$ gilt. □

Insbesonders ist jeder Ring mit Einselement ein Halbring, da, wie weiter oben bewiesen, stets $0 \cdot a = 0$ gilt, sowie natürlich auch $a \cdot 0 = 0$.

Die Elemente „0" bzw. „1" heißen wieder Nullelement bzw. Einselement.

$\langle \mathbb{N}, +, \cdot \rangle$ ist ein kommutativer Halbring mit Nullelement 0, Einselement 1, jedoch kein Ring.

Beispiel. Ein weiteres wichtiges Beispiel ist der „BOOLE[1])*sche Halbring*": Hier ist $H = \{0, 1\}$; $+, \cdot$ sind durch die Verknüpfungstafeln

+	0	1
0	0	1
1	1	1

·	0	1
0	0	0
1	0	1

definiert. Man beachte, daß der einzige Unterschied zum Körper $\mathbb{Z}_2$ in der Relation $1+1=1$ (statt $1+1=0$) besteht. „ + " und „ · " können auch als die Funktionen „Maximum" bzw. „Minimum" auf $H \times H$ gedeutet werden; noch wichtiger ist jedoch die Deutung als logische Verknüpfungen „$\vee$" bzw. „$\wedge$" (wobei 0 bzw. 1 den Wahrheitswerten „falsch" bzw. „wahr" entsprechen). □

Zum Abschluß dieses Abschnittes wollen wir am Beispiel von Ringen kurz zwei wichtige Klassen von Abbildungen zwischen algebraischen Strukturen einführen:

Definition. Es seien $\langle R_1, +_1, \cdot_1 \rangle$, $\langle R_2, +_2, \cdot_2 \rangle$ Ringe. Eine Abbildung $\varphi: R_1 \to R_2$ heißt *Homomorphismus,* wenn

---

[1]) George BOOLE, 2. November 1815 – 8. Dezember 1864, Autodidakt, Professor für Mathematik in Cork, Begründer der Formalen Logik.

$$\varphi(x +_1 y) = \varphi(x) +_2 \varphi(y)$$

sowie

$$\varphi(x \cdot_1 y) = \varphi(x) \cdot_2 \varphi(y)$$

für alle $x, y \in R_1$ gilt.

Ist φ zusätzlich umkehrbar eindeutig (das heißt, bijektiv), so heißt φ ein *Isomorphismus.* □

Homorphismen sind also *„strukturverträgliche" Abbildungen.* (Es ist klar, wie ein entsprechender Begriff für Abbildungen zwischen Halbgruppen, Gruppen, ... definiert werden wird.)

Isomorphismen sind 1-1-Abbildungen zwischen Mengen, die zusätzlich noch strukturverträglich sind; isomorphe algebraische Strukturen sind also von „gleicher Gestalt", sie unterscheiden sich nur durch die Benennung der Elemente der zugrundeliegenden Mengen.

Beispiel. Als Beispiel betrachten wir die Ringe $\langle \mathbb{Z}, +, \cdot \rangle$ und $\langle \mathbb{Z}_m, +, \cdot \rangle$ und die Abbildungen $\varphi: \mathbb{Z} \to \mathbb{Z}_m$ mit

$$\varphi(x) = \bar{x} \ ,$$

wobei $\bar{x}$ die Restklasse modulo m von x ist.

Die Eigenschaften

$$\varphi(x+y) = \overline{x+y} = \bar{x} + \bar{y} = \varphi(x) + \varphi(y)$$

sowie

$$\varphi(x \cdot y) = \overline{x \cdot y} = \bar{x} \cdot \bar{y} = \varphi(x) \cdot \varphi(y)$$

ergeben sich dann unmittelbar aus der Definition der Addition und Multiplikation von Restklassen. φ ist also ein Homomorphismus; φ ist hingegen für $m \neq 0$ kein Isomorphismus, da φ zwar surjektiv, aber nicht injektiv ist. □

3.3 Angeordnete Körper, Intervalle

Die Menge $\mathbb{R}$ der reellen Zahlen trägt neben ihrer algebraischen (Körper)-Struktur auch eine *Ordnungsstruktur:* Die Relation „$\leqslant$" bildet eine Halbordnung. Darüber hinaus ist sie auch mit den algebraischen Operationen + bzw. · im folgenden Sinn verträglich: Zerlegt man $\mathbb{R}$ in der Form

$$\mathbb{R} = \mathbb{R}^- \cup \{0\} \cup \mathbb{R}^+ \quad (\mathbb{R}^+ = \{x \mid x > 0\}) \ ,$$

so ist

$$\langle \mathbb{R}^+, + \rangle \quad \text{kommutative Halbgruppe,}$$

$$\langle \mathbb{R}^+, \cdot \rangle \quad \text{kommutative Halbgruppe}$$

und

$$a \in \mathbb{R}^+ \Leftrightarrow -a \in \mathbb{R}^- \ .$$

Wir abstrahieren nun diesen Sachverhalt und definieren:

Definition. Ein Körper $\langle H, +, \cdot \rangle$ mit Nullelement 0 heißt *angeordnet*, wenn eine Partition

$$H = H^- \cup \{0\} \cup H^+$$

von H gegeben ist, so daß gilt:

$$1)\ a, b \in H^+ \Rightarrow a + b \in H^+ \quad \text{sowie}$$

$$a \cdot b \in H^+, \quad \text{für alle} \quad a, b \in H^+,$$

$$2) \quad a \in H^+ \Leftrightarrow -a \in H^-.$$

Die Elemente aus H^+ heißen *„positiv"*, die Elemente aus H^- *„negativ"*. □

Die Erklärung des Namens „angeordneter Körper" ergibt sich aus folgendem

Satz. Sei $\langle H, +, \cdot \rangle$ durch $H = H^- \cup \{0\} \cup H^+$ angeordnet. Dann ist die Relation „$\leqslant$" definiert durch

$$a \leqslant b \Leftrightarrow a = b \quad \text{oder} \quad b - a \in H^+, \quad \text{das heißt}, \quad b - a \in H^+ \cup \{0\},$$

eine lineare Ordnung.

Beweis. i) „$\leqslant$" ist offensichtlich reflexiv.

ii) Sei $a \leqslant b$ und $b \leqslant a$; wäre $a \neq b$, so müßte $b - a \in H^+$ und $a - b = -(b - a) \in H^+$ sein, ein Widerspruch.

iii) Sei $a \leqslant b$ und $b \leqslant c$, das heißt, $b - a \in H^+ \cup \{0\}$, $c - b \in H^+ \cup \{0\}$; dann ist auch $(b - a) + (c - b) = c - a \in H^+ \cup \{0\}$, das heißt, $a \leqslant c$. „$\leqslant$" ist also eine Halbordnung.

Weiters sind je zwei Elemente $a, b \in H$ vergleichbar, da stets $b - a = 0$ oder $b - a \in H^+$ oder $a - b = -(b - a) \in H^+$ gilt. □

Für die Relation $\leqslant$ *in einem angeordneten Körper* $\langle H, +, \cdot \rangle$ gelten die folgenden *Eigenschaften:*

1) $a > 0 \Leftrightarrow a \in H^+$ („$<$" ist die zu „$\leqslant$" gehörende strikte Halbordnung).

2) *Monotoniegesetze der Addition:*

$$a < b,\ c \in H \Rightarrow a + c < b + c,$$

$$a \leqslant b,\ c \in H \Rightarrow a + c \leqslant b + c.$$

[Beweis: $a \leqslant b \Leftrightarrow b - a \in H^+ \cup \{0\} \Leftrightarrow (b + c) - (a + c) \in H^+ \cup \{0\}$.]

3) *Monotoniegesetze der Multiplikation:*

$a < b,\ c \in H^+$ (das heißt, $c > 0$) $\Rightarrow ac < bc$,

$a < b,\ c \in H^-$ (das heißt, $c < 0$) $\Rightarrow ac > bc$ (dabei ist $r > s \Leftrightarrow s < r$),

$a < b,\ c = 0 \qquad \Rightarrow ac = bc$.

4) $a < b \Rightarrow -a > -b$.

[Beweis: $a < b \Leftrightarrow b - a \in H^+ \Leftrightarrow -a - (-b) \in H^+$.]

5) $a \in H^+ \Rightarrow a^{-1} \in H^+$.

[Beweis: Zunächst ist $1 \in H^+$: Wäre $1 \in H^- \Rightarrow -1 \in H^+ \Rightarrow (-1)(-1) = 1 \in H^+$; Widerspruch. Wäre nun $a \in H^+$, $a^{-1} \in H^- \Rightarrow a \in H^+$, $-a^{-1} \in H^+ \Rightarrow a(-a^{-1}) = -a \cdot a^{-1} = -1 \in H^+$; Widerspruch. Man beachte allerdings, daß die Relationen

$$(-1)(-1) = 1 \quad , \quad a(-b) = -ab$$

für einen beliebigen Körper erst zu beweisen wären! (Übung!).]

6) $0 < a < b \Rightarrow 0 < b^{-1} < a^{-1}$.

[Beweis:

$$a < b \Leftrightarrow b - a \in H^+ ,$$

$$a, b \in H^+ \Rightarrow ab \in H^+ \Rightarrow (ab)^{-1} = a^{-1}b^{-1} \in H^+$$

$$\Rightarrow (b-a)a^{-1}b^{-1} = a^{-1} - b^{-1} \in H^+ \Rightarrow b^{-1} < a^{-1} ,$$

sowie

$$b \in H^+ \Rightarrow b^{-1} \in H^+ .]$$

7) $a \in H^- \Rightarrow a^{-1} \in H^-$.

8) $a < b < 0 \Rightarrow b^{-1} < a^{-1} < 0$.

9) $a < 0 < b \Rightarrow a^{-1} < 0 < b^{-1}$.

Der *Körper* $\langle \mathbb{C}, +, \cdot \rangle$ der komplexen Zahlen *kann nicht angeordnet werden:* Wäre $\mathbb{C} = \mathbb{C}^- \cup \{0\} \cup \mathbb{C}^+$ eine Anordnung und etwa $1 \in \mathbb{C}^+$, das heißt, $-1 \in \mathbb{C}^-$, so führte sowohl $i \in \mathbb{C}^+ \Rightarrow i \cdot i \in \mathbb{C}^+ \Rightarrow -1 \in \mathbb{C}^+$ als auch $i \in \mathbb{C}^- \Rightarrow -i \in \mathbb{C}^+ \Rightarrow (-i)(-i) = -1 \in \mathbb{C}^+$ zu einem Widerspruch. Wäre $1 \in \mathbb{C}^-$, so $1 \cdot 1 = 1 \in \mathbb{C}^+$, Widerspruch.

Im zweiten Teil dieses Abschnittes wollen wir zunächst definieren, was man unter offenen, halboffenen oder abgeschlossenen Intervallen in einer beliebigen Halbordnung versteht, und anschließend anhand des Begriffes der „Intervallschachtelung" eine wichtige Eigenschaft des angeordneten Körpers $\mathbb{R}$ formulieren:

Definition. Es sei $\langle A, R \rangle$ eine Halbordnung, $\bar{R}$ die zu R gehörende strikte Halbordnung. Dann ist für $a, b \in A$:

$$[a, b] = \{x \mid aRxRb\} ,$$

$$(a, b] =]a, b] = \{x \mid a\bar{R}xRb\} ,$$

$$[a, b) = [a, b[= \{x \mid aRx\bar{R}b\} ,$$

$$(a, b) =]a, b[= \{x \mid a\bar{R}x\bar{R}b\} .$$

$[a, b]$ heißt *abgeschlossenes Intervall,* $]a, b]$ bzw. $[a, b[$ heißen *halboffene Intervalle,* $]a, b[$ heißt *offenes Intervall.* □

Im Spezialfall $\langle A, R\rangle = \langle \mathbb{R}, \leqslant\rangle$ erhalten wir also

$$[a,b] = \{x \mid a \leqslant x \leqslant b\}\,,$$

$$]a,b] = \{x \mid a < x \leqslant b\}\,,$$

$$[a,b[= \{x \mid a \leqslant x < b\}\,,$$

$$]a,b[= \{x \mid a < x < b\}\,.$$

Im folgenden wollen wir uns auf den Spezialfall $\langle \mathbb{R}, \leqslant\rangle$ beschränken. Wie man leicht sieht, braucht die Vereinigung zweier Intervalle kein Intervall zu sein, z. B.

$$[0,1] \cup [2,3]\ .$$

Hingegen ist der *Durchschnitt zweier Intervalle stets wieder ein Intervall:* Seien $a, b, c, d \in \mathbb{R}$, $a \leqslant b$, $c \leqslant d$:

$$[a,b] \cap [c,d] = \begin{cases} [c,b] & \text{für} \quad a \leqslant c \quad \text{und} \quad b \leqslant d\,, \\ [c,d] & \text{für} \quad a \leqslant c \quad \text{und} \quad d \leqslant b\,, \\ [a,d] & \text{für} \quad c \leqslant a \quad \text{und} \quad d \leqslant b\,, \\ [a,b] & \text{für} \quad c \leqslant a \quad \text{und} \quad b \leqslant d\,. \end{cases}$$

Die *Länge des Intervalls* $I = [a,b] \neq \emptyset$ (das heißt, $a \leqslant b$) ist gegeben durch $l(I) = b - a$.

Seien $[a,b]$, $[c,d]$ Intervalle. Dann gilt für $[c,d] \neq \emptyset$:

$$[c,d] \subseteq [a,b] \Leftrightarrow a \leqslant c \wedge d \leqslant b \Leftrightarrow c, d \in [a,b]\ .$$

Ist $[c,d] \subseteq [a,b]$, so heißt $[c,d]$ *Teilintervall* von $[a,b]$. Es gilt natürlich $l([c,d]) \leqslant l([a,b])$.

Wir verstehen nun unter einer *Intervallschachtelung* eine „Folge" von nichtleeren abgeschlossenen Intervallen $I_0, I_1, I_2, \ldots$ mit der Eigenschaft $I_0 \supseteq I_1 \supseteq I_2 \supseteq \cdots$, allgemein $I_n \supseteq I_{n+1}$ für alle $n \in \mathbb{N}$, und der zusätzlichen Eigenschaft, daß die Elemente der „Folge" $l(I_0) \geqslant l(I_1) \geqslant l(I_2) \geqslant \cdots$ „beliebig klein" werden, genauer: für jede reelle Zahl $\varepsilon > 0$ soll es ein Intervall I_N geben mit $l(I_N) < \varepsilon$.

(Wegen $l(I_0) \geqslant l(I_1) \geqslant l(I_2) \geqslant \cdots$, folgt daraus, daß für alle $n \in \mathbb{N}$ mit $n \geqslant N = N(\varepsilon)$ gilt, daß

$$l(I_n) < \varepsilon\ .$$

Wie wir in Kapitel 8 (Folgen und Reihen) in Band 2 definieren werden, schreibt man für den obigen Sachverhalt kurz: $\lim_{n\to\infty} l(I_n) = 0$.)

Dann gilt zunächst der folgende Satz:

Satz. Ist $\langle I_n\rangle_{n\in\mathbb{N}}$ eine Intervallschachtelung in $\mathbb{R}$, so besteht

$$I = \bigcap_{n\in\mathbb{N}} I_n$$

aus höchstens einem Element.

Beweis (indirekt). Angenommen, es gäbe $x, y \in I = \bigcap_{n\in\mathbb{N}} I_n$ mit $x \neq y$. Dann ist also $x, y \in I_n$ für alle $n \in \mathbb{N}$. Da $x \neq y$, ist $\varepsilon = |x - y| > 0$.

Aus der Definition einer Intervallschachtelung folgt dann aber, daß es ein $N = N(\varepsilon)$ gibt, mit $l(I_n) < \varepsilon$ für alle $n > N$.

Da $x, y \in I_n$ gelten soll, muß natürlich $|x-y| \leqslant l(I_n)$ sein. Damit erhalten wir

$$\varepsilon = |x-y| \leqslant l(I_n) < \varepsilon\,, \quad \text{das heißt,} \quad \varepsilon < \varepsilon\,,$$

Widerspruch. □

Die Umkehrung der eben behandelten Fragestellung, nämlich die Frage, ob in $I = \bigcap_{n \in \mathbb{N}} I_n$ auch mindestens eine reelle Zahl liegt, ist weit schwieriger zu beantworten. Beschränkt man sich nämlich auf Intervalle $I_n = [a_n, b_n]$ im Bereich $\mathbb{Q}$ der rationalen Zahlen, so stellt sich heraus, daß durchaus der Durchschnitt $I = \bigcap_{n \in \mathbb{N}} I_n$ einer Intervallschachtelung leer sein kann. (Man wähle etwa $\langle I_n \rangle$ so, daß die „Folgen" $\langle a_n \rangle$ bzw. $\langle b_n \rangle$ die Zahl $\sqrt{2}$ von unten bzw. von oben „approximieren".) Tatsächlich kann man derartige rationale Intervallschachtelungen (genauer Äquivalenzklassen, die denselben „Punkt" der Zahlengeraden approximieren) zur Konstruktion der reellen Zahlen aus den rationalen Zahlen verwenden.

Da wir vereinbart haben, im Rahmen dieser Vorlesung auf eine exakte Definition der rellen Zahlen zu verzichten, können wir den folgenden Sachverhalt nicht beweisen, sondern wollen ihn als Axiom formulieren:

Axiom von Cantor und Dedekind. Für jede reelle Intervallschachtelung $(I_n)_{n \in \mathbb{N}}$ gibt es genau eine reelle Zahl x mit der Eigenschaft

$$\bigcap_{n \in \mathbb{N}} I_n = \{x\}\,.$$

4 Elementare Kombinatorik, Permutationen

4.1 Elementare Anzahlbestimmungen, der Binomische Lehrsatz

In diesem Abschnitt wollen wir uns mit einigen Resultaten der elementaren Kombinatorik beschäftigen, nämlich mit der Anzahlbestimmung der Anordnungen einer endlichen Menge bzw. der Anzahlbestimmung gewisser geordneter oder ungeordneter Auswahlen von Elementen einer endlichen Menge. Für die im folgenden besprochenen Abzählungsresultate lassen sich viele verschiedene Beweise geben; aus Gründen der zur Verfügung stehenden Zeit können wir meist nur auf eine Beweismethode eingehen, wobei wir nicht unbedingt Wert auf das kürzeste Verfahren, sondern auf Überlegungen, die sich auch auf andere Abzählprobleme verallgemeinern lassen, legen wollen.

Im folgenden sei A eine endliche Menge.

Definition. Unter einer *Permutation* der (Elemente der) endlichen Menge A verstehen wir eine lineare Anordnung der Elemente von A. □

Beispiel. Sei $A = \{1,2,3\}$. Dann sind die Permutationen von A die Anordnungen

$$1,2,3$$
$$1,3,2$$
$$2,1,3$$
$$2,3,1$$
$$3,1,2$$
$$3,2,1. \quad \square$$

Offensichtlich ist die *Anzahl der Permutationen* von A nur von $|A|$ abhängig: Ist $|A| = n$, so wollen wir diese gesuchte Anzahl mit P_n bezeichnen. Wie man sofort sieht, ist

$$P_1 = 1\,, \quad P_2 = 2\,, \quad P_3 = 6\,, \ldots .$$

Wir wollen nun die „Folge“ $\langle P_n \rangle$ rekursiv festlegen, indem wir angeben, wie P_n für $n \geqslant 2$ aus P_{n-1} bestimmt werden kann:

Betrachtet man die n Plätze der linearen Anordnung

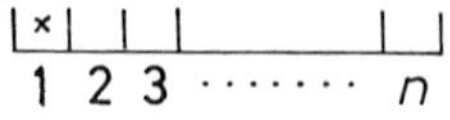

Abb. 30

so gibt es n Möglichkeiten für das Element $x \in A$, welches Platz 1 bekommt. Die restlichen $n-1$ Elemente von A sind dann auf den verbleibenden $n-1$ Plätzen anzuordnen, das heißt, wir erhalten

$$P_n = n \cdot P_{n-1} \quad \text{für alle} \quad n \geqslant 2 ,$$
$$P_1 = 1 .$$

Durch diese „Rekursion" ist P_n für alle $n \in \mathbb{N}$, $n \geqslant 1$, eindeutig bestimmt, wie wir aus dem Abschnitt über die natürlichen Zahlen wissen. Es erweist sich als zweckmäßig,

$$P_0 = 1$$

zu setzen (die leere Menge soll also auf genau eine Art angeordnet werden können).

Damit ergibt sich sofort (eigentlich mit vollständiger Induktion) die Formel

$$P_n = \prod_{i=1}^{n} i \quad \text{für alle} \quad n \in \mathbb{N} .$$

(Man beachte, daß wir den Wert des leeren Produktes

$$\prod_{i=1}^{0} i = 1$$

gesetzt haben.)

Man führt nun die folgende Abkürzung ein:

Definition (*n-Faktorielle, n-Fakultät*).

$$n! = \prod_{i=1}^{n} i \quad \text{für alle} \quad n \in \mathbb{N}$$

(speziell

$$0! = 1 ,$$
$$n! = 1 \cdot 2 \cdot \dots \cdot n \quad \text{für alle} \quad n \geqslant 1). \quad \square$$

Damit erhalten wir für die *Anzahl P_n der Permutationen der Menge A mit* $|A| = n \in \mathbb{N}$ die Formel

$$P_n = n! \quad .$$

Wir haben mit P_n die Anzahl aller geordneten n-Tupel $\langle a_1, \ldots, a_n \rangle$ von n paarweise verschiedenen Elementen (nämlich den Elementen der Menge A mit $|A| = n$) abgezählt. Eine naheliegende Verallgemeinerung ist die folgende Aufgabenstellung:

Definition. Unter einer *Variation* von n Elementen zur k-ten Klasse *ohne Wiederholung* verstehen wir ein geordnetes k-Tupel $\langle a_1, a_2, \ldots, a_k\rangle$ von k paarweise verschiedenen Elementen a_i der Menge A mit n Elementen (das heißt, $a_i \neq a_j$ für $i \neq j$). Die Anzahl aller derartigen Variationen bezeichnen wir mit V_n^k. □

Gesucht ist dann eine explizite Formel für V_n^k.

Bemerkung. Der Name „Variationen" ist nur im deutschen Sprachraum bekannt. Im englischen Sprachraum heißen die entsprechenden Objekte „k-permutations of A". Der Zusammenhang mit den von uns bereits betrachteten Permutationen ergibt sich daraus, daß im Fall $k = n$ eine Variation ohne Wiederholung gerade eine Permutation der Menge A ist.

Die *Bestimmung von* V_n^k können wir, wie weiter oben für P_n, leicht rekursiv durchführen. Mit derselben Überlegung wie im Fall der Permutationen ergibt sich

$$V_n^k = n \cdot V_{n-1}^{k-1} \quad \text{für alle} \quad n \geqslant k \geqslant 2 .$$

Mit der „Anfangsbedingung" $V_n^1 = n$ für alle $n \geqslant 1$ wäre V_n^k für alle $1 \leqslant k \leqslant n$ festgelegt: $V_n^k = n(n-1)\cdots(n-k+1)$. Wir wollen aber in diesem Fall auch eine andere Abzählmethode verwenden:

Wir gehen aus von allen $n!$ Permutationen $\langle a_1, \ldots, a_n\rangle$ der Menge A und nennen zwei solche Permutationen $\langle a_1, \ldots, a_n\rangle$ bzw. $\langle b_1, \ldots, b_n\rangle$ äquivalent, wenn die aus den ersten k Elementen gebildeten Variationen übereinstimmen, das heißt, wenn $a_i = b_i$ für alle $1 \leqslant i \leqslant k$. Man sieht leicht, daß auf diese Art eine Äquivalenzrelation definiert wird. Dabei sind alle zugehörigen Äquivalenzklassen gleich groß:

Für die n-Tupel $\langle a_1, \ldots, a_n\rangle$ einer Klasse ist $\langle a_1, \ldots, a_k\rangle$ fixiert, während die Elemente $\langle a_{k+1}, \ldots, a_n\rangle$ eine beliebige Permutation der verbleibenden $n-k$ Elemente der Menge A darstellen. Jede Äquivalenzklasse besteht also aus $P_{n-k} = (n-k)!$ Elementen.

Die Anzahl der Äquivalenzklassen, das heißt, die gesuchte Anzahl der Variationen zur k-ten Klasse, ergibt sich daher zu

$$V_n^k = \frac{\text{Anzahl aller Permutationen}}{\text{Größe einer Äquivalenzklasse}} = \frac{n!}{(n-k)!} = n(n-1)\cdots(n-k+1) .$$

Mit der Abkürzung

$$(n)_k = [n]_k = n \cdot (n-1)\cdots(n-k+1) \quad \text{für} \quad n, k \in \mathbb{N}$$

erhalten wir

$$V_n^k = (n)_k .$$

Im nächsten Schritt wollen wir die Anzahl der ungeordneten Auswahlen der Menge A bestimmen:

Definition. Unter einer *Kombination* von n Elementen zur k-ten Klasse *ohne Wiederholung* verstehen wir ein ungeordnetes k-Tupel $\{a_1, \ldots, a_k\}$ von k paarweise verschiedenen Elementen a_i der Menge A mit n Elementen, das heißt, eine k-elementige Teilmenge der Menge $\mathbb{A}$.

Die Anzahl bezeichnen wir mit C_n^k. □

Zur *Bestimmung von* C_n^k können wir die Menge aller Variationen $\langle a_1, \ldots, a_k \rangle$ von A in Äquivalenzklassen zerlegen: Zwei Variationen $\langle a_1, \ldots, a_k \rangle$ bzw. $\langle b_1, \ldots, b_k \rangle$ sollen äquivalent sein, wenn die „Trägermengen" $\{a_1, \ldots, a_k\}$ bzw. $\{b_1, \ldots, b_k\}$ übereinstimmen. Wieder sieht man sofort, daß je zwei Äquivalenzklassen gleich groß sind: Zur Variation $\langle a_1, \ldots, a_k \rangle$ sind alle $k!$ Permutationen der Menge $\{a_1, \ldots, a_k\}$ äquivalent, das heißt, wir erhalten

$$C_n^k = \frac{V_n^k}{P_k} = \frac{(n)_k}{k!} = \frac{n(n-1)\ldots(n-k+1)}{k!} = \frac{n!}{k!\,(n-k)!}\,.$$

Mit der

Definition (*Binomialkoeffizient*).

$$\binom{n}{k} = \frac{n!}{k!\,(n-k)!}\,, \quad \text{für} \quad n, k \in \mathbb{N}\,,\ k \leqslant n\,,$$

$$\binom{n}{k} = 0\,, \qquad \text{für} \quad n, k \in \mathbb{N},\ k > n \quad \square$$

ergibt sich:

$$C_n^k = \binom{n}{k}\,.$$

Eine weitere naheliegende Verallgemeinerung unserer bisherigen Aufgabenstellungen besteht darin, anstelle von k-Tupeln paarweise verschiedener Elemente auch solche mit Wiederholungen zuzulassen:

Definition. Eine *Variation* von n Elementen zur k-ten Klasse *mit Wiederholung* ist ein geordnetes k-Tupel $\langle a_1, \ldots, a_k \rangle$ von k nicht notwendig verschiedenen Elementen der Menge A mit $|A| = n$. Die entsprechende Anzahl bezeichnen wir mit ${}^wV_n^k$. □

Bemerkung. Jede Variation ohne Wiederholung ist nach dieser Definition auch eine Variation mit Wiederholung!

Für die Anzahl ${}^wV_n^k$ ergibt sich sofort

$${}^wV_n^k = n^k\,,$$

da jedes Element a_i des k-Tupels $\langle a_1, \ldots, a_k \rangle$ ein beliebiges Element der n-elementigen Menge A sein kann.

Für Variationen mit Wiederholungen erweist es sich als günstig, anstelle der „Trägermengen" (das heißt, der Mengen, die jedes in der Variation auftretende Element genau einmal enthalten) „Trägersysteme" zu betrachten, in denen jedes Element so oft auftritt wie in der Variation:

Beispiel.

Variation	Trägermenge	Trägersystem
$\langle a, a, b\rangle$	$\{a, b\}$	$\{a, a, b\}$
$\langle a, b, a\rangle$		
$\langle b, a, a\rangle$		

Das Trägersystem ist keine Menge im üblichen Sinn mehr, da in einer solchen ja nur verschiedene Elemente aufgeführt werden – man nennt derartige Objekte, in denen Elemente auch mehrfach aufgeführt werden können, *„Multimengen"*.

Wir gehen nun wieder zu ungeordneten Auswahlen über.

Definition. Eine *Kombination* von n Elementen zur k-ten Klasse *mit Wiederholung* ist ein ungeordnetes k-Tupel $\{a_1, \ldots, a_k\}$ von k nicht notwendig verschiedenen Elementen a_i einer n-elementigen Menge A, das heißt, eine Multimenge der Größe k, deren Trägermenge Teilmenge von A ist. Die entsprechende Anzahl bezeichnen wir mit ${}^wC_n^k$. □

Nennen wir zwei Variationen mit Wiederholung äquivalent, wenn ihre Trägersysteme als Multimengen gleich sind (das heißt, die gleichen Elemente gleich oft enthalten), so entspricht jede Äquivalenzklasse also genau einer Kombination mit Wiederholung. Leider sind in diesem Fall i. allg. nicht mehr alle Äquivalenzklassen gleich groß:

Beispiel. $n = 2$, $k = 3$, $A = \{a, b\}$.

Äquivalenzklasse K_i von Variationen mit Wiederholung		Zugehöriges Trägersystem bzw. Kombination mit Wiederholung
K_1	$\langle a, a, a\rangle$	$\{a, a, a\}$
K_2	$\langle a, a, b\rangle, \langle a, b, a\rangle, \langle b, a, a\rangle$	$\{a, a, b\}$
K_3	$\langle a, b, b\rangle, \langle b, a, b\rangle, \langle b, b, a\rangle$	$\{a, b, b\}$
K_4	$\langle b, b, b\rangle$	$\{b, b, b\}$

□

Es gilt also im Gegensatz zur Formel

$$C_n^k = \frac{V_n^k}{P_k}$$

i. allg.

$${}^wC_n^k \neq \frac{{}^wV_n^k}{P_k} .$$

Zur *Bestimmung von* ${}^wC_n^k$ muß also eine andere Idee Verwendung finden. Wir wollen ein Verfahren anwenden, das sehr häufig bei kombinatorischen Abzählproblemen zum Ziel führt und darin besteht, die abzuzählenden Objekte in einen *bijektiven,* das heißt, umkehrbar eindeutigen, *Zusammenhang* mit einer Menge anderer Objekte zu bringen, deren Anzahl bereits bekannt ist oder viel leichter bestimmt werden kann als diejenige im ursprünglichen Problem.

Im konkreten Fall wollen wir die abzuzählenden Kombinationen mit Wiederholung in einen bijektiven Zusammenhang mit Kombinationen ohne Wiederholung bringen, für die wir die Anzahlbestimmung ja bereits durchgeführt haben.

Zur Angabe der Bijektion erweist es sich zunächst als günstig, Kombinationen ohne bzw. mit Wiederholung in folgender Weise zu beschreiben:

Wählen wir als Menge A mit $|A| = n$ die Menge $\{1,2, \ldots, n\}$, so können wir eine Kombination zur k-ten Klasse ohne Wiederholung, das heißt, eine k-elementige Teilmenge der Menge $\{1,2, \ldots, n\}$, stets angeben in der Form

$$\{b_1, \ldots, b_k\} \quad \text{mit} \quad 1 \leqslant b_1 < b_2 < \cdots < b_k \leqslant n .$$

Wir haben die k paarweise verschiedenen Elemente von $\{1,2, \ldots, n\}$ einfach der Größe nach sortiert.

(Deutet man die Kombination ohne Wiederholung als Äquivalenzklasse von Variationen ohne Wiederholung mit gleicher Trägermenge, wie wir es weiter oben auch getan haben, so bedeutet die obige Beschreibung die Auswahl eines „normierten Vertreters“ der Äquivalenzklasse, nämlich derjenigen Variation, in der die Elemente in steigender Größe sortiert sind.)

Umgekehrt gibt natürlich auch jedes k-Tupel von b_i mit $1 \leqslant b_1 < b_2 < \cdots b_k \leqslant n$ eine Kombination an, nämlich $\{b_1, b_2, \ldots, b_k\}$.

Jeder Kombination von n Elementen zur k-ten Klasse ohne Wiederholung entspricht also umkehrbar eindeutig ein „streng monoton wachsendes“ k-Tupel von Zahlen aus $\{1,2, \ldots, n\}$:

$$1 \leqslant b_1 < b_2 < \cdots < b_k \leqslant n .$$

Betrachten wir nun Kombinationen mit Wiederholung, das heißt, Multimengen mit insgesamt k Elementen, so können wir diese stets angeben in der Form

$$\{b_1, \ldots, b_k\} \quad \text{mit} \quad 1 \leqslant b_1 \leqslant b_2 \leqslant \cdots \leqslant b_k \leqslant n .$$

Wiederum haben wir die Elemente der Größe nach sortiert; da aber nunmehr gleiche Elemente auftreten können, ist die „$<$“-Relation von vorhin jetzt durch die „$\leqslant$“-Relation zu ersetzen.

(Deuten wir die Kombination mit Wiederholung als Äquivalenzklasse von Variationen mit Wiederholung mit gleichem Trägersystem, so haben wir als „normierten Vertreter“ wiederum die Variation gewählt, in der die Elemente der steigenden Größe nach sortiert sind.)

Umgekehrt definiert wieder jedes k-Tupel von b_i mit $1 \leqslant b_1 \leqslant b_2 \leqslant \cdots \leqslant b_k \leqslant n$ eine Multimenge $\{b_1, \ldots, b_k\}$ mit k Elementen, das heißt, eine Kombination mit Wiederholung.

Jeder Kombination von n Elementen zur k-ten Klasse mit Wiederholung entspricht umkehrbar eindeutig ein „schwach monoton wachsendes“ k-Tupel von Zahlen aus $\{1,2, \ldots, n\}$:

$$1 \leqslant b_1 \leqslant b_2 \leqslant \cdots \leqslant b_k \leqslant n .$$

Wir wollen nun jedem schwach monoton wachsenden k-Tupel aus $\{1,2, \ldots, n\}$ umkehrbar eindeutig ein streng monoton wachsendes k-Tupel, allerdings aus $\{1,2, \ldots, n+k-1\}$, zuordnen:

Sei

$$1 \leqslant b_1 \leqslant b_2 \leqslant \cdots \leqslant b_k \leqslant n$$

und

$$c_i = b_i + i - 1 \quad \text{für alle} \quad 1 \leqslant i \leqslant k ,$$

das heißt,

$$c_1 = b_1 \ , \quad c_2 = b_2 + 1 \ , \quad c_3 = b_3 + 2 \qquad \text{usw.}$$

Wegen

$$b_i \leqslant b_{i+1}$$

ist dann

$$c_i = b_i + i - 1 < b_{i+1} + i = c_{i+1} ,$$

das heißt,

$$c_i < c_{i+1} ,$$

für alle $1 \leqslant i \leqslant k-1$.

Wegen $1 \leqslant b_1$ und $c_1 = b_1$ ist auch

$$1 \leqslant c_1 ;$$

wegen $b_k \leqslant n$ und $c_k = b_k + k - 1$ ist

$$c_k \leqslant n + k - 1 .$$

Insgesamt erhalten wir also ein streng monotones k-Tupel

$$1 \leqslant c_1 < c_2 < \cdots < c_k \leqslant n + k - 1 .$$

Die Abbildung ist umkehrbar eindeutig: Man sieht sofort, daß jedem streng monotonen k-Tupel

$$1 \leqslant c_1 < c_2 < \cdots < c_k \leqslant n + k - 1$$

umgekehrt das schwach monotone k-Tupel

$$1 \leqslant b_1 \leqslant b_2 \leqslant \cdots \leqslant b_k \leqslant n$$

mit

$$b_i = c_i - (i-1) \quad \text{für alle} \quad 1 \leqslant i \leqslant k$$

entspricht.

Die Anzahl der streng monotonen k-Tupel

$$1 \leqslant c_1 < c_2 < \cdots < c_k \leqslant n + k - 1$$

ist aber nach dem früher Gesagten die uns bereits bekannte Anzahl

$$C^k_{n+k-1} = \binom{n+k-1}{k} .$$

Aufgrund der eben konstruierten Bijektion ist also

$${}^wC^k_n = C^k_{n+k-1} = \binom{n+k-1}{k} .$$

Zur Illustration der Vorzüge der eben verwendeten Beweismethode bringen wir das folgende Beispiel, in dem eine ganz ähnliche Vorgangsweise zum Ziel führt:

Beispiel. Auf wieviele Arten kann man aus einem Lexikon mit 24 Bänden 5 Bände entnehmen, wenn keine 2 nebeneinanderstehenden Bände entnommen werden dürfen?

Antwort. Auf $\binom{20}{5}$ Arten: Denken wir uns die Bände des Lexikons von 1 bis 24 durchnumeriert. Die Nummern $b_1, b_2, \ldots, b_5$ einer „zulässigen" Entnahme erfüllen dann

$$(*) \qquad 1 \leqslant b_1 < b_2 < b_3 < b_4 < b_5 \leqslant 24$$

mit der Zusatzbedingung

$$(**) \qquad b_{i+1} - b_i \geqslant 2 \quad \text{für} \quad i = 1, 2, 3, 4$$

(die sichert, daß keine 2 nebeneinanderstehenden Bände verwendet wurden).

Durch die Vorschrift

$$c_1 = b_1\,, \quad c_i = b_i - (i-1) \quad \text{für} \quad i = 2, 3, 4, 5$$

erhalten wir ein 5-Tupel mit

$$1 \leqslant c_1 < c_2 < c_3 < c_4 < c_5 \leqslant 24 - 5 + 1 = 20$$

ohne weitere Nebenbedingung über die c_i (da nun $c_{i+1} - c_i \geqslant 1$ gilt), und zwar, wie man leicht einsieht, jedes derartige 5-Tupel genau einmal, wenn wir von allen 5-Tupeln $b_1, \ldots, b_5$ ausgehen, die (*) und (**) erfüllen. Damit ist die gesuchte Anzahl aber $C_{20}^5 = \binom{20}{5}$. Allgemein ergeben sich für Auswahlen von k Bänden eines n-bändigen Lexikons mit der obigen Einschränkung $\binom{n-k+1}{k}$ Möglichkeiten. □

Wir haben am Beginn dieses Abschnittes die Anzahl P_n der Permutationen, das heißt, der linearen Anordnungen, einer n-elementigen Menge bestimmt.

Betrachten wir nun eine Multimenge, in der r verschiedene Elemente $x_1, \ldots, x_r$ mit den Häufigkeiten $k_1, \ldots, k_r$ vorkommen, wobei $\sum_{i=1}^{r} k_i = n$ gelten soll, das heißt, die Gesamtzahl der Elemente der Multimenge ist n.

Gesucht ist nun die *Anzahl* $P_n^{k_1, \ldots, k_r}$ der verschiedenen Permutationen, das heißt, der linearen *Anordnungen einer* derartigen *Multimenge vom „Multiindex"* $\langle k_1, k_2, \ldots, k_r \rangle$. Ist $k_1, \ldots, k_r = 1$, so ergeben sich die früher betrachteten Permutationen, und es ist

$$P_n^{1, \ldots, 1} = P_n = n!\,.$$

Im allgemeinen Fall führen jeweils $k_1! \cdot k_2! \cdot \cdots \cdot k_r!$ dieser $n!$ Permutationen zum selben Ergebnis, da jede der $k_i!$ möglichen Permutationen der Elemente x_i die Anordnung insgesamt unverändert läßt. Wir erhalten also

$$P_n^{k_1, \ldots, k_r} = \frac{P_n}{k_1!\,k_2! \cdots k_r!} = \frac{n!}{\prod_{i=1}^{r} k_i!}\,.$$

Beispiel. $n = 3$, $k_1 = 2$, $k_2 = 1$. Alle $3! = 6$ Permutationen der Elemente $a = x_1$, $b = x_1$, $c = x_2$ wären

$$a,b,c = x_1,x_1,x_2\,,$$
$$a,c,b = x_1,x_2,x_1\,,$$
$$b,a,c = x_1,x_1,x_2\,,$$
$$b,c,a = x_1,x_2,x_1\,,$$
$$c,a,b = x_2,x_1,x_1\,,$$
$$c,b,a = x_2,x_1,x_1\,.$$

Davon sind jeweils $2!\cdot 1! = 2$ Permutationen gleich. □

Betrachten wir speziell zwei verschiedene Elemente x, y mit den Häufigkeiten k bzw. $n-k$, so ergibt sich

$$P_n^{k,n-k} = \frac{n!}{k!(n-k)!} = \binom{n}{k} = C_n^k\,.$$

Diese Identität ergibt sich auch leicht direkt: C_n^k ist die Anzahl der k-elementigen Teilmengen B der Menge $A = \{1,2,\ldots,n\}$. Jede derartige Teilmenge B läßt sich umkehrbar eindeutig durch ihre *charakteristische Funktion* χ_B beschreiben:

$$\chi_B(i) = \begin{cases} 1\,, & \text{falls } i \in B\,, \\ 0\,, & \text{falls } i \notin B\,. \end{cases}$$

Die k Funktionswerte 1 geben also an, welche Elemente von A in B aufgenommen werden. Betrachtet man alle Funktionswerte, so erhält man ein n-Tupel von 0 und 1, das genau k Einser und $n-k$ Nullen enthält; umgekehrt entspricht jedem derartigen n-Tupel genau eine Funktion χ_B, das heißt, genau eine k-elementige Teilmenge B von A. Die Anzahl der n-Tupel mit k Einsern und $n-k$ Nullen ist aber gerade $P_n^{k,n-k}$.

Eine wichtige Anwendung der Formel $P_n^{k,n-k} = \binom{n}{k}$ ist die folgende:

Seien x, y Elemente eines kommutativen Rings. Dann ergeben sich beim „Ausmultiplizieren“ des Ausdrucks

$$(x+y)^n = \underbrace{(x+y)\cdots(x+y)}_{n\text{-mal}}$$

nach dem Distributivgesetz Summen von Produkten von n-Tupeln von x und y, z.B. für $n=2$:

$$(x+y)(x+y) = xx+yx+xy+yy\,.$$

Da der Ring kommutativ sein soll, ergeben alle n-Tupel, die k-mal x und $(n-k)$-mal y enthalten, denselben Wert $x^k y^{n-k}$. Da diese Situation $P_n^{k,n-k}$-mal auftritt, erhalten wir insgesamt den *binomischen Lehrsatz*.

Binomischer Lehrsatz. Seien x, y Elemente eines kommutativen Rings: Dann ist für alle $n \in \mathbb{N}$, $n \geqslant 1$,

$$(x+y)^n = \sum_{k=0}^{n} P_n^{k,n-k} x^k y^{n-k} = \sum_{k=0}^{n} \binom{n}{k} x^k y^{n-k}\,.$$

Dabei ist $x^0 y^n = y^n$ und $x^n y^0 = x^n$ zu setzen. □

Bemerkung. 1) Besitzt der Ring ein Einselement, so ist $(x+y)^0 = 1$, und die Formel ist auch für $n = 0$ richtig.

2) Man beachte, daß $\binom{n}{k} x^k y^{n-k}$ zunächst nur eine Abkürzung für

$$\underbrace{x^k y^{n-k} + x^k y^{n-k} + \cdots + x^k y^{n-k}}_{\binom{n}{k}\text{-mal}}$$

bedeutet.

Besitzt der Ring ein Einselement 1, so kann $\binom{n}{k}$ auch als Ringelement gedeutet werden, nämlich

$$\underbrace{1+1+\cdots+1}_{\binom{n}{k}\text{-mal}} .$$

Wir müßten strenggenommen erst zeigen, daß dann das Produkt der Ringelemente $\binom{n}{k}$ und $x^k y^{n-k}$ gleich dem oben definierten Ausdruck $\binom{n}{k} x^k y^{n-k}$ ist. Tatsächlich gilt aber in jedem Ring mit Einselement

$$(\underbrace{1+1+\cdots+1}_{s\text{-mal}}) \cdot a = \underbrace{1 \cdot a + 1 \cdot a + \cdots + 1 \cdot a}_{s\text{-mal}} = \underbrace{a + a + \cdots + a}_{s\text{-mal}} .$$

Betrachten wir anstelle zweier Elemente x, y r Elemente $x_1, \ldots, x_r$, so ergibt sich mit ganz ähnlicher Überlegung der *polynomische Lehrsatz.*

Polynomischer Lehrsatz (Multinomischer Lehrsatz).

$$(x_1 + x_2 + \cdots + x_r)^n = \sum_{\substack{k_1, k_2, \ldots, k_r \geq 0 \\ \text{mit } k_1 + \cdots + k_r = n}} P_n^{k_1, \ldots, k_r} x_1^{k_1} x_2^{k_2} \cdots x_r^{k_r}$$

$$= \sum_{\substack{k_1, \ldots, k_r \geq 0 \\ \sum_{i=1}^{r} k_i = n}} \frac{n!}{\prod_{i=1}^{r} k_i!} \prod_{i=1}^{r} x_i^{k_i} . \quad □$$

Die Zahlen $P_n^{k_1, \ldots, k_r}$ heißen daher auch *Polynomial- (oder Multinomial)-Koeffizienten.*

Zum Abschluß dieses Abschnittes geben wir einige wichtige *Eigenschaften der Binomialkoeffizienten*

$$\binom{n}{k} = \frac{n!}{k!(n-k)!} = \frac{(n)_k}{k!}$$

an:

1) $$\binom{n}{0} = \binom{n}{n} = 1 ,$$

2) $$\binom{n}{k} = 0 \quad \text{für} \quad k > n \, ,$$

(in diesem Fall ist nur die Definition

$$\binom{n}{k} = \frac{(n)_k}{k!}$$

sinnvoll),

3) $$\binom{n}{k} = \binom{n}{n-k} \quad \text{für} \quad 0 \leqslant k \leqslant n \, ,$$

4) $$\binom{n}{k} + \binom{n}{k+1} = \binom{n+1}{k+1} \, ,$$

5) $$\binom{n}{k} = \frac{n}{k}\binom{n-1}{k-1} \quad \text{für} \quad n, k \geqslant 1 \, .$$

Formel 4) dient zur Berechnung der $\binom{n}{k}$ im PASCAL[1])-schen Dreieck: Jeder Wert, mit Ausnahme der beiden 1 am Rand, ergibt sich als Summe der beiden darüberstehenden Werte der vorherigen Zeile:

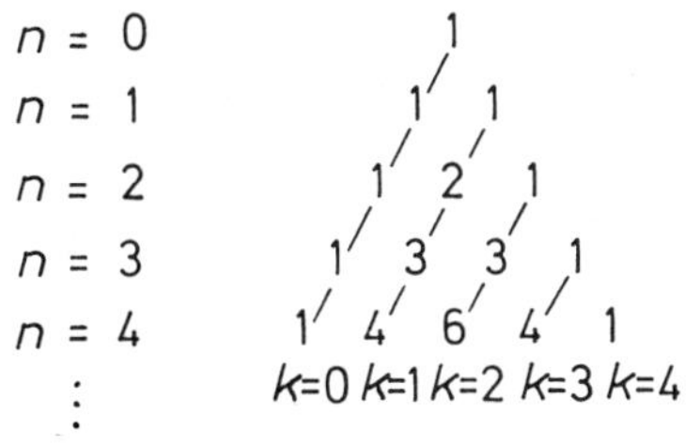

Abb. 31

Schließlich wollen wir noch festhalten, daß die Definition von $\binom{n}{k}$ in der Form

$$\binom{n}{k} = \frac{(n)_k}{k!} = \frac{n(n-1) \cdots (n-k+1)}{k!} \, , \quad n, k \in \mathbb{N} \, ,$$

es gestattet, $\binom{x}{k}$ für beliebiges $x \in \mathbb{R}$ (oder $\mathbb{C}$), $k \in \mathbb{N}$, zu definieren:

$$\binom{x}{k} = \frac{x(x-1) \cdots (x-k+1)}{k!} = \frac{(x)_k}{k!} \, .$$

Dabei ist weiterhin $\binom{x}{0} = 1$, und es gelten auch die Analoga zu den Formeln 4) und 5) von oben.

---

1) Blaise PASCAL, 19. Juni 1623 – 19. August 1662.

Beispiel.

$$\binom{\frac{1}{2}}{k} = \frac{\frac{1}{2}(\frac{1}{2}-1)\cdots(\frac{1}{2}-k+1)}{k!} = \frac{1}{2^k \cdot k!} \cdot 1 \cdot (-1)(-3)\cdots(-(2k-3))$$

$$= \frac{(-1)^{k-1}}{2^k \cdot k!} \cdot \frac{1 \cdot 3 \cdot 5 \cdot \cdots \cdot (2k-3) \cdot (2k-1) \cdot 2 \cdot 4 \cdot \cdots \cdot (2k)}{(2k-1) \cdot 2 \cdot 4 \cdots (2k)}$$

$$= \frac{(-1)^{k-1} \cdot (2k)!}{2^k \cdot k!\,(2k-1) \cdot 2^k \cdot 1 \cdot 2 \cdots k} = \frac{(-1)^{k-1}}{(2k-1) \cdot 4^k} \cdot \frac{(2k)!}{(k!)^2}$$

$$= \frac{(-1)^{k-1}}{2k-1} \cdot 4^{-k} \cdot \binom{2k}{k}. \quad \square$$

4.2 Permutationen

Wir beschäftigen uns im weiteren wieder mit den Permutationen einer Menge V mit $|V| = n$, das heißt, den linearen Anordnungen von n verschiedenen Elementen. Sei $V = \{v_1, v_2, \ldots, v_n\}$ und die Permutation π die Anordnung $w_1, w_2, \ldots, w_n$ der Elemente von V. Dann kann π auch als *umkehrbar eindeutige Abbildung* $\pi: V \to V$ gedeutet werden:

Dazu sei $\pi(v_1) = w_1$, $\pi(v_2) = w_2, \ldots, \pi(v_n) = w_n$. π geht offensichtlich von V in V, und da $\{v_1, \ldots, v_n\} = \{w_1, w_2, \ldots, w_n\}$ gilt, ist die Abbildung bijektiv. Faßt man Permutationen als bijektive Abbildungen $V \to V$ auf, so ergeben sich folgende *Darstellungsarten:*

1) Die *zweizeilige Darstellung:*

$$\pi = \begin{pmatrix} v_1 & v_2 & \cdots & v_n \\ w_1 & w_2 & \cdots & w_n \end{pmatrix}.$$

Dabei geben die Elemente der 2. Zeile die Bilder der Elemente der 1. Zeile an.

2) Die *Darstellung als „Graph“:* Dieser besteht aus der „Knoten“-menge V und den „gerichteten Kanten“ $\langle v_i, \pi(v_i)\rangle$, $1 \leqslant i \leqslant n$.

Beispiel.

$$V = \{1, 2, 3, 4, 5, 6, 7\},$$

$$\pi = \begin{pmatrix} 1 & 2 & 3 & 4 & 5 & 6 & 7 \\ 3 & 4 & 5 & 2 & 1 & 6 & 7 \end{pmatrix},$$

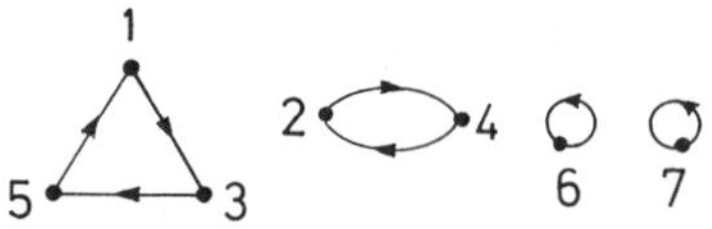

□

Abb. 32

Wie man erkennt, setzt sich der Graph aus „Zyklen“ zusammen, das heißt, k-Ecken, deren Kanten in einem festen Sinn durchlaufen werden:

Abb. 33

Eine Schlinge $\circlearrowleft$ betrachten wir dabei als Zyklus der Länge 1. Dies führt zur Zyklendarstellung.

3) *Zyklendarstellung:* Beginnend mit einem Element v_i bildet man die Kette

$$v_i,\ \pi(v_i),\ \pi(\pi(v_i)),\ \ldots .$$

Da V endlich ist und π injektiv, muß nach endlich vielen Schritten wieder v_i erreicht werden:

$$v_i,\ \pi(v_i),\ \pi^2(v_i) = \pi(\pi(v_i)),\ \pi^3(v_i),\ \ldots,\ \pi^k(v_i) = v_i .$$

Dieser „Zyklus“ der Länge k wird dann in der Form

$$(v_i,\ \pi(v_i),\ \pi^2(v_i),\ \ldots,\ \pi^{k-1}(v_i))$$

angeschrieben.

Enthält er noch nicht alle Elemente von V, so beginnt man den nächsten Zyklus in der Zyklendarstellung von π mit einem Element v_j, das im 1. Zyklus nicht enthalten ist, und setzt das Verfahren fort:

$$v_j,\ \pi(v_j),\ \pi^2(v_j),\ \ldots,\ \pi^l(v_j) = v_j$$

liefert den Zyklus

$$(v_j, \pi(v_j),\ \ldots,\ \pi^{l-1}(v_j))$$

usw.

(Man beachte, daß alle Elemente des 2. Zyklus verschieden von den Elementen des 1. Zyklus sind: Wären

$$\pi^r(v_j) = \pi^s(v_i)$$

und $r \leqslant s$, so folgte durch r-malige Anwendung der Permutation „π^{-1}“, das heißt, der Umkehrabbildung der bijektiven Abbildung π,

$$v_j = \pi^{s-r}(v_i) ,$$

und v_j wäre bereits im 1. Zyklus enthalten gewesen.

Da $\pi^k(v_i) = v_i$, das heißt, $\pi^{k-1}(\pi(v_i)) = v_i$, ist $\pi^{k-1}(v_i) = \pi^{-1}(v_i)$, und der 1. Zyklus enthielte

$$v_j = \pi^{s-r}(v_i) = (\pi^{-1})^{r-s}(v_i)$$

auch im Fall $r > s$.

In beiden Fällen ergibt sich ein Widerspruch zur Wahl von v_j.)

Damit erhalten wir:

Jede Permutation kann als „Produkt“ von paarweise elementfremden Zyklen dargestellt werden.

Die Darstellung ist eindeutig bis auf die Reihenfolge der Zyklen, die Angabe der Zyklen selbst bis auf „zyklische“ Vertauschungen der Elemente, z. B.

$$(1\ 2\ 3) = (2\ 3\ 1) = (3\ 1\ 2)\ .$$

Beispiel. π von oben hat die Zyklendarstellung

$$\pi = (1\ 3\ 5)(2\ 4)(6)(7). \quad \square$$

Ist die Grundmenge V bekannt, so können die Zyklen der Länge 1 in der Darstellung weggelassen werden. Die Zyklen der Länge 1 heißen auch *Fixpunkte* der Permutation.

Der Ausdruck „Produkt“ von Zyklen, der zunächst nur für das formale Nebeneinanderschreiben verwendet wurde, besitzt eine einfache Interpretation als Hintereinanderausführung von Abbildungen:

Definition. Seien π, ϱ zwei Permutationen der Menge V. Dann ist das *Produkt* $\sigma = \pi \circ \varrho$ die Permutation, die durch die Hintereinanderausführung der Abbildungen π, ϱ in folgender Weise definiert ist:

$$\sigma(v_i) = \varrho(\pi(v_i)) \quad \text{für alle} \quad v_i \in V\ .$$

Man beachte, daß *i. allg.*

$$\pi \circ \varrho \neq \varrho \circ \pi$$

gilt. $\square$

Beispiel.

$$\pi = \begin{pmatrix} 1 & 2 & 3 \\ 3 & 2 & 1 \end{pmatrix}, \quad \varrho = \begin{pmatrix} 1 & 2 & 3 \\ 3 & 1 & 2 \end{pmatrix},$$

$$\pi \circ \varrho = \begin{pmatrix} 1 & 2 & 3 \\ 2 & 1 & 3 \end{pmatrix} \neq \varrho \circ \pi = \begin{pmatrix} 1 & 2 & 3 \\ 1 & 3 & 2 \end{pmatrix}. \quad \square$$

Sei nun π eine Permutation von V und $\sigma_1 \sigma_2 \cdots \sigma_r$ die Zyklendarstellung von π. Jeder Zyklus σ_i kann dann seinerseits als Permutation von V aufgefaßt werden, wobei die nicht in σ_i auftretenden Elemente Fixpunkte sind.

Beispiel.

$$(1\ 3\ 5) \quad \text{auf} \quad V = \{1, 2, 3, 4, 5, 6, 7\}: \qquad \begin{pmatrix} 1 & 2 & 3 & 4 & 5 & 6 & 7 \\ 3 & 2 & 5 & 4 & 1 & 6 & 7 \end{pmatrix}. \quad \square$$

Dann bedeutet $\pi = \sigma_1 \sigma_2 \cdots \sigma_r$ nichts anderes als

$$\pi = \sigma_1 \circ \sigma_2 \circ \cdots \circ \sigma_r\ .$$

Da die Zyklen elementfremd sind, gilt natürlich $\sigma_i \circ \sigma_j = \sigma_j \circ \sigma_i$.

Sei $S(V)$ die Menge aller Permutationen der Menge V und $\circ$ das Produkt von Permutationen. Dann gilt:

Satz. $\mathfrak{S}(V) = \langle S(V), \circ \rangle$ ist eine Gruppe. □

Beweis. Offensichtlich ist das Produkt von Elementen von $S(V)$ wieder in $S(V)$.

$\circ$ ist assoziativ, da dies für die Hintereinanderausführung beliebiger Funktionen gilt.

$S(V)$ besitzt als Einheitselement die „identische Permutation"

$$\mathrm{id}(v_i) = v_i \quad \text{für alle} \quad v_i \in V .$$

(Andere Schreibweisen ε, ι, E, ...).

Das inverse Element zu π mit $\pi(v_i) = w_i$ für $v_i \in V$ ist die Umkehrabbildung π^{-1} mit

$$\pi^{-1}(w_i) = v_i \quad \text{für} \quad w_i \in V . \quad \square$$

Definition. Sei $|V| = n$. Dann heißt $\mathfrak{S}(V)$ *symmetrische Gruppe der Ordnung n*, symbolisch $\mathfrak{S}_n$. □

Wir haben weiter oben gezeigt, daß jede Permutation in gewissem Sinn eindeutig als Produkt elementfremder Zyklen darstellbar ist. Diese Eindeutigkeit geht verloren, wenn wir die Forderung nach der Elementfremdheit der Zyklen fallenlassen. Dabei lassen sich jedoch Darstellungen durch besonders einfache Zyklen finden:

Definition. Ein Zyklus $(v_i v_j)$ der Länge 2 heißt *Transposition.*

Dann können wir zeigen:

Satz. Jede Permutation von V mit $|V| \geqslant 2$ läßt sich als Produkt von Transpositionen darstellen.

Beweis. Da jede Permutation als Produkt von Zyklen darstellbar ist, genügt es zu zeigen, daß jeder Zyklus σ der Länge k als Produkt von Transpositionen darstellbar ist:

1) $k = 1$: Es sei $\sigma = (a)$. Wegen $|V| \geqslant 2$ gibt es ein $b \in V$ mit $b \neq a$. Dann ist aber $(a) = (ab) \circ (ab)$.

2) $k = 2$: $\sigma = (ab)$ ist bereits Transposition.

3) $k \geqslant 3$: Sei $\sigma = (a_1 a_2 \cdots a_k)$.

Wie man leicht nachprüft, ist dann

$$\sigma = (a_1 a_2) \circ (a_1 a_3) \circ (a_1 a_4) \circ \cdots \circ (a_1 a_k) . \quad \square$$

Wir haben insbesondere gezeigt, daß ein *Zyklus der Länge $k > 1$ als Produkt von $k-1$ Transpositionen darstellbar* ist.

Wie bereits erwähnt, ist die Darstellung als Produkt von Transpositionen nicht eindeutig; wie man sofort sieht, ist nicht einmal die Anzahl der 2-Zyklen eindeutig bestimmt:

$$(ab) = (ab) \circ (ab) \circ (ab) .$$

Wir wollen im folgenden jedoch zeigen, daß diese Anzahl modulo 2 eindeutig bestimmt ist, mit anderen Worten, eine Permutation läßt sich entweder nur als

Produkt einer geraden Anzahl von Transpositionen oder nur als Produkt einer ungeraden Anzahl von Transpositionen schreiben. Dazu führen wir zunächst den folgenden Begriff ein:

Definition. Sei π eine Permutation der linear geordneten Menge $V = \{v_1 < v_2 < \dots < v_n\}$.

Ein Paar $\langle v_i, v_j \rangle$ mit $v_i < v_j$, aber $\pi(v_i) > \pi(v_j)$, heißt *Inversion von* π.

π heißt *gerade,* wenn die Anzahl der Inversionen von π gerade ist, symbolisch $\operatorname{sgn}(\pi) = 1$, π heißt *ungerade,* wenn diese Anzahl ungerade ist, symbolisch $\operatorname{sgn}(\pi) = -1$. ($\operatorname{sgn}(\pi)$ heißt auch *„Vorzeichen" der Permutation.*) □

Beispiel. $V = \{1, 2, 3, \dots, 6, 7\}$ mit der üblichen Ordnung.

$$\pi = \begin{pmatrix} 1 & 2 & 3 & 4 & 5 & 6 & 7 \\ 1 & 3 & 2 & 5 & 6 & 7 & 4 \end{pmatrix}$$

besitzt 4 Inversionen, ist also gerade. □

Die *identische Permutation* besitzt 0 Inversionen und ist daher *stets gerade.*

Der Zusammenhang mit den Transpositionen ergibt sich durch folgenden Satz:

Satz. Vertauscht man in einer Anordnung π der Menge V zwei Elemente, so ändert sich die Anzahl der Inversionen um eine ungerade Zahl, also

$$\operatorname{sgn}(\pi \circ (a\, b)) = -\operatorname{sgn}(\pi). \quad \square$$

Beweis. Sei

$$\pi = \begin{pmatrix} v_1, v_2, & \dots\dots\dots\dots\dots\dots\dots\dots, v_n \\ a_1, \dots, a_k, a, b_1, \dots, b_l, b, c_1, \dots, c_m \end{pmatrix}.$$

Dann ist

$$\pi \circ (a\, b) = \begin{pmatrix} v_1, v_2, & \dots\dots\dots\dots\dots\dots\dots\dots, v_n \\ a_1, \dots, a_k, b, b_1, \dots, b_l, a, c_1, \dots, c_m \end{pmatrix}.$$

Inversionen, an denen a bzw. b nicht beteiligt sind, bleiben offensichtlich erhalten.

Seien nun genau p der Elemente $b_1, \dots, b_l$ größer als a und q dieser Elemente größer als b.

Fall 1. $a < b$: Die Anzahl der Inversionen ändert sich um

$$\underbrace{1}_{\text{für } a,\, b} \underbrace{+p-(l-p)}_{\text{für } a} \underbrace{-q+(l-q)}_{\text{für } b} = 1 + 2(p-q) .$$

Fall 2. $b < a$: Die Anzahl der Inversionen ändert sich um

$$-1 + p - (l-p) - q + (l-q) = -1 + 2(p-q) .$$

In beiden Fällen ändert sich die Anzahl um eine ungerade Zahl. □

Berücksichtigt man, daß $\operatorname{sgn}(\mathrm{id}) = 1$, $\operatorname{sgn}((ab)) = -1$, so erhalten wir:

Satz. Eine Permutation ist genau dann gerade, wenn sie sich als Produkt einer geraden Anzahl von Transpositionen schreiben läßt, sie ist genau dann ungerade, wenn sie sich als Produkt einer ungeraden Anzahl von Transpositionen schreiben läßt. □

Da wir bereits wissen, daß jeder Zyklus der Länge $k > 1$ als Produkt von $k-1$ Transpositionen darstellbar ist, erhalten wir:

Folgerung 1. Ein Zyklus der Länge k ist genau dann gerade, wenn k ungerade ist. □

Weiters ergibt sich aus dem Satz unmittelbar:

Folgerung 2. Das Produkt von zwei geraden bzw. von zwei ungeraden Permutationen ist stets gerade. Das Produkt einer geraden mit einer ungeraden Permutation ist ungerade. Also:

$$\operatorname{sgn}(\pi \circ \varrho) = \operatorname{sgn}(\pi) \cdot \operatorname{sgn}(\varrho)\,. \quad \square$$

Bezeichnen wir die Teilmenge der geraden Permutationen von $S(V)$ mit $A(V)$, so ergibt sich der folgende Satz:

Satz. $\mathfrak{A}(V) = \langle A(V), \circ \rangle$ ist eine Untergruppe der symmetrischen Gruppe $\mathfrak{S}(V)$. □

Beweis. Da wir V als endlich angenommen haben, ist auch $S(V)$ endlich, und wir brauchen nach einem Satz aus Abschnitt 3.1 nur zu zeigen, daß $\mathfrak{A}(V)$ bezüglich $\circ$ abgeschlossen ist. Dies ergibt sich aber sofort aus Folgerung 2. □

Definition. Sei $|V| = n$. Dann heißt $\mathfrak{A}(V)$ alternierende Gruppe der Ordnung n, symbolisch $\mathfrak{A}_n$. □

Bemerkung. Eine reelle *Funktion* f in den Veränderlichen $v_1, \ldots, v_n$ heißt *„alternierend"*, wenn der Funktionswert $f(v_1, \ldots, v_n)$ bei Vertauschung von v_i mit v_j das Vorzeichen ändert, z. B.:

$$f(v_1, v_2) = v_1 - v_2 \qquad (v_1, v_2 \in \mathbb{R})$$

oder

$$f(v_1, v_2, \ldots, v_n) = \prod_{1 \leqslant i < j \leqslant n} (v_i - v_j) \qquad (v_1, \ldots, v_n \in \mathbb{R})\,.$$

Derartige Funktionen werden also von einer geraden Permutation der Elemente $v_1, \ldots, v_n$ festgelassen, das heißt, alternierende Funktionen sind unter einer Permutation ihrer Argumente $v_1, \ldots, v_n$ aus $\mathfrak{A}(V)$ invariant, die übrigen Permutationen aus $\mathfrak{S}(V)$ ändern das Vorzeichen.

Funktionen in $v_1, \ldots, v_n$, die unter jeder Permutation aus $\mathfrak{S}(V)$ invariant sind, heißen *symmetrisch in* $v_1, \ldots, v_n$, z. B.:

$$f(v_1, \ldots, v_n) = v_1 \cdot v_2 \cdot \cdots \cdot v_n$$

oder

$$f(v_1, \ldots, v_n) = v_1^2 + v_2^2 + \cdots + v_n^2 \qquad (v_i \in \mathbb{R}) .$$

4.3 Das Inklusions-Exklusions-Prinzip

In diesem Abschnitt wollen wir uns mit einer Technik beschäftigen, die in vielen kombinatorischen Anzahlbestimmungsaufgaben eingesetzt werden kann. Im weiteren betrachten wir stets endliche Mengen.

Aus der Definition der Kardinalzahl einer Menge folgt dann unmittelbar:

$$A \cap B = \emptyset \quad \Rightarrow \quad |A \cup B| = |A| + |B| .$$

Sind die Mengen A und B nicht disjunkt, so zählt man mit dem Ausdruck $|A| + |B|$ diejenigen Elemente von $A \cup B$ zweimal, die sowohl in A als auch in B liegen:

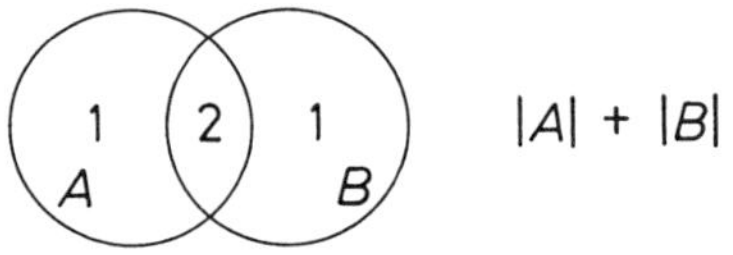

Abb. 34

Die übrigen Elemente von $A \cup B$ werden richtig mit der Vielfachheit 1 gezählt. Daher haben wir:

(*) $$|A \cup B| = |A| + |B| - |A \cap B| .$$

Betrachten wir 3 Mengen A, B, C, so werden mit $|A| + |B| + |C|$ alle diejenigen Elemente zu oft gezählt, die in mindestens 2 dieser 3 Mengen zugleich liegen. Subtrahiert man aber den Ausdruck $|A \cap B| + |A \cap C| + |B \cap C|$, so hat man diejenigen Elemente zu oft subtrahiert, die in allen 3 Mengen liegen. Es ist daher $|A \cap B \cap C|$ zu addieren:

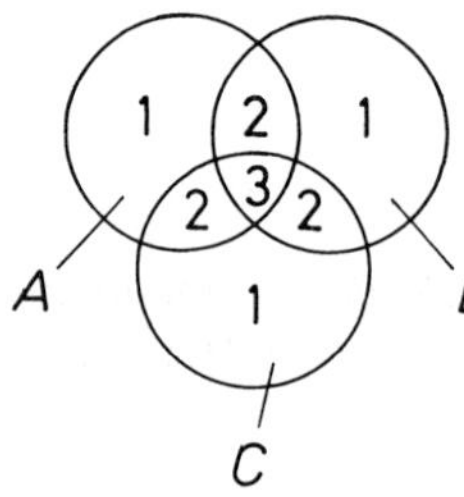

Abb. 35

Vielfachheit, mit der die Elemente im Ausdruck $|A| + |B| + |C|$ gezählt werden.

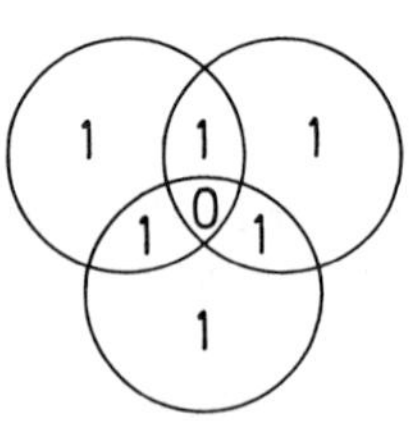

Abb. 36

Vielfachheit der Zählung in $|A| + |B| + |C| - (|A \cap B| + |A \cap C| + |B \cap C|)$.

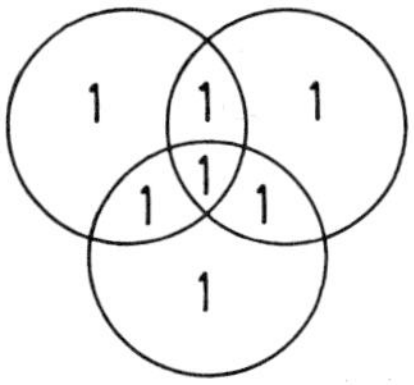

Abb. 37

$$|A|+|B|+|C|-|A\cap B|-|A\cap C|-|B\cap C|+|A\cap B\cap C|.$$

Wir haben also

$$|A\cup B\cup C|=|A|+|B|+|C|-|A\cap B|-|A\cap C|-|B\cap C|+|A\cap B\cap C|.$$

Die kombinatorische Bedeutung dieser Formel, bzw. der Formel (*), ist nun folgende:

Seien A, B, C Mengen von Elementen einer Grundmenge X, wobei A aus den Elementen mit einer bestimmten Eigenschaft P_A, B aus den Elementen mit Eigenschaft P_B, C aus den Elementen mit Eigenschaft P_C bestehen soll.

Oftmals steht man nun vor dem Problem, die Anzahl der Elemente in X zu bestimmen, die *mindestens eine* der Eigenschaften P_A, P_B, P_C besitzen; das ist aber gerade $|A\cup B\cup C|$. In vielen Fällen ist es nun schwierig, diese Anzahl direkt anzugeben, jedoch relativ leichter, anzugeben, wieviele Elemente Eigenschaft P_A besitzen (das heißt $|A|$), wieviele P_B besitzen (das heißt $|B|$), wieviele P_C besitzen (das heißt $|C|$), wieviele P_A *und* P_B besitzen (das heißt $|A\cap B|$), wieviele P_A *und* P_C besitzen (das heißt $|A\cap C|$), usw.

Die obigen Formeln liefern also den *Zusammenhang zwischen der Anzahl* der Elemente, die *mindestens eine* von gewissen *vorgegebenen Eigenschaften* besitzen, *mit den Anzahlen* der Elemente, die eine oder *mehrere dieser Eigenschaften zugleich* besitzen.

Allgemein werden wir an einem Zusammenhang zwischen

$$\left|\bigcup_{i=1}^{n} A_i\right|$$

und den Kardinalzahlen

$$\left|\bigcap_{i\in I} A_i\right|,\ I\subseteq\{1,2,\ldots,n\},$$

interessiert sein.

Noch häufiger ist die Aufgabenstellung, die *Anzahl der Elemente* zu bestimmen, *die keine einzige* von gewissen vorgegebenen Eigenschaften besitzen, das heißt, die Frage nach

$$\left|\bigcap_{i=1}^{n} \overline{A_i}\right|=\left|X-\bigcup_{i=1}^{n} A_i\right|. \quad \text{(de Morgan)}.$$

Wegen

$$\left|X-\bigcup_{i=1}^{n} A_i\right|=|X|-\left|\bigcup_{i=1}^{n} A_i\right|,$$

ist diese Fragestellung natürlich zur weiter oben angeführten äquivalent, und wir haben etwa

$$|\bar{A} \cap \bar{B}| = |X-(A \cup B)| = |X| - |A \cup B|$$
$$= |X| - |A| - |B| + |A \cap B|$$

bzw.

$$|\bar{A} \cap \bar{B} \cap \bar{C}| = |X| - |A| - |B| - |C| + |A \cap B| + |A \cap C|$$
$$+ |B \cap C| - |A \cap B \cap C|.$$

Wir geben nun ein Resultat an, das diese Fragestellung für n Mengen $A_1, \ldots, A_n$ (bzw. n Eigenschaften $P_{A_1}, \ldots, P_{A_n}$) beantwortet:

Satz (Inklusions-Exklusions-Prinzip, Siebformel). Seien $A_1, \ldots, A_n$ Teilmengen der endlichen Menge X. Dann gilt

$$\left|\bigcap_{i=1}^{n} \overline{A_i}\right| = \left|X - \bigcup_{i=1}^{n} A_i\right| = \sum_{I \subseteq \{1, 2, \ldots, n\}} (-1)^{|I|} \left|\bigcap_{i \in I} A_i\right|,$$

wobei sich die Summe über alle Teilmengen I von $\{1, 2, \ldots, n\}$ erstreckt und

$$\bigcap_{i \in \emptyset} A_i = X$$

zu setzen ist, also

$$\left|\bigcap_{i=1}^{n} \overline{A_i}\right| = |X| - |A_1| - \cdots - |A_n| + |A_1 \cap A_2| + \cdots + |A_1 \cap A_n| + \cdots$$
$$+ |A_{n-1} \cap A_n| - \cdots + (-1)^n |A_1 \cap A_2 \cap \cdots \cap A_n|. \qquad \square$$

Bemerkung. 1) Der Name des Satzes ergibt sich aus dem wechselseitigen Inkludieren bzw. Exkludieren der Elemente der Mengen

$$\bigcap_{i \in I} A_i,$$

bzw. dem „Heraussieben" der richtigen Anzahl.

2) Aus der Formel im Satz ergibt sich die, wegen

$$X - \bigcup_{i=1}^{n} A_i = \bigcap_{i=1}^{n} (X - A_i) = \bigcap_{i=1}^{n} \overline{A_i} \quad \text{(de Morgan)}$$

äquivalente Formel

$$\left|\bigcup_{i=1}^{n} A_i\right| = |X| - \left|\bigcap_{i=1}^{n} \overline{A_i}\right| = \sum_{\substack{I \subseteq \{1, 2, \ldots, n\} \\ I \neq \emptyset}} (-1)^{|I|+1} \left|\bigcap_{i \in I} A_i\right|.$$

3) In vielen Fällen erweist es sich als günstig, die Summe $\sum_I$ zu unterteilen in Teilsummen, die den Teilmengen $I \subseteq \{1, 2, \ldots, n\}$ mit fester Kardinalzahl k $(0 \leqslant k \leqslant n)$ entsprechen:

$$\left|\bigcap_{i=1}^{n} \overline{A_i}\right| = \sum_{k=0}^{n} (-1)^k \sum_{\substack{I \subseteq \{1, 2, \ldots, n\} \\ \text{mit } |I| = k}} \left|\bigcap_{i \in I} A_i\right|$$

bzw.

$$\left|\bigcup_{i=1}^{n} A_i\right| = \sum_{k=1}^{n} (-1)^{k+1} \sum_{\substack{I \subseteq \{1,2,\ldots,n\} \\ \text{mit } |I|=k}} \left|\bigcap_{i\in I} A_i\right|.$$

Beweis des Satzes. Wir beweisen die nach Bemerkung 2) äquivalente Formel

$$\left|\bigcup_{i=1}^{n} A_i\right| = \sum_{\substack{I \subseteq \{1,2,\ldots,n\} \\ I \neq \emptyset}} (-1)^{|I|+1} \left|\bigcap_{i\in I} A_i\right|$$

durch vollständige Induktion nach n:

1) $n=1$, $|A_1| = |A_1|$ ist richtig für jede Teilmenge A_1 von X.

2) Induktionsannahme: Die Formel ist richtig für die Vereinigung von jeweils n Teilmengen der Menge X.

Induktionsbehauptung: Die Formel ist richtig für die Vereinigung von jeweils $n+1$ Teilmengen der Menge X: Seien $A_1, \ldots, A_{n+1}$ diese Teilmengen. Dann ist

$$\bigcup_{i=1}^{n+1} A_i = C \cup A_{n+1} \quad \text{mit} \quad C = \bigcup_{i=1}^{n} A_i.$$

Formel (*) mit $A = C$, $B = A_{n+1}$ liefert dann

$$\left|\bigcup_{i=1}^{n+1} A_i\right| = |C| + |A_{n+1}| - |C \cap A_{n+1}|.$$

Dabei ist nach Induktionsannahme

$$|C| = \sum_{\substack{I \subseteq \{1,\ldots,n\} \\ I \neq \emptyset}} (-1)^{|I|+1} \left|\bigcap_{i\in I} A_i\right|.$$

Um auch den Term $|C \cap A_{n+1}|$ behandeln zu können, formen wir ihn nach dem Distributivgesetz um:

$$|C \cap A_{n+1}| = \left|\left(\bigcup_{i=1}^{n} A_i\right) \cap A_{n+1}\right| = \left|\bigcup_{i=1}^{n} (A_i \cap A_{n+1})\right|$$
$$= \left|\bigcup_{i=1}^{n} B_i\right| \quad \text{mit} \quad B_i = A_i \cap A_{n+1}.$$

Auf die Vereinigung der n Mengen B_i ist nun die Induktionsannahme anwendbar, und wir erhalten

$$|C \cap A_{n+1}| = \left|\bigcup_{i=1}^{n} B_i\right| = \sum_{\substack{J \subseteq \{1,2,\ldots,n\} \\ J \neq \emptyset}} (-1)^{|J|+1} \left|\bigcap_{i\in J} B_i\right|.$$

Nun ist natürlich

$$\bigcap_{i\in J} B_i = \bigcap_{i\in J} (A_i \cap A_{n+1}) = A_{n+1} \cap \left(\bigcap_{i\in J} A_i\right).$$

Ordnet man jeder Indexmenge J die Menge $I = J \cup \{n+1\}$ zu, so durchläuft I alle Teilmengen von $\{1, 2, \ldots, n+1\}$, die das Element $n+1$ enthalten, aber nicht nur aus $\{n+1\}$ bestehen (da $J \neq \emptyset$):

$$|C \cap A_{n+1}| = \sum_{\{n+1\} \subset I \subseteq \{1, 2, \ldots, n+1\}} (-1)^{|I|} \left| \bigcap_{i \in I} A_i \right|$$

bzw.

$$|A_{n+1}| - |C \cap A_{n+1}| = \sum_{\substack{I \subseteq \{1, 2, \ldots, n+1\}, \\ n+1 \in I}} (-1)^{|I|+1} \left| \bigcap_{i \in I} A_i \right|.$$

Insgesamt haben wir also

$$\left| \bigcup_{i=1}^{n+1} A_i \right| = \left(\sum_{\substack{I \subseteq \{1, 2, \ldots, n\} \\ I \neq \emptyset}} + \sum_{\substack{I \subseteq \{1, 2, \ldots, n+1\}, \\ n+1 \in I}} \right) (-1)^{|I|+1} \left| \bigcap_{i \in I} A_i \right|.$$

Jede nichtleere Teilmenge I von $\{1, 2, \ldots, n+1\}$ wird aber entweder durch die 1. Summe (wenn sie $n+1$ nicht enthält) oder durch die 2. Summe (wenn sie $n+1$ enthält) erfaßt, das heißt,

$$\left| \bigcup_{i=1}^{n+1} A_i \right| = \sum_{\substack{I \subseteq \{1, 2, \ldots, n+1\} \\ I \neq \emptyset}} (-1)^{|I|+1} \left| \bigcap_{i \in I} A_i \right|,$$

was zu zeigen war. □

Beispiel. Gesucht ist die *Anzahl* D_n *der fixpunktfreien Permutationen* der Menge $\{1, 2, \ldots, n\}$, das heißt,

$$D_n = |\{\pi \in \mathfrak{S}_n \mid \pi(i) \neq i \quad \text{für alle} \quad 1 \leqslant i \leqslant n\}| .$$

Grundmenge X ist dabei die Menge $\mathfrak{S}_n$ aller Permutationen von $\{1, 2, \ldots, n\}$, das heißt, $|X| = n!$.

Bezeichnen wir mit A_i die Menge der Permutationen, die i als Fixpunkt haben, das heißt,

$$A_i = \{\pi \in \mathfrak{S}_n \mid \pi(i) = i\} ,$$

so ist die Permutation π genau dann fixpunktfrei, wenn sie in *keiner* der Mengen $A_i (1 \leqslant i \leqslant n)$ liegt, das heißt,

$$D_n = \left| \bigcap_{i=1}^{n} \overline{A_i} \right| .$$

Nach der Siebformel ist dann

$$D_n = \sum_{I \subseteq \{1, 2, \ldots, n\}} (-1)^{|I|} \left| \bigcap_{i \in I} A_i \right| .$$

$\bigcap_{i \in I} A_i$ besteht aus denjenigen Permutationen, die (zumindest) die Elemente aus I festlassen:

$$\bigcap_{i \in I} A_i = \{\pi \in \mathfrak{S}_n \mid \pi(i) = i \quad \text{für alle} \quad i \in I\} .$$

Da über die Elemente von $\{1, 2, \ldots, n\} - I$ keine Einschränkung gemacht wird, können diese beliebig permutiert werden, und wir erhalten

$$\left| \bigcap_{i \in I} A_i \right| = (n - |I|)! ,$$

das heißt, die Anzahl ist nur von $|I|$ abhängig;

$$\Rightarrow \quad D_n = \sum_{I \subseteq \{1, 2, \ldots, n\}} (-1)^{|I|} (n - |I|)! .$$

Zerlegt man die Summe in diejenigen Summen über Indexmengen mit $|I| = k$ fest, und berücksichtigt man, daß es $C_n^k = \binom{n}{k}$ solcher Mengen I gibt, so folgt

$$\begin{aligned} D_n &= \sum_{k=0}^{n} \sum_{\substack{I \subseteq \{1, 2, \ldots, n\} \\ |I| = k}} (-1)^{|I|} (n - |I|)! \\ &= \sum_{k=0}^{n} \binom{n}{k} (-1)^k (n-k)! = n! \sum_{k=0}^{n} \frac{(-1)^k}{k!} . \end{aligned}$$

Eine lebensnahe Anwendung dieses Resultats ist die folgende: n Mathematiker geben vor Beginn eines Vortrags ihren Mantel an der Garderobe ab. Nach Ende des Vortrags nimmt jeder einen zufällig ausgewählten Mantel an sich. Wie groß ist die Wahrscheinlichkeit, daß keiner seinen eigenen Mantel gewählt hat?

Antwort:

$$\frac{D_n}{n!} = \sum_{k=0}^{n} \frac{(-1)^k}{k!} .$$

Begründung. Ordnet man jedem Mantel die Nummer seines Besitzers (aus $\{1, 2, \ldots, n\}$) zu, so entsprechen den verschiedenen zufälligen Auswahlen gerade die Permutationen aus $\mathfrak{S}_n$. Unter den $n!$ möglichen Fällen passiert es dabei in genau D_n Fällen, daß niemand seinen eigenen Mantel gewählt hat.

Wie wir später zeigen werden, ist

$$\sum_{k=0}^{\infty} \frac{(-1)^k}{k!} = \frac{1}{e} \approx 0{,}368 ,$$

wobei die Reihe sehr rasch konvergiert, das heißt,

$$\lim_{n \to \infty} \frac{D_n}{n!} \approx 0{,}368 .$$

Die obige Situation tritt also (für nicht allzu kleines n) in rund 37% aller Fälle ein. □

5 Lineare Algebra

In diesem Kapitel werden die wichtigsten Eigenschaften der algebraischen Struktur der *Vektorräume*, sowie der *„linearen Abbildungen“*, d.h. der strukturerhaltenden Abbildungen zwischen Vektorräumen studiert. Die zugrundeliegende Theorie, die „Lineare Algebra“, ist von großer Bedeutung für *zahlreiche Anwendungsbereiche* wie Lösbarkeitskriterien und Lösungsalgorithmen für lineare Gleichungssysteme (in diesem Kapitel enthalten), algebraische Codierungstheorie (in Band 3), lineare Optimierung (in Vorlesungen bzw. Lehrbüchern über Operations Research), ...

5.1 Vektorräume

Wir betrachten zunächst einige Beispiele:

Beispiel A. Sei $V = \mathbb{R}^3$ die Menge aller Tripel $\begin{pmatrix} x_1 \\ x_2 \\ x_3 \end{pmatrix}$ von reellen Zahlen. Jedes Element aus V kann, nach Wahl eines kartesischen Koordinatensystems, umkehrbar eindeutig einem Punkt des 3-dimensionalen Anschauungsraums zugeordnet werden.

Auf V wird eine Addition „+“ definiert durch

$$\begin{pmatrix} a_1 \\ a_2 \\ a_3 \end{pmatrix} + \begin{pmatrix} b_1 \\ b_2 \\ b_3 \end{pmatrix} = \begin{pmatrix} a_1+b_1 \\ a_2+b_2 \\ a_3+b_3 \end{pmatrix} .$$

Geometrisch bedeutet dies eine Parallelverschiebung (Translation) des Punktes $\begin{pmatrix} a_1 \\ a_2 \\ a_3 \end{pmatrix}$ um den „Vektor“ $\begin{pmatrix} b_1 \\ b_2 \\ b_3 \end{pmatrix}$. Man weist leicht nach, daß $\langle V, + \rangle$ eine abelsche Gruppe bildet.

Weiters kann für jedes $\lambda \in \mathbb{R}$ ein Produkt

$$\lambda \cdot \begin{pmatrix} a_1 \\ a_2 \\ a_3 \end{pmatrix} = \begin{pmatrix} \lambda a_1 \\ \lambda a_2 \\ \lambda a_3 \end{pmatrix}$$

definiert werden. Geometrisch bedeutet dies eine Streckung des „Vektors“, der den Ursprung mit dem Punkt $\begin{pmatrix} a_1 \\ a_2 \\ a_3 \end{pmatrix}$ verbindet, um den Faktor λ.

Für dieses Produkt gelten die folgenden Eigenschaften:
Sind $\mathfrak{a}$, $\mathfrak{b} \in \mathbb{R}^3$, λ, $\mu \in \mathbb{R}$, so ist

$$\begin{aligned} &1)\ \lambda \cdot (\mathfrak{a}+\mathfrak{b}) = \lambda \cdot \mathfrak{a} + \lambda \cdot \mathfrak{b} \\ &2)\ (\lambda+\mu) \cdot \mathfrak{a} = \lambda \cdot \mathfrak{a} + \mu \cdot \mathfrak{a} \\ &3)\ \lambda \cdot (\mu \cdot \mathfrak{a}) = (\lambda\mu) \cdot \mathfrak{a} \\ &4)\ 1 \cdot \mathfrak{a} \quad\quad = \mathfrak{a}\ . \quad \square \end{aligned}$$

Dieses Beispiel läßt sich leicht verallgemeinern:

Beispiel B. Sei K ein (möglicherweise auch endlicher) Körper und K^n die Menge aller n-tupel $\begin{pmatrix} x_1 \\ \vdots \\ x_n \end{pmatrix}$ von Elementen aus K. Definiert man

$$\begin{pmatrix} a_1 \\ \vdots \\ a_n \end{pmatrix} + \begin{pmatrix} b_1 \\ \vdots \\ b_n \end{pmatrix} = \begin{pmatrix} a_1+b_1 \\ \vdots \\ a_n+b_n \end{pmatrix}$$

bzw. für $\lambda \in K$

$$\lambda \cdot \begin{pmatrix} a_1 \\ \vdots \\ a_n \end{pmatrix} = \begin{pmatrix} \lambda a_1 \\ \vdots \\ \lambda a_n \end{pmatrix},$$

so ist wieder $\langle V = K^n, + \rangle$ eine abelsche Gruppe und das Produkt hat die Eigenschaften 1) – 4) von oben. $\square$

Beispiel C. Die algebraischen Eigenschaften aus Bsp. A und B lassen sich auch bei Mengen V wiederfinden, deren Elemente nicht als n-tupel über einem Körper K gegeben sind: Sei V die Menge aller Funktionen f: $[0, 1] \to \mathbb{R}$. Die Summe $f+g$ zweier Funktionen aus V sei die Funktion h definiert durch $h(x) = f(x) + g(x)$ für alle $x \in [0, 1]$, d. h. h entsteht durch punktweise Addition der Funktionswerte von f und g.

Wieder ist $\langle V, + \rangle$ abelsche Gruppe.

In naheliegender Weise wird man für $\lambda \in \mathbb{R}$ das skalare Vielfache λf von $f \in V$ definieren durch

$$h = \lambda \cdot f \Leftrightarrow h(x) = \lambda \cdot f(x) \quad \text{für alle} \quad x \in [0, 1]\ .$$

Die Eigenschaften 1) – 4) aus Bsp. A u. B sind dann ebenfalls erfüllt.

Analoges gilt für die reellwertigen Funktionen auf einer beliebigen nichtleeren Menge, wenn Addition und Skalarprodukt wieder punktweise definiert werden. $\square$

Dies führt zur

Definition. Sei K ein Körper.

Dann heißt $\langle V, +, K\rangle$ (linearer) *Vektorraum über* K, wenn a) $\langle V, +\rangle$ eine abelsche Gruppe bildet, b) für jedes $\lambda \in K$ und jedes $\mathfrak{a} \in V$ ein „Produkt" $\lambda \cdot \mathfrak{a} \in V$ definiert ist, so daß gilt

1) $\lambda \cdot (\mathfrak{a}+\mathfrak{b}) = \lambda \cdot \mathfrak{a} + \lambda \cdot \mathfrak{b}$
2) $(\lambda+\mu) \cdot \mathfrak{a} = \lambda \cdot \mathfrak{a} + \mu \cdot \mathfrak{a}$
3) $\lambda \cdot (\mu \cdot \mathfrak{a}) = (\lambda \cdot \mu) \cdot \mathfrak{a}$
4) $1 \cdot \mathfrak{a} = \mathfrak{a}$

für alle $\lambda, \mu \in K$, $\mathfrak{a}, \mathfrak{b} \in V$
(1 ist das Einselement von K).

Die Elemente von V heißen *Vektoren*, die Elemente von K *Skalare*. □

Wir werden zur Verdeutlichung Vektoren meist mit speziellen Kleinbuchstaben bezeichnen: $\mathfrak{a}, \mathfrak{b}, \mathfrak{c}, \mathfrak{d}, \mathfrak{e}, \mathfrak{f}, \mathfrak{g}, \mathfrak{h}, \mathfrak{i}, \mathfrak{j}, \mathfrak{k}, \mathfrak{l}, \mathfrak{m}, \mathfrak{n}, \mathfrak{o}, \mathfrak{p}, \mathfrak{q}, \mathfrak{r}, \mathfrak{s}, \mathfrak{t}, \mathfrak{u}, \mathfrak{v}, \mathfrak{w}, \mathfrak{x}, \mathfrak{y}, \mathfrak{z}$.
Das Einheitselement der Gruppe $\langle V, +\rangle$ heißt *Nullvektor* und wird mit $\mathfrak{o}$ bezeichnet. (Dagegen bezeichnet 0 das Nullelement im Körper K).

Bemerkung.

i) Die Eigenschaft 4) $1 \cdot \mathfrak{a} = \mathfrak{a}$, für alle $\mathfrak{a} \in V$, dient dazu, Trivialfälle auszuschließen. Läßt man 4) weg, so könnte man das triviale Produkt

$$\lambda \cdot \mathfrak{a} = \mathfrak{o} \quad \text{für alle} \quad \lambda \in K,\ \mathfrak{a} \in V$$

verwenden.

ii) Ersetzt man den Körper K in der obigen Definition durch einen kommutativen Ring H und verlangt man für das skalare Produkt die Eigenschaften 1), 2), 3), so heißt $\langle V, +, H\rangle$ ein *H-Modul*, besitzt H ein Einselement 1 und verlangt man zusätzlich auch Eigenschaft 4), so heißt $\langle V, +, H\rangle$ *unitärer H-Modul.*

iii) Formal ist das Skalarprodukt auch so beschreibbar, daß für jedes $\lambda \in K$ eine „einstellige Operation" φ_λ auf V, d.h. eine Abbildung $\varphi_\lambda\colon V \to V$, definiert ist (nämlich die Abbildung $\varphi_\lambda(\mathfrak{a}) = \lambda\,\mathfrak{a}$), mit folgenden Eigenschaften

1) φ_λ ist ein „Gruppenhomomorphismus" von $\langle V, +\rangle$, d.h. $\varphi_\lambda(\mathfrak{a}+\mathfrak{b}) = \varphi_\lambda(\mathfrak{a}) + \varphi_\lambda(\mathfrak{b})$ für alle $\mathfrak{a}, \mathfrak{b} \in V$
(vgl. $\lambda(\mathfrak{a}+\mathfrak{b}) = \lambda\,\mathfrak{a} + \lambda\,\mathfrak{b}$).
2) $\varphi_{\lambda+\mu} = \varphi_\lambda + \varphi_\mu$ für alle $\lambda, \mu \in K$
(vgl. $(\lambda+\mu)\,\mathfrak{a} = \lambda\,\mathfrak{a} + \mu\,\mathfrak{a}$).
3) $\varphi_{\lambda\cdot\mu} = \varphi_\lambda \circ \varphi_\mu$ für alle $\lambda, \mu \in K$, „ $\circ$ " bedeutet die Hintereinanderausführung der Abbildungen
(vgl. $(\lambda\mu)\,\mathfrak{a} = \lambda(\mu\,\mathfrak{a})$).
4) φ_1 ist die identische Abbildung
(vgl. $1 \cdot \mathfrak{a} = \mathfrak{a}$). □

Aus den definierenden Eigenschaften eines Vektorraums können die folgenden Aussagen hergeleitet werden ($-\mathfrak{a}$ bezeichnet dabei, wie üblich, das inverse Element zu $\mathfrak{a}$ in der Gruppe $\langle V, +\rangle$, $-\lambda$ das inverse Element zu λ in $\langle K, +\rangle$):

i) $0 \cdot \mathfrak{a} = \mathfrak{o}$, für alle $\mathfrak{a} \in V$
ii) $\lambda \cdot \mathfrak{o} = \mathfrak{o}$, für alle $\lambda \in K$
iii) $(-\lambda) \cdot \mathfrak{a} = \lambda \cdot (-\mathfrak{a})$, für alle $\lambda \in K, \mathfrak{a} \in V$
(speziell: $(-1) \cdot \mathfrak{a} = -\mathfrak{a}$)
iv) $\lambda \cdot \mathfrak{a} = \mathfrak{o} \Leftrightarrow \lambda = 0 \vee \mathfrak{a} = \mathfrak{o}$

Beweis von i): $0 \cdot \mathfrak{a} = (0+0) \cdot \mathfrak{a} = 0 \cdot \mathfrak{a} + 0 \cdot \mathfrak{a}$

Durch Addition von $-(0 \cdot \mathfrak{a})$ zu beiden Seiten der Identität ergibt sich $0 \cdot \mathfrak{a} + (-(0 \cdot \mathfrak{a})) = (0 \cdot \mathfrak{a} + 0 \cdot \mathfrak{a}) + (-0 \cdot \mathfrak{a})$ und daher $\mathfrak{o} = 0 \cdot \mathfrak{a} + (0 \cdot \mathfrak{a} + (-0 \cdot \mathfrak{a}))$, d.h. $\mathfrak{o} = 0 \cdot \mathfrak{a}$.

Der Beweis von ii) – iv) sei dem Leser überlassen.

Ist $\langle V, +, K \rangle$ ein Vektorraum, so sind diejenigen Teilmengen $U \subseteq V$ von besonderer Bedeutung, die mit den Operationen von V selbst wieder einen Vektorraum bilden:

Definition. Sei $\langle V, +, K \rangle$ ein Vektorraum. Ist $U \subseteq V$, so heißt $\langle U, +, K \rangle$ (linearer) *Teilraum* (oder auch Unterraum) von $\langle V, +, K \rangle$, symb. $U \subseteq V[TR]$, wenn $\langle U, +, K \rangle$ selbst ein Vektorraum ist.

Bemerkung. Anstelle der Bezeichnung „der Vektorraum $\langle V, +, K \rangle$" sagt man oft kurz: „der Vektorraum V", wenn klar ist, um welchen Skalarkörper und welche Operationen es sich handelt. Dementsprechend wird auch die Kurzbezeichnung „U ist Teilraum von V" verwendet. □

Als einfache **Folgerungen** aus der Definition erhalten wir

1) Für jeden Vektorraum V ist $\{\mathfrak{o}\} \subseteq V[TR]$ und $V \subseteq V[TR]$.

2) Die Teilraumrelation auf der Menge aller Teilräume eines gegebenen Vektorraums bildet eine *Halbordnung*. □

Um im Einzelfall leichter nachprüfen zu können, ob $U \subseteq V[TR]$ ist, kann man sich der folgenden *Kriterien* bedienen:

Satz. Sei $\langle V, +, K \rangle$ ein Vektorraum. Eine nichtleere Teilmenge $U \subseteq V$ ist genau dann ein Teilraum, wenn folgendes gilt:

1) $\mathfrak{a} - \mathfrak{b} \in U$, für alle $\mathfrak{a}, \mathfrak{b} \in U$
2) $\lambda \cdot \mathfrak{a} \in U$, für alle $\lambda \in K, \mathfrak{a} \in U$.

Beweis. U ist Teilraum von V genau dann, wenn $\langle U, + \rangle$ Untergruppe von $\langle V, + \rangle$ ist und Eigenschaft 2) aus dem Satz gilt. (Alle weiteren Bedingungen, die gelten müssen, damit $\langle U, +, K \rangle$ ein Vektorraum ist, sind erfüllt, da $\langle V, +, K \rangle$ diese Eigenschaften besitzt und $U \subseteq V$ ist.)

Aus der Diskussion der Untergruppen einer Gruppe wissen wir aber, daß $\langle U, + \rangle$ genau dann Untergruppe von $\langle V, + \rangle$ ist, wenn $\mathfrak{a} + (-\mathfrak{b}) = \mathfrak{a} - \mathfrak{b} \in U$ für alle $\mathfrak{a}, \mathfrak{b} \in U$, gilt. □

Die Bedingungen 1) und 2) aus dem Satz lassen sich auch in folgender Weise nachweisen:

Folgerung. Eine nichtleere Teilmenge $U \subseteq V$ ist genau dann ein Teilraum von $\langle V, +, K\rangle$, wenn

$$\mathfrak{a}+\mu\cdot\mathfrak{b}\in U \quad \text{für alle} \quad \mu\in K\ , \quad \mathfrak{a},\mathfrak{b}\in U\ , \quad \text{gilt}\ .$$

Beweis. Ist $U \subseteq V[TR]$, so ist natürlich die Bedingung erfüllt.

Umgekehrt folgen aus der Bedingung die Eigenschaften 1) und 2) aus dem Satz:

1) Setzt man $\mu=-1$, so ist, wegen $(-1)\,\mathfrak{b}=-\mathfrak{b}$,

$$\mathfrak{a}-\mathfrak{b}\in U\ , \quad \text{für alle} \quad \mathfrak{a},\mathfrak{b}\in U\ .$$

2) Setzt man $\mathfrak{a}=\mathfrak{o}$, so ergibt sich $\mu\cdot\mathfrak{b}\in U$, für alle $\mu\in K$, $\mathfrak{b}\in U$, d.h. Eigenschaft 2) aus dem Satz. □

Beispiele. 1) Die Menge U aller Lösungen $\mathfrak{x}=\begin{pmatrix}x_1\\x_2\\x_3\end{pmatrix}\in\mathbb{R}^3$ eines homogenen linearen Gleichungssystems

$$\begin{aligned}a_{11}x_1+a_{12}x_2+a_{13}x_3&=0\\a_{21}x_1+a_{22}x_2+a_{23}x_3&=0\\a_{31}x_1+a_{32}x_2+a_{33}x_3&=0\end{aligned}$$

($a_{ij}\in\mathbb{R}$), bildet einen Teilraum des Vektorraums $\langle\mathbb{R}^3, +, \mathbb{R}\rangle$ (kurz $\mathbb{R}^3$).

Da sicher $\mathfrak{o}=\begin{pmatrix}0\\0\\0\end{pmatrix}$ Lösung ist, ist U nichtleer. Sind $\mathfrak{x}=\begin{pmatrix}x_1\\x_2\\x_3\end{pmatrix}$ und $\mathfrak{y}=\begin{pmatrix}y_1\\y_2\\y_3\end{pmatrix}$ Lösungen, so sieht man durch Einsetzen sofort, daß auch $\mathfrak{x}+\mu\cdot\mathfrak{y}=\begin{pmatrix}x_1+\mu y_1\\x_2+\mu y_2\\x_3+\mu y_3\end{pmatrix}$ eine Lösung ist für jedes $\mu\in K$.

2) Jede Gerade und jede Ebene durch den Ursprung $\mathfrak{o}=\begin{pmatrix}0\\0\\0\end{pmatrix}$ bildet einen Teilraum des $\mathbb{R}^3$. Man beachte, daß dies für Geraden bzw. Ebenen, die $\mathfrak{o}$ nicht enthalten, *nicht* mehr gilt: *Jeder Teilraum U von V muß den Nullvektor enthalten*, da U nichtleer ist, und mit $\mathfrak{a}\in U$ auch $\mathfrak{o}=0\cdot\mathfrak{a}\in U$. Geraden bzw. Ebenen, die nicht durch den Ursprung gehen, lassen sich jedoch stets aus Geraden bzw. Ebenen, die durch den Ursprung gehen, durch Translation um einen festen Vektor $\mathfrak{x}_0$ erzeugen. Sie sind also Mengen der Gestalt

$$\{\mathfrak{x}\mid\mathfrak{x}=\mathfrak{x}_0+\mathfrak{z},\ \mathfrak{z}\in U\}\ ,$$

wobei U ein Teilraum des $\mathbb{R}^3$ ist. □

Man definiert nun allgemein:

Definition. Seien S, T Teilmengen eines Vektorraums V. Dann ist die *Summe*

$$S+T=\{\mathfrak{x}\mid\mathfrak{x}\ \text{besitzt eine Darstellung}\ \mathfrak{x}=\mathfrak{a}+\mathfrak{b} \quad \text{mit} \quad \mathfrak{a}\in S,\ \mathfrak{b}\in T\}.$$

Besteht $S=\{\mathfrak{a}\}$ nur aus einem Element, so schreibt man statt $\{\mathfrak{a}\}+T$ kurz $\mathfrak{a}+T$. □

Wir haben im letzten Beispiel gesehen, daß Mengen der Gestalt $\mathfrak{x}_0 + U$, $U \subseteq V[TR]$, zwar im allgemeinen keine Teilräume von V, jedoch von offensichtlich sehr ähnlicher Struktur sind. Man führt den folgenden Namen ein:

Definition. Sei V ein Vektorraum, $\mathfrak{x}_0 \in V$, U Teilraum von V, dann heißt $\mathfrak{x}_0 + U$ *Hyperebene* in V (manchmal auch „affiner Teilraum" von V).

Beispiel 1. Jeder Punkt ($U = \{\mathfrak{o}\}$!), jede Gerade, jede Ebene und $\mathbb{R}^3$ selbst ist eine Hyperebene des $\mathbb{R}^3$.

Beispiel 2. Sei

$$\begin{aligned} a_{11}x_1 + a_{12}x_2 + a_{13}x_3 &= b_1 \\ a_{21}x_1 + a_{22}x_2 + a_{23}x_3 &= b_2 \qquad (a_{ij},\ b_i \in \mathbb{R}) \\ a_{31}x_1 + a_{32}x_2 + a_{33}x_3 &= b_3 \end{aligned}$$

ein inhomogenes lineares Gleichungssystem, d.h. $(b_1, b_2, b_3) \neq (0, 0, 0)$. Man stellt leicht fest, daß die Differenz $\mathfrak{x} - \mathfrak{x}'$ je zweier Lösungen $\mathfrak{x} = \begin{pmatrix} x_1 \\ x_2 \\ x_3 \end{pmatrix}$ bzw. $\mathfrak{x}' = \begin{pmatrix} x_1' \\ x_2' \\ x_3' \end{pmatrix} \in \mathbb{R}^3$ eine Lösung des zugehörigen homogenen Gleichungssystems (bei dem b_1, b_2, b_3 durch 0, 0, 0 ersetzt werden) ist. Wir wissen bereits, daß die Lösungsmenge des homogenen Gleichungssystems einen Teilraum U des $\mathbb{R}^3$ bildet: Besitzt das inhomogene Gleichungssystem also mindestens eine Lösung $\mathfrak{x}_0$, so hat jede Lösung die Gestalt

$$\mathfrak{x} \in \mathfrak{x}_0 + U \ , \quad U \text{ Teilraum des } \mathbb{R}^3 \ ,$$

d.h. die allgemeine Lösung des inhomogenen Gleichungssystems bildet eine Hyperebene im $\mathbb{R}^3$, falls es überhaupt eine Lösung gibt. □

Wir wollen nun die Frage untersuchen, ob die Operationen „$\cap$", „$\cup$" bzw. „$+$" Teilräume wieder in Teilräume überführen.

Satz. Seien U_1, U_2 Teilräume von V. Dann gilt

1) $U_1 \cap U_2$ ist ebenfalls Teilraum von V;
2) $U_1 \cup U_2$ ist Teilraum von V genau dann, wenn $U_1 \subseteq U_2$ oder $U_2 \subseteq U_1$;
3) $U_1 + U_2$ ist Teilraum von V.

Beweis. 1) Seien $\mathfrak{a}, \mathfrak{b} \in U_1 \cap U_2$. Dann ist $\mathfrak{a}, \mathfrak{b} \in U_1$ und $\mathfrak{a}, \mathfrak{b} \in U_2$. Da U_1 bzw. U_2 Teilräume sind, ist dann auch

$$\mathfrak{a} + \mu\mathfrak{b} \in U_1 \quad \text{bzw.} \quad \mathfrak{a} + \mu\mathfrak{b} \in U_2$$

für alle $\mu \in K$, d.h. $\mathfrak{a} + \mu\mathfrak{b} \in U_1 \cap U_2$.

2) Ist $U_1 \subseteq U_2$, so ist $U_1 \cup U_2 = U_2$, ist $U_2 \subseteq U_1$, so ist $U_1 \cup U_2 = U_1$, in beiden Fällen ist also $U_1 \cup U_2$ wieder ein Teilraum.

Ist hingegen weder $U_1 \subseteq U_2$ noch $U_2 \subseteq U_1$, so gibt es Vektoren

$$\begin{aligned} &\mathfrak{a} \in U_1 \quad \text{mit} \quad \mathfrak{a} \notin U_2 \quad \text{bzw.} \\ &\mathfrak{b} \in U_2 \quad \text{mit} \quad \mathfrak{b} \notin U_1 \ . \end{aligned}$$

Sei nun $\mathfrak{c} = \mathfrak{a} + \mathfrak{b}$. Wäre $U_1 \cup U_2$ ein Teilraum, so müßte $\mathfrak{c} \in U_1 \cup U_2$ sein, d. h. $\mathfrak{c} \in U_1$ oder $\mathfrak{c} \in U_2$. Wäre $\mathfrak{c} \in U_1$, so auch $\mathfrak{c} + (-\mathfrak{a}) = \mathfrak{b} \in U_1$, wäre $\mathfrak{c} \in U_2$, so auch $\mathfrak{c} + (-\mathfrak{b}) = \mathfrak{a} \in U_2$, im Widerspruch zur Wahl von $\mathfrak{a}$ bzw. $\mathfrak{b}$.

3) Seien $\mathfrak{a}, \mathfrak{b} \in U_1 + U_2$, d. h.

$$\mathfrak{a} = \mathfrak{a}_1 + \mathfrak{a}_2 \ , \quad \mathfrak{b} = \mathfrak{b}_1 + \mathfrak{b}_2 \quad \text{mit} \quad \mathfrak{a}_1, \mathfrak{b}_1 \in U_1, \ \mathfrak{a}_2, \mathfrak{b}_2 \in U_2 \ .$$

Dann ist für $\mu \in K$

$$\mathfrak{a} + \mu\mathfrak{b} = \mathfrak{a}_1 + \mathfrak{a}_2 + \mu(\mathfrak{b}_1 + \mathfrak{b}_2) = (\mathfrak{a}_1 + \mu\mathfrak{b}_1) + (\mathfrak{a}_2 + \mu\mathfrak{b}_2) \ .$$

Da U_1, U_2 Teilräume sind, ist

$$\mathfrak{a}_1 + \mu\mathfrak{b}_1 \in U_1 \ , \quad \mathfrak{a}_2 + \mu\mathfrak{b}_2 \in U_2$$

und daher $\mathfrak{a} + \mu\mathfrak{b} \in U_1 + U_2$. □

Für je 2 Teilräume U_1, U_2 von V gelten also die folgenden Teilrauminklusionen:

$$\{\mathfrak{o}\} \subseteq U_1 \cap U_2 \begin{matrix} \subseteq \\ \subseteq \end{matrix} \begin{matrix} U_1 \\ U_2 \end{matrix} \begin{matrix} \subseteq \\ \subseteq \end{matrix} U_1 + U_2 \subseteq V \ .$$

Die Operation „+" spielt für Teilräume eines Vektorraums eine ganz ähnliche Rolle wie die Operation „∪" für Teilmengen einer Menge.

Geht man von einer beliebigen Teilmenge S eines Vektorraums V aus, die kein Teilraum ist, so stellt sich die Frage, ob man in einfacher Weise einen *„kleinsten" Teilraum U von V* angeben kann, *der S enthält* (wir werden den Ausdruck „kleinster" Teilraum noch präzisieren).

Soll $S \subseteq U$ und $U \subseteq V$ $[TR]$ gelten, so muß für jedes $\mathfrak{a} \in S$ sicher auch jedes „Vielfache" $\lambda \cdot \mathfrak{a} \in U$ sein. Außerdem muß U als Teilraum mit je 2 Vektoren auch deren Summe enthalten, d. h. aber auch die Summe von jeweils endlich vielen seiner Vektoren. Kombiniert man beide Aussagen, so folgt, daß mit je endlich vielen Vektoren $\mathfrak{a}_1, \ldots, \mathfrak{a}_n \in S$

$$\lambda_1 \mathfrak{a}_1 + \lambda_2 \mathfrak{a}_2 + \cdots + \lambda_n \mathfrak{a}_n \in U$$

für $\lambda_i \in K$, $(1 \leqslant i \leqslant n)$, gelten muß.

Wir werden im folgenden zeigen, daß die Menge aller derartigen Ausdrücke schon den gesuchten Teilraum U bildet.

Definition. Sei $\langle V, +, K \rangle$ ein Vektorraum, $S \subseteq V$ eine nichtleere Teilmenge. Die Menge

$$\mathscr{L}(S) = \left\{ \mathfrak{x} \mid \mathfrak{x} = \lambda_1 \mathfrak{a}_1 + \cdots + \lambda_n \mathfrak{a}_n = \sum_{i=1}^{n} \lambda_i \mathfrak{a}_i, \ \lambda_i \in K, \ \mathfrak{a}_i \in S, \ n \in \mathbb{N} \right\}$$

aller „endlichen Linearkombinationen" von Vektoren aus S heißt *lineare Hülle* von S in V.

Ist $S = \emptyset$, so setzen wir $\mathscr{L}(\emptyset) = \{\mathfrak{o}\}$. □

Dann gilt:

Satz. Die lineare Hülle $\mathscr{L}(S)$ von S in V ist ein Teilraum von V.

Beweis. Für $S=\emptyset$ ist $\mathscr{L}(S)=\{\mathfrak{o}\}$ ein Teilraum von V. Sei nun $S\neq\emptyset$ und seien $\mathfrak{a}=\sum_{i=1}^{m}\lambda_i\mathfrak{a}_i$ sowie $\mathfrak{b}=\sum_{i=1}^{n}\mu_i\mathfrak{b}_i\in\mathscr{L}(S)$.

Dann ist
$$\mathfrak{a}+\mu\mathfrak{b}=\sum_{i=1}^{m}\lambda_i\mathfrak{a}_i+\mu\left(\sum_{i=1}^{n}\mu_i\mathfrak{b}_i\right)$$
$$=\sum_{i=1}^{m}\lambda_i\mathfrak{a}_i+\sum_{i=1}^{n}(\mu\mu_i)\mathfrak{b}_i\,.$$

Setzen wir $A=\{\mathfrak{a}_1,\ldots,\mathfrak{a}_m\}$, $B=\{\mathfrak{b}_1,\ldots,\mathfrak{b}_n\}$, $C=A\cup B=\{\mathfrak{c}_1,\ldots,\mathfrak{c}_q\}$ $(q\leqslant m+n)$, so ist
$$\mathfrak{a}+\mu\mathfrak{b}=\sum_{i=1}^{q}\nu_i\mathfrak{c}_i\,,$$
mit
$$\nu_i=\begin{cases}\lambda_j & \text{für}\quad \mathfrak{c}_i=\mathfrak{a}_j\in A,\ \mathfrak{c}_i\notin B\\ \mu\mu_k & \text{für}\quad \mathfrak{c}_i=\mathfrak{b}_k\in B,\ \mathfrak{c}_i\notin A\\ \lambda_j+\mu\mu_k & \text{für}\quad \mathfrak{c}_i=\mathfrak{a}_j=\mathfrak{b}_k\in A\cap B\,.\end{cases}$$
$\mathfrak{a}+\mu\mathfrak{b}$ ist also wieder in $\mathscr{L}(S)$. □

Weiters haben wir

Satz. 1) Ist S Teilraum von V, so ist $\mathscr{L}(S)=S$.
2) Für jede Teilmenge S von V ist $\mathscr{L}(\mathscr{L}(S))=\mathscr{L}(S)$.

Beweis. 1) Ist S Teilraum von V, so enthält S auch jede endliche Linearkombination seiner Vektoren, d. h. $\mathscr{L}(S)\subseteq S$. Da natürlich $S\subseteq\mathscr{L}(S)$, ist $S=\mathscr{L}(S)$.
2) Da $\mathscr{L}(S)$ ein Teilraum von V ist, folgt 2) aus 1). □

Wir können nun den Sachverhalt zeigen, der den Ausgangspunkt für die Konstruktion von $\mathscr{L}(S)$ bildete:

Satz. $\mathscr{L}(S)$ ist der „kleinste" Teilraum von V, der S enthält: ist $S\subseteq U$ und U Teilraum von V, so gilt $\mathscr{L}(S)\subseteq U$.

Beweis. Wir haben weiter oben bereits festgehalten, daß jeder Teilraum U von V, der S enthält, auch alle endlichen Linearkombinationen von Vektoren aus S, d. h. $\mathscr{L}(S)$, enthalten muß. Da außerdem $\mathscr{L}(S)$ selbst als Teilraum von V erkannt wurde, folgt der Satz.

(Im Fall $S=\emptyset$ ist der Satz trivialerweise richtig, da $\mathscr{L}(\emptyset)=\{\mathfrak{o}\}\subseteq U$ für jeden Teilraum U von V gilt.) □

Beispiel 1. Sei $V=\mathbb{R}^3$, $S=\left\{\begin{pmatrix}1\\0\\0\end{pmatrix},\begin{pmatrix}0\\1\\0\end{pmatrix}\right\}$. Dann ist
$$\mathscr{L}(S)=\left\{\begin{pmatrix}x_1\\x_2\\x_3\end{pmatrix}\,\middle|\,x_3=0\right\}.$$

Beispiel 2. Sei $V = K^n$, $S = \{\mathfrak{e}_1, \ldots, \mathfrak{e}_n\}$ mit

$$\mathfrak{e}_i = \begin{pmatrix} \delta_{i1} \\ \vdots \\ \delta_{in} \end{pmatrix},$$

wobei wir

$$\delta_{ij} = \begin{cases} 1 & \text{für} \quad i = j \\ 0 & \text{für} \quad i \neq j \end{cases}$$

setzen (KRONECKER[1]-Symbol); d. h.

$$\mathfrak{e}_1 = \begin{pmatrix} 1 \\ 0 \\ 0 \\ \vdots \\ 0 \end{pmatrix}, \quad \mathfrak{e}_2 = \begin{pmatrix} 0 \\ 1 \\ 0 \\ \vdots \\ 0 \end{pmatrix}, \quad \ldots, \quad \mathfrak{e}_n = \begin{pmatrix} 0 \\ \vdots \\ \vdots \\ 0 \\ 1 \end{pmatrix}.$$

Dann ist $\mathscr{L}(S) = K^n$. Jeder Vektor $\mathfrak{x} \in K^n$ läßt sich darüber hinaus auf genau eine Art als Linearkombination der $\mathfrak{e}_i$ darstellen.

Ist nämlich $\sum_{i=1}^{n} \lambda_i \mathfrak{e}_i = \sum_{i=1}^{n} \mu_i \mathfrak{e}_i$, d. h. $\begin{pmatrix} \lambda_1 \\ \vdots \\ \lambda_n \end{pmatrix} = \begin{pmatrix} \mu_1 \\ \vdots \\ \mu_n \end{pmatrix}$, so muß $\lambda_i = \mu_i$ für alle $1 \leqslant i \leqslant n$ gelten.

Man beachte, daß diese Eindeutigkeit der Darstellung für eine beliebige Menge S nicht gelten muß. Sei $V = \mathbb{R}^2$, $S = \left\{ \begin{pmatrix} 1 \\ 0 \end{pmatrix}, \begin{pmatrix} 0 \\ 1 \end{pmatrix}, \begin{pmatrix} 1 \\ 1 \end{pmatrix} \right\}$. Dann ist $\mathscr{L}(S) = \mathbb{R}^2$, und $\begin{pmatrix} 2 \\ 1 \end{pmatrix} = 1 \cdot \begin{pmatrix} 1 \\ 0 \end{pmatrix} + 0 \cdot \begin{pmatrix} 0 \\ 1 \end{pmatrix} + 1 \cdot \begin{pmatrix} 1 \\ 1 \end{pmatrix} = 0 \cdot \begin{pmatrix} 1 \\ 0 \end{pmatrix} + (-1) \cdot \begin{pmatrix} 0 \\ 1 \end{pmatrix} + 2 \cdot \begin{pmatrix} 1 \\ 1 \end{pmatrix}$

sind zwei verschiedene Darstellungen von $\begin{pmatrix} 2 \\ 1 \end{pmatrix}$ als Linearkombination der Vektoren aus S.

Wir werden uns in Abschnitt 5.2 näher mit der Frage der Eindeutigkeit der Darstellung eines Vektors $\mathfrak{x}$ als Linearkombination von Vektoren $\mathfrak{x}_1, \ldots, \mathfrak{x}_n$ beschäftigen. □

Bemerkung.
Wir können den Begriff der linearen Hülle nicht nur auf Mengen, sondern auch auf *„Multimengen"* (oder *„Systeme"*) von Vektoren aus einem Vektorraum ausdehnen. Wie in 4.1 bereits erwähnt, lassen wir bei einer Multimenge (einem System) zu, daß Elemente mehrfach auftreten. Die Multimenge ist bestimmt durch die Menge der verschiedenen vorkommenden Elemente, die wir die *Trägermenge* der Multimenge nennen, und durch die *Vielfachheiten*, mit der diese Elemente vorkommen.

---

[1]) Leopold KRONECKER, 7. Dezember 1821 – 29. Dezember 1891, bis 1883 Privatgelehrter, dann Nachfolger von Ernst-Eduard KUMMER als Ordinarius in Berlin.

Ist $S = \{\mathfrak{x}_i \mid i \in I\}$ eine Multimenge von Vektoren aus dem Vektorraum V über K, I eine beliebige Indexmenge, so ist es naheliegend, unter einer „endlichen Linearkombination" einen Ausdruck

$$\sum_{i \in I} \lambda_i \mathfrak{x}_i \,, \qquad \lambda_i \in K \,,$$

zu verstehen, bei dem höchstens endlich viele $\lambda_i \neq 0$ sind. Es ist also

$$\sum_{i \in I} \lambda_i \mathfrak{x}_i = \sum_{j \in J} \lambda_j \mathfrak{x}_j$$

mit $J \subseteq I$ und J endlich. (Auch für unendliches I ist also die Summe $\sum_{i \in I} \lambda_i \mathfrak{x}_i$ nur formal unendlich.) □

Definition. Sei $\langle V, +, K \rangle$ ein Vektorraum, $S = \{\mathfrak{x}_i \mid i \in I\}$ ein *System* von Vektoren aus V. Dann ist

$$\mathscr{L}(S) = \{\mathfrak{x} \mid \text{Es existiert ein endliches } J \subseteq I \text{, so daß } \mathfrak{x} = \sum_{j \in J} \lambda_j \mathfrak{x}_j . \} \,. \quad \square$$

M. a. W.: $\mathscr{L}(S) = \mathscr{L}(S')$, wobei S' die Trägermenge von S ist.

Diese (scheinbar komplizierte) Konvention erlaubt es uns später, den Fall des Auftretens gleicher Vektoren in Systemen nicht getrennt behandeln zu müssen.

Wir haben $U_1 + U_2$ als die Menge aller Vektoren $\mathfrak{x} = \mathfrak{x}_1 + \mathfrak{x}_2$ mit $\mathfrak{x}_1 \in U_1$, $\mathfrak{x}_2 \in U_2$ definiert. I. allg. braucht diese Darstellung von $\mathfrak{x}$ ebenfalls nicht eindeutig zu sein:

Satz. Seien U_1, U_2 Teilräume des Vektorraums V. Dann besitzt jeder Vektor $\mathfrak{x} \in U_1 + U_2$ genau dann eine Darstellung $\mathfrak{x} = \mathfrak{x}_1 + \mathfrak{x}_2$ durch eindeutig bestimmte Vektoren $\mathfrak{x}_1 \in U_1$, $\mathfrak{x}_2 \in U_2$, wenn $U_1 \cap U_2 = \{\mathfrak{o}\}$ gilt.

Beweis. Sei die Darstellung von $\mathfrak{x}$ in der obigen Form eindeutig und $U_1 \cap U_2 \supset \{\mathfrak{o}\}$. Sei $\mathfrak{z} \in U_1 \cap U_2$, $\mathfrak{z} \neq \mathfrak{o}$. Dann besitzt $\mathfrak{x}$ mit der Darstellung $\mathfrak{x} = \mathfrak{x}_1 + \mathfrak{x}_2$ auch die Darstellung $\mathfrak{x} = (\mathfrak{x}_1 + \mathfrak{z}) + (\mathfrak{x}_2 - \mathfrak{z})$ mit $\mathfrak{x}_1 + \mathfrak{z} \in U_1$, $\mathfrak{x}_2 - \mathfrak{z} \in U_2$; Widerspruch.

Sei umgekehrt $U_1 \cap U_2 = \{\mathfrak{o}\}$. Nehmen wir an, $\mathfrak{x}$ besitzt 2 Darstellungen

$$\mathfrak{x} = \mathfrak{x}_1 + \mathfrak{x}_2 = \mathfrak{y}_1 + \mathfrak{y}_2 \,, \quad \mathfrak{x}_1, \mathfrak{y}_1 \in U_1 \,, \quad \mathfrak{x}_2, \mathfrak{y}_2 \in U_2 .$$

Dann ist $\mathfrak{y}_1 - \mathfrak{x}_1 = \mathfrak{x}_2 - \mathfrak{y}_2$.

Da aber $\mathfrak{y}_1 - \mathfrak{x}_1 \in U_1$, $\mathfrak{x}_2 - \mathfrak{y}_2 \in U_2$, muß $\mathfrak{y}_1 - \mathfrak{x}_1 = \mathfrak{x}_2 - \mathfrak{y}_2 \in U_1 \cap U_2 = \{\mathfrak{o}\}$ gelten, d. h. $\mathfrak{x}_1 = \mathfrak{y}_1$, $\mathfrak{x}_2 = \mathfrak{y}_2$, und es ergibt sich ein Widerspruch zur Annahme, daß die Darstellungen verschieden waren. □

Man zeichnet die Summe $U_1 + U_2$ für den eben untersuchten Fall der eindeutigen Darstellbarkeit jedes ihrer Vektoren als Summe eines Vektors von U_1 und eines Vektors von U_2 mit einem eigenen Namen aus:

Definition. Sind U_1, U_2 Teilräume von V mit $U_1 \cap U_2 = \{\mathfrak{o}\}$, so heißt der Teilraum $U_1 + U_2$ die *direkte Summe* von U_1 und U_2, symb. $U_1 \oplus U_2$. Ist $U_1 \oplus U_2 = V$, so heißt U_2 *Komplementärraum* zu U_1 in V. Man beachte, daß Komplementärräume i. allg. nicht eindeutig bestimmt sind.

Beispiel. Sei $V = K^2$, $U_1 = \left\{ \begin{pmatrix} \lambda \\ 0 \end{pmatrix} \middle| \lambda \in K \right\}$. Dann ist, wie man sofort sieht, $U_2 = \left\{ \begin{pmatrix} 0 \\ \lambda \end{pmatrix} \middle| \lambda \in K \right\}$ ein Komplementärraum.

Dies gilt aber auch für $U_2' = \left\{ \begin{pmatrix} \lambda \\ \lambda \end{pmatrix} \middle| \lambda \in K \right\}$:

$$\begin{pmatrix} x_1 \\ x_2 \end{pmatrix} = \begin{pmatrix} x_1 - x_2 \\ 0 \end{pmatrix} + \begin{pmatrix} x_2 \\ x_2 \end{pmatrix},$$

d.h. $U_1 + U_2' = V$. Da $U_1 \cap U_2' = \left\{ \begin{pmatrix} 0 \\ 0 \end{pmatrix} \right\}$, ist $U_1 \oplus U_2' = V$ und wegen $\begin{pmatrix} 1 \\ 1 \end{pmatrix} \in U_2'$, $\begin{pmatrix} 1 \\ 1 \end{pmatrix} \notin U_2$, ist $U_2 \neq U_2'$. □

5.2 Lineare Unabhängigkeit, Basis, Dimension

Wir gehen nun zur Fragestellung über, wann die Skalare λ_i in der Darstellung

$$\mathfrak{x} = \sum_{i=1}^{p} \lambda_i \mathfrak{x}_i$$

eines Vektors $\mathfrak{x} \in \mathscr{L}(\mathfrak{x}_1, \mathfrak{x}_2, \ldots, \mathfrak{x}_p)$ eindeutig bestimmt sind, und zeigen den folgenden

Hilfssatz. Seien $\mathfrak{x}_1, \ldots, \mathfrak{x}_p$ Vektoren des Vektorraums V. Dann sind die folgenden Aussagen äquivalent:

1) Die Darstellung eines beliebigen Vektors $\mathfrak{x} \in \mathscr{L}(\mathfrak{x}_1, \ldots, \mathfrak{x}_p)$ in der Form $\mathfrak{x} = \sum_{i=1}^{p} \lambda_i \mathfrak{x}_i$ ist eindeutig.

2) Der Nullvektor besitzt nur die triviale Darstellung, d.h.

$$\sum_{i=1}^{p} \lambda_i \mathfrak{x}_i = \mathfrak{o} \Rightarrow \lambda_i = 0 \quad \text{für alle} \quad 1 \leqslant i \leqslant p\,.$$

Beweis. Da $\mathfrak{o} = \sum_{i=1}^{p} 0 \cdot \mathfrak{x}_i$ eine Darstellung des Nullvektors ist, ist die Implikation 1) ⇒ 2) trivial. Um zu zeigen, daß umgekehrt auch 2) ⇒ 1) gilt, nehmen wir an, es gäbe 2 Darstellungen

$$\mathfrak{x} = \sum_{i=1}^{p} \lambda_i \mathfrak{x}_i = \sum_{i=1}^{p} \mu_i \mathfrak{x}_i$$

des Vektors $\mathfrak{x}$, d.h. für mindestens ein i, nennen wir es i_0, ist $\lambda_i \neq \mu_i$. Dann ist aber

$$\mathfrak{o} = \mathfrak{x} - \mathfrak{x} = \sum_{i=1}^{p} (\lambda_i - \mu_i)\, \mathfrak{x}_i$$

wegen $\lambda_{i_0} - \mu_{i_0} \neq 0$ eine nichttriviale Darstellung des Nullvektors; Widerspruch. □

Der letzte Hilfssatz führt uns zur folgenden

Definition. 1) Seien $\mathfrak{x}_1, \ldots, \mathfrak{x}_p$ Vektoren des Vektorraums V über K. $\mathfrak{x}_1, \ldots, \mathfrak{x}_p$ heißen *linear abhängig* (*l. a.*), wenn es eine nichttriviale Darstellung von $\mathfrak{o}$ als Linearkombination von $\mathfrak{x}_1, \ldots, \mathfrak{x}_p$ gibt, d.h., wenn es ein p-tupel $(\lambda_1, \ldots, \lambda_p) \neq (0, \ldots, 0)$ von $\lambda_i \in K$ $(1 \leqslant i \leqslant p)$ gibt, so daß $\sum_{i=1}^{p} \lambda_i \mathfrak{x}_i = \mathfrak{o}$.

Analog heißt ein System (eine Multimenge) $S = \{\mathfrak{x}_i \mid i \in I\}$ von Vektoren aus V l. a., wenn es eine nichttriviale endliche Linearkombination

$$\sum_{j \in J} \lambda_j \mathfrak{x}_j = \mathfrak{o} \ , \quad J \subseteq I \ , \quad J \text{ endlich, nicht alle } \lambda_j = 0 \ ,$$

gibt, die den Nullvektor darstellt.

2) $\mathfrak{x}_1, \ldots, \mathfrak{x}_p$ heißen *linear unabhängig* (*l. u.*), wenn der Nullvektor nur die triviale Darstellung als Linearkombination von $\mathfrak{x}_1, \ldots, \mathfrak{x}_p$ besitzt:

$$\sum_{i=1}^{p} \lambda_i \mathfrak{x}_i = \mathfrak{o} \Rightarrow (\lambda_1, \ldots, \lambda_p) = (0, \ldots, 0) \ ,$$

d.h. wenn $\mathfrak{x}_1, \ldots, \mathfrak{x}_p$ nicht l. a. sind.

Analog heißt ein System l. u., wenn es nicht l. a. ist. □

Der obige Hilfssatz besagt dann:

$\mathfrak{x} \in \mathscr{L}(\mathfrak{x}_1, \ldots, \mathfrak{x}_p)$ hat genau dann eine eindeutige Darstellung $\mathfrak{x} = \sum_{i=1}^{p} \lambda_i \mathfrak{x}_i$, wenn $\mathfrak{x}_1, \ldots, \mathfrak{x}_p$ l. u. sind.

Der *Nullvektor* ist in jedem Vektorraum *linear abhängig*: Der Körper K muß zumindest die zwei Elemente 0 und 1 enthalten. Dann ist aber $1 \cdot \mathfrak{o} = \mathfrak{o}$ eine nichttriviale Darstellung von $\mathfrak{o}$.

Beispiele. 1) Die Vektoren $\mathfrak{e}_1 = \begin{pmatrix} 1 \\ 0 \\ 0 \end{pmatrix}$, $\mathfrak{e}_2 = \begin{pmatrix} 0 \\ 1 \\ 0 \end{pmatrix}$ des $\mathbb{R}^3$ sind l. u.: Ist nämlich $\lambda_1 \mathfrak{e}_1 + \lambda_2 \mathfrak{e}_2 = \mathfrak{o}$, d.h.

$$\lambda_1 \begin{pmatrix} 1 \\ 0 \\ 0 \end{pmatrix} + \lambda_2 \begin{pmatrix} 0 \\ 1 \\ 0 \end{pmatrix} = \begin{pmatrix} \lambda_1 \\ \lambda_2 \\ 0 \end{pmatrix} = \begin{pmatrix} 0 \\ 0 \\ 0 \end{pmatrix} ,$$

so muß $\lambda_1 = \lambda_2 = 0$ sein.

2) Das System $\{\mathfrak{x}, \mathfrak{x}\}$ ist l. a.: $1 \cdot \mathfrak{x} + (-1) \cdot \mathfrak{x} = \mathfrak{o}$.

3) Sei V der Vektorraum der Funktionen f: $[0, 1] \to R$. Seien $x_1, x_2, \ldots$ paarweise verschiedene Elemente von $[0, 1]$ und die Funktionen $f_1, f_2, \ldots$ definiert durch

$$f_i(x) = \delta_{x, x_i} = \begin{cases} 1 & \text{für } x = x_i \\ 0 & \text{für } x \neq x_i \end{cases}$$

(d.h. $f_i(x)$ ist die „charakteristische Funktion" von $\{x_i\}$, vgl. Abschnitt 4.1).

Dann sind für alle $n \in \mathbb{N}$, $n \geq 1$, die Vektoren $f_1, \ldots, f_n$ l. u.:

$$\text{Ist } \sum_{i=1}^{n} \lambda_i f_i = o \ (o = \text{Nullfunktion: } o(x) = 0 \text{ für alle } x \in [0, 1]) ,$$

so ist auch $\sum_{i=1}^{n} \lambda_i f_i(x) = 0$ für alle $x \in [0, 1]$.

Setzt man speziell $x = x_j \, (1 \leq j \leq n)$, so ist

$$f_i(x_j) = \begin{cases} 1 & \text{für } i = j \\ 0 & \text{für } i \neq j \end{cases}$$

und daher

$$\sum_{i=1}^{n} \lambda_i f_i(x_j) = \lambda_j = 0 \quad \text{für} \quad 1 \leq j \leq n . \quad \square$$

Die Eigenschaften l. a. bzw. l. u. „vererben" sich in folgender Weise auf Ober- bzw. Teilsysteme (bzw. -multimengen).

Satz. Sei V ein Vektorraum und S, T Systeme von Vektoren aus V, wobei die Vielfachheit jedes $\mathfrak{x} \in V$ in $S \leq$ der Vielfachheit in T ist; symb. $S \subseteq T$. Dann gilt:

1) Ist S l. a., so ist auch T l. a.
2) Ist T l. u., so ist auch S l. u.

Beweis. 1) Sei S l. a., dann gibt es, laut Definition, ein endliches l. a. System $\{\mathfrak{x}_j | j \in J\}$ in S.

Da $S \subseteq T$, ist $\{\mathfrak{x}_j | j \in J\}$ aber auch ein l. a. endliches Teilsystem von T, und T ist ebenfalls l. a.

2) Da ein System l. u. genau dann ist, wenn es nicht l. a. ist, folgt 2) aus 1). $\square$

Folgerung. In einem l. u. System kann jeder Vektor höchstens einmal auftreten. $\square$

Von besonderer Bedeutung ist die Maximalanzahl von Vektoren in einer l. u. Teilmenge des Vektorraums V. (Wegen der letzten Folgerung können wir uns hier auf Mengen beschränken).

Definition. Die maximale Kardinalzahl einer l. u. Teilmenge des Vektorraums V heißt die Dimension von V, symb. Dim V bzw. dim V, d. h.:

1) $\dim \{\mathfrak{o}\} = 0$.

2) Gibt es für ein $n \in \mathbb{N}$, $n \geq 1$, $\mathfrak{x}_1, \ldots, \mathfrak{x}_n \in V$, die l. u. sind, doch sind je $n+1$ Vektoren l. a., so ist $\dim V = n$.

Trifft 1) oder 2) zu, so heißt V *endlich-dimensional.*

3) Gibt es zu jedem $n \in \mathbb{N}$, $n \geq 1$, eine l. u. Menge $\{\mathfrak{x}_1, \ldots, \mathfrak{x}_n\}$ von n Vektoren, so heißt V *unendlich-dimensional.* $\square$

Bemerkung. Ist $U \subseteq V$ $[TR]$, so gilt trivialerweise $\dim U \leqslant \dim V$.

Beispiele. 1) Sei V der Vektorraum der Funktionen f: $[0, 1] \to \mathbb{R}$. Wir haben weiter oben gezeigt, daß es für jedes $n \in \mathbb{N}$ ein System $f_1, \ldots, f_n$ von n l. u. Funktionen gibt. V ist also unendlich-dimensional.

2) Sei $V = \mathbb{R}^1$. Dann ist jedes $x \in \mathbb{R}^1$, $x \neq 0$, l. u. Hingegen sind je 2 „Vektoren" $y, z \in \mathbb{R}^1$ l. a.: Ist $y = 0$ oder $z = 0$, so ist dies trivial (da 0 der Nullvektor in $\mathbb{R}^1$ ist und dieser stets l. a. ist). Sei nun $y \neq 0$ und $z \neq 0$. Dann gibt es Zahlen λ, $\mu \neq 0$, so daß $y = \lambda x$, $z = \mu x$.

Dann ist aber $\mu y - \lambda z = 0$, d. h. y, z sind l. a. Damit ist $\dim \mathbb{R}^1 = 1$.

3) Sei $V = K^n$. Hier ist $\{\mathfrak{e}_1, \ldots, \mathfrak{e}_n\}$ l. u., d. h. $\dim K^n \geq n$. Es ist jedoch direkt nicht ganz einfach, nachzuweisen, daß jede Menge von $n+1$ Vektoren des K^n l. a. ist, d. h. daß $\dim K^n = n$ gilt. Wir haben in 5.1 bereits erwähnt, daß $\mathscr{L}(\mathfrak{e}_1, \ldots, \mathfrak{e}_n) = K^n$ ist. Wir werden im Laufe dieses Abschnittes zeigen, daß aus dieser Eigenschaft und der linearen Unabhängigkeit von $\mathfrak{e}_1, \ldots, \mathfrak{e}_n$ folgt, daß tatsächlich $\dim K^n = n$ ist.

Der Begriff der Dimension wird auch auf Hyperebenen übertragen:

Definition. Sei U Teilraum von V mit $\dim U = k$. Dann heißt $\mathfrak{x}_0 + U$ eine *k-dimensionale Hyperebene* in V. □

Im folgenden Teil von Kapitel 5 setzen wir stets voraus, daß die betrachteten Vektorräume endlich-dimensional sind.

Definition. Eine Teilmenge B des Vektorraums V heißt *Basis* von V, wenn

1) B l. u. und
2) $\mathscr{L}(B) = V$ ist.

Bemerkung. Eine Basis ist also ein l. u. Erzeugendensystem für V.

Aus der Definition und früheren Überlegungen ergibt sich:

Folgerung. Ist $B = \{\mathfrak{x}_1, \ldots, \mathfrak{x}_n\}$ Basis von V, so läßt sich jeder Vektor $\mathfrak{x} \in V$ eindeutig als Linearkombination

$$\mathfrak{x} = \sum_{i=1}^{n} \lambda_i \mathfrak{x}_i$$

darstellen.

Beispiel. $B = \{\mathfrak{e}_1, \ldots, \mathfrak{e}_n\}$ ist eine Basis des Vektorraums K^n. B heißt die *kanonische Basis* von K^n. □

Wir werden im weiteren zeigen, daß Basen auf folgende Art charakterisiert werden können.

Satz. Sei V ein Vektorraum mit $\dim V = n \in \mathbb{N}$, $n \geqslant 1$. Dann ist $B \subseteq V$ genau dann eine Basis, wenn sie aus n linear unabhängigen Vektoren besteht. Insbesondere ist also $\dim V = |B|$ für jede Basis B von V.

Beweis. Sei $B = \{\mathfrak{x}_1, \ldots, \mathfrak{x}_n\}$ l. u. in V mit $\dim V = n$.

Dann ist $\mathscr{L}(B) = V$:

Wäre nämlich $\mathfrak{x} \in V$, $\mathfrak{x} \notin \mathscr{L}(B)$ und

$$(*) \qquad \lambda \mathfrak{x} + \sum_{i=1}^{n} \lambda_i \mathfrak{x}_i = \mathfrak{o} ,$$

so wäre $\lambda = 0$ $\left(\text{da sonst } \mathfrak{x} = \sum_{i=1}^{n} (-\lambda^{-1}\lambda_i)\mathfrak{x}_i \in \mathscr{L}(B)\right)$, d. h. $\sum_{i=1}^{n} \lambda_i \mathfrak{x}_i = \mathfrak{o}$ und damit auch $(\lambda_1, \ldots, \lambda_n) = (0, \ldots, 0)$, da $\mathfrak{x}_1, \ldots, \mathfrak{x}_n$ l. u. sind.

Aus $(*)$ folgt also $\lambda, \lambda_1, \ldots, \lambda_n = 0$, d. h. $\mathfrak{x}, \mathfrak{x}_1, \ldots, \mathfrak{x}_n$ wären l. u. Damit gäbe es aber $n+1$ l. u. Vektoren in V, Widerspruch zu $\dim V = n$.

Jede Menge von n l. u. Vektoren in V mit $\dim V = n$ ist also eine Basis.

Da umgekehrt aus $\dim V = n$ folgt, daß es eine Menge von n l. u. Vektoren in V gibt, d. h., nach dem obigen, eine Basis aus n Vektoren, genügt es zum Beweis der anderen Implikation des Satzes zu zeigen, daß *je 2 Basen eines Vektorraums gleich viele Elemente* enthalten. Zum Beweis dieses Faktums sind einige Vorarbeiten nötig:

Satz (Austauschlemma). Sei $B = \{\mathfrak{x}_1, \ldots, \mathfrak{x}_n\}$ eine Basis des Vektorraums V und $\mathfrak{a} \in V$, $\mathfrak{a} \neq \mathfrak{o}$. Dann existiert ein Vektor $\mathfrak{x}_i$ in der Basis, der gegen $\mathfrak{a}$ ausgetauscht wieder eine Basis ergibt, d. h. für den $B' = \{\mathfrak{x}_1, \ldots, \mathfrak{x}_{i-1}, \mathfrak{a}, \mathfrak{x}_{i+1}, \ldots, \mathfrak{x}_n\}$ wieder eine Basis ist.

Beweis. Da $\mathscr{L}(\mathfrak{x}_1, \ldots, \mathfrak{x}_n) = V$, existiert eine Darstellung

$$(*) \qquad \mathfrak{a} = \sum_{j=1}^{n} \lambda_j \mathfrak{x}_j ,$$

und da $\mathfrak{a} \neq \mathfrak{o}$ ist mindestens ein $\lambda_j \neq 0$.

Sei $\lambda_i \neq 0$. Wir behaupten: $B' = \{\mathfrak{x}_1, \ldots, \mathfrak{x}_{i-1}, \mathfrak{a}, \mathfrak{x}_{i+1}, \ldots, \mathfrak{x}_n\}$ ist Basis.

1) B' ist l. u.:

Sei $\sum_{\substack{j=1 \\ j \neq i}}^{n} \mu_j \mathfrak{x}_j + \mu \mathfrak{a} = \mathfrak{o}$, d. h.

$$\sum_{\substack{j=1 \\ j \neq i}}^{n} \mu_j \mathfrak{x}_j + \sum_{j=1}^{n} \mu \lambda_j \mathfrak{x}_j = \sum_{\substack{j=1 \\ j \neq i}}^{n} (\mu_j + \mu\lambda_j)\mathfrak{x}_j + \mu\lambda_i \mathfrak{x}_i = \mathfrak{o} .$$

Aus der linearen Unabhängigkeit von $\mathfrak{x}_1, \ldots, \mathfrak{x}_n$ folgt nun

$$\mu\lambda_i = 0 \quad \text{und} \quad \mu_j + \mu\lambda_j = 0 \quad \text{für alle} \quad 1 \leqslant j \leqslant n, j \neq i .$$

Wegen $\lambda_i \neq 0$ ist dann $\mu = 0$ und damit auch $\mu_j = 0$ für alle $1 \leqslant j \leqslant n$, $j \neq i$.

2) $\mathscr{L}(B') = V$:

Aus (∗) folgt $$\lambda_i \mathfrak{x}_i = \mathfrak{a} - \sum_{\substack{j=1\\ j\neq i}}^{n} \lambda_j \mathfrak{x}_j$$

und wegen $\lambda_i \neq 0$
$$\mathfrak{x}_i = \lambda_i^{-1}\mathfrak{a} - \sum_{\substack{j=1\\ j\neq i}}^{n} \lambda_i^{-1}\lambda_j \mathfrak{x}_j \,.$$

Sei nun $\mathfrak{x} \in V$. Da $\mathscr{L}(B) = V$, existiert eine Darstellung
$$\mathfrak{x} = \sum_{j=1}^{n} \mu_j \mathfrak{x}_j = \mu_i \mathfrak{x}_i + \sum_{\substack{j=1\\ j\neq i}}^{n} \mu_j \mathfrak{x}_j \,, \quad \text{d.h.}$$
$$\mathfrak{x} = \mu_i \lambda_i^{-1}\mathfrak{a} + \sum_{\substack{j=1\\ j\neq i}}^{n} (\mu_j - \mu_i \lambda_i^{-1}\lambda_j)\mathfrak{x}_j$$
und $\mathfrak{x} \in \mathscr{L}(B')$. □

Bemerkung. $\mathfrak{a}$ ist also gegen jeden Vektor $\mathfrak{x}_i \in B$ austauschbar, für den in der (eindeutigen) Darstellung $\mathfrak{a} = \sum_{j=1}^{n} \lambda_j \mathfrak{x}_j$ $\lambda_i \neq 0$ ist.

Als Folgerung aus dem Austauschlemma ergibt sich der

Austauschsatz von Steinitz[1]). Sei $B = \{\mathfrak{x}_1, \ldots, \mathfrak{x}_n\}$ eine Basis des Vektorraums V und seien $\mathfrak{a}_1, \ldots, \mathfrak{a}_p$ linear unabhängige Vektoren aus V, $p \leq n$. Dann existieren p Elemente $\mathfrak{x}_{i_1}, \ldots, \mathfrak{x}_{i_p}$ aus B,so daß $B' = \{\mathfrak{a}_1, \ldots, \mathfrak{a}_p\} \cup \{\mathfrak{x}_j \,|\, 1 \leq j \leq n, j \neq i_k$ für alle $1 \leq k \leq p\}$ (d.h. die Menge, die aus B durch Austausch der Vektoren $\mathfrak{x}_{i_1}, \ldots, \mathfrak{x}_{i_p}$ gegen $\mathfrak{a}_1, \ldots, \mathfrak{a}_p$ hervorgeht) wieder eine Basis von V ist.

Beweis. Vollständige Induktion nach p $(1 \leq p \leq n)$: Für $p = 1$ ist der Satz äquivalent zum Austauschlemma.

Angenommen der Satz ist für $p-1$ l.u. Vektoren richtig. Seien nun $\mathfrak{a}_1, \ldots, \mathfrak{a}_p$ l.u.. Nach der Induktionsvoraussetzung kann man dann $\mathfrak{a}_1, \ldots, \mathfrak{a}_{p-1}$ gegen $\mathfrak{x}_{i_1}, \ldots, \mathfrak{x}_{i_{p-1}}$ austauschen und erhält eine Basis B''. $\mathfrak{a}_p$ besitzt dann eine Darstellung
$$\mathfrak{a}_p = \sum_{i=1}^{p-1} \mu_i \mathfrak{a}_i + \sum_{\substack{j=1\\ j\neq i_1, \ldots, i_{p-1}}}^{n} \lambda_j \mathfrak{x}_j \,.$$

Wir behaupten, daß mindestens eine der Zahlen $\lambda_j \neq 0$ ist. Wären nämlich alle $\lambda_j = 0$, so wäre
$$\mathfrak{a}_p + \sum_{i=1}^{p-1} (-\mu_i)\mathfrak{a}_i = \mathfrak{o}$$

[1]) Ernst Steinitz, 13. Juni 1871 – 29. September 1928.

eine nichttriviale Darstellung des Nullvektors, ein Widerspruch zur linearen Unabhängigkeit von $\mathfrak{a}_1, \ldots, \mathfrak{a}_p$.

Da mindestens eine der Zahlen $\lambda_j \neq 0$ ist, läßt sich $\mathfrak{a}_p$ nach der Bemerkung zum Austauschlemma gegen das entsprechende $\mathfrak{x}_j$ austauschen, und der Satz ist bewiesen. □

Folgerung 1. Je 2 Basen eines Vektorraums V enthalten gleich viele Elemente.

Beweis. Seien $B_1 = \{\mathfrak{x}_1, \ldots, \mathfrak{x}_k\}$ und $B_2 = \{\mathfrak{y}_1, \ldots, \mathfrak{y}_n\}$ 2 Basen von V und $k \neq n$, o. B. d. A. $k < n$.

Nach dem Austauschsatz lassen sich dann k Vektoren $\mathfrak{y}_{i_1}, \ldots, \mathfrak{y}_{i_k}$ von B_2 gegen B_1 austauschen, so daß $B_2' = B_1 \cup \{\mathfrak{y}_j \mid j \neq i_1, \ldots, i_k\}$ wieder eine Basis bildet.

Da B_1 eine Basis war, ist aber $\mathfrak{y}_j \in \mathscr{L}(B_1)$ für alle $1 \leq j \leq n$, d. h. die Vektoren aus B_2' wären l. a., Widerspruch. □

Damit haben wir auch die oben behandelte Charakterisierung der Basen eines Vektorraums vollständig bewiesen: Basen sind also „maximale" l. u. Teilmengen eines Vektorraums sowohl hinsichtlich der Mächtigkeit, als auch bezüglich der Teilmengenrelation.

Beispiele. 1) Da $\{\mathfrak{e}_1, \ldots, \mathfrak{e}_n\}$ eine Basis des K^n ist, ist *dim* $K^n = n$. *Sei V ein Vektorraum über K und* dim $V = n$, $B = \langle \mathfrak{x}_1, \ldots, \mathfrak{x}_n \rangle$ eine geordnete Basis von V.

Jedes $\mathfrak{x} \in V$ besitzt dann eine eindeutige Darstellung

$$\mathfrak{x} = \sum_{i=1}^{n} \lambda_i \mathfrak{x}_i ,$$

d. h. *jedem $\mathfrak{x} \in V$ entspricht umkehrbar eindeutig* ein Element $\begin{pmatrix} \lambda_1 \\ \vdots \\ \lambda_n \end{pmatrix} \in K^n$, d. h. *ein n-tupel von Elementen von K.*

Die Abbildung $F_B\left(\sum_{i=1}^{n} \lambda_i \mathfrak{x}_i\right) = \begin{pmatrix} \lambda_1 \\ \vdots \\ \lambda_n \end{pmatrix}$ ist also eine umkehrbar eindeutige Abbildung von V auf K^n. Wir werden sie später noch genauer studieren.

2) Aus dim $\mathbb{R}^n = n$ ergibt sich insbesondere, daß Punkte, Geraden bzw. Ebenen des $\mathbb{R}^3$ 0-, 1-, bzw. 2-dimensionale Hyperebenen sind. Diese Begriffe lassen sich dann in naheliegender Weise auf beliebige Vektorräume übertragen.

Definition. Ist $\mathfrak{x}_0 + U$ eine k-dimensionale Hyperebene in V, und $k = 0, 1$ bzw. 2, so heißt $\mathfrak{x}_0 + U$ *„Punkt"*, *„Gerade"* bzw. *„Ebene"* in V. □

Eine weitere wichtige Folgerung aus dem Austauschsatz:

Folgerung 2. Jede Menge $\{\mathfrak{a}_1, \ldots, \mathfrak{a}_p\}$ von l. u. Vektoren in einem Vektorraum V kann zu einer Basis von V erweitert werden.

Beweis. Sei dim $V = n \in \mathbb{N}$. Wie wir bereits wissen, besitzt dann V eine Basis $\{\mathfrak{x}_1, \ldots, \mathfrak{x}_n\}$. Nach dem Austauschsatz gibt es dann $i_1, \ldots, i_p$, so daß

$$\{\mathfrak{a}_1, \ldots, \mathfrak{a}_p\} \cup \{\mathfrak{x}_j \mid 1 \leq j \leq n \;,\quad j \neq i_1, \ldots, i_p\}$$

wieder Basis von V ist, d.h. aber, $\{\mathfrak{a}_1, \ldots, \mathfrak{a}_p\}$ wurde zu einer Basis von V erweitert. □

Aus der Folgerung 2 ergibt sich insbesondere:

Folgerung 3. Zu jedem Teilraum U eines Vektorraums V gibt es einen Komplementärraum W in V.

Beweis. Sei $\dim U = p$ und $\{\mathfrak{a}_1, \ldots, \mathfrak{a}_p\}$ eine Basis von U. Ist $p = \dim V$, so setzen wir $W = \{\mathfrak{o}\}$. Ist $p < n = \dim V$, so läßt sich $\{\mathfrak{a}_1, \ldots, \mathfrak{a}_p\}$ durch $\{\mathfrak{b}_1, \ldots, \mathfrak{b}_{n-p}\}$ zu einer Basis von V erweitern. Sei $W = \mathscr{L}(\mathfrak{b}_1, \ldots, \mathfrak{b}_{n-p})$. Da $U = \mathscr{L}(\mathfrak{a}_1, \ldots, \mathfrak{a}_p)$, $W = \mathscr{L}(\mathfrak{b}_1, \ldots, \mathfrak{b}_{n-p})$, $V = \mathscr{L}(\mathfrak{a}_1, \ldots, \mathfrak{a}_p, \mathfrak{b}_1, \ldots, \mathfrak{b}_{n-p})$, ist $V = U + W$.

Da außerdem $\mathfrak{a}_1, \ldots, \mathfrak{a}_p, \mathfrak{b}_1, \ldots, \mathfrak{b}_{n-p}$ l.u. sind, ist $U \cap W = \{\mathfrak{o}\}$.

Wäre nämlich $\mathfrak{x} \neq \mathfrak{o}$, $\mathfrak{x} \in U \cap W$, so wäre

$$\mathfrak{x} = \sum_{i=1}^{p} \lambda_i \mathfrak{a}_i \;, \quad (\lambda_1, \ldots, \lambda_p) \neq (0, \ldots, 0)$$

und

$$\mathfrak{x} = \sum_{i=1}^{n-p} \mu_i \mathfrak{b}_i \;, \quad (\mu_1, \ldots, \mu_{n-p}) \neq (0, \ldots, 0)$$

Dann wäre aber $\sum_{i=1}^{p} \lambda_i \mathfrak{a}_i + \sum_{i=1}^{n-p} (-\mu_i) \mathfrak{b}_i = \mathfrak{o}$ eine nichttriviale Darstellung des Nullvektors. □

Beispiel. Sei $V = \mathbb{R}^2$, U eine Gerade g durch den Ursprung. Dann bildet jede Gerade $h \neq g$ durch den Ursprung einen Komplementärraum zu g in V. □

Wir haben im Beweis von Folgerung 3) implizit gezeigt: Ist B_1 Basis von U, B_2 Basis von W und $U \oplus W = V$, so ist $B_1 \cap B_2 = \emptyset$ und $B_1 \cup B_2$ Basis von V. Dann ist aber $|B_1 \cup B_2| = |B_1| + |B_2|$ und wir erhalten:

$$\dim U \oplus W = \dim U + \dim W \;.$$

Allgemeiner gilt der folgende

Satz. Seien U, W Teilräume des Vektorraums V. Dann gilt

$$\dim(U + W) = \dim U + \dim W - \dim(U \cap W).$$

Beweis. Sei $B_1 = \{\mathfrak{x}_1, \ldots, \mathfrak{x}_p\}$ eine Basis von $U \cap W$, d.h. $\dim U \cap W = p$. Sei $\dim U = p + r$, $\dim W = p + s$. Dann erweitern wir B_1 zu einer Basis

$$B_2 = \{\mathfrak{x}_1, \ldots, \mathfrak{x}_p, \mathfrak{y}_1, \ldots, \mathfrak{y}_r\}$$

von U; sowie zu einer Basis

$$B_3 = \{\mathfrak{x}_1, \ldots, \mathfrak{x}_p, \mathfrak{z}_1, \ldots, \mathfrak{z}_s\}$$

von W. Sei $U_1 = \mathscr{L}(\mathfrak{y}_1, \ldots, \mathfrak{y}_r)$, $W_1 = \mathscr{L}(\mathfrak{z}_1, \ldots, \mathfrak{z}_s)$.

Nach dem Beweis des vorigen Satzes ist dann

$$U = (U \cap W) \oplus U_1 \ , \quad W = (U \cap W) \oplus W_1$$

und

$$U + W = (U \cap W) \oplus U_1 \oplus W_1 \ ,$$

d.h. $\dim(U+W) = \dim(U \cap W) + \dim U_1 + \dim W_1$
$= p + r + s$
$= (p+r) + (p+s) - p$
$= \dim U + \dim W - \dim(U \cap W)$. □

Bemerkung. Man beachte die Analogie der Formel im Satz zur Formel $|A \cup B| = |A| + |B| - |A \cap B|$.

5.3 Lineare Abbildungen

Wir haben in 5.2 die Abbildung F_B eines n-dimensionalen Vektorraums V über dem Körper K auf den Vektorraum K^n kennengelernt:

Ist $B = \langle \mathfrak{x}_1, \ldots, \mathfrak{x}_n \rangle$ eine geordnete Basis von V und

$$\mathfrak{x} = \sum_{i=1}^{n} \lambda_i \mathfrak{x}_i \ , \quad \text{so ist} \quad F_B(\mathfrak{x}) = \begin{pmatrix} \lambda_1 \\ \vdots \\ \lambda_n \end{pmatrix} .$$

Wir wissen bereits, daß F_B bijektiv ist.

F_B ist aber auch mit den Operationen in den Vektorräumen V bzw. K^n im folgenden Sinn verträglich:

Seien $\mathfrak{x} = \sum_{i=1}^{n} \lambda_i \mathfrak{x}_i \ , \quad \mathfrak{y} = \sum_{i=1}^{n} \mu_i \mathfrak{x}_i \in V \ , \quad \lambda \in K$.

Dann ist

$$F_B(\mathfrak{x}+\mathfrak{y}) = F_B\left(\sum_{i=1}^{n} (\lambda_i + \mu_i)\mathfrak{x}_i\right)$$

$$= \begin{pmatrix} \lambda_1 + \mu_1 \\ \vdots \\ \lambda_n + \mu_n \end{pmatrix} = \begin{pmatrix} \lambda_1 \\ \vdots \\ \lambda_n \end{pmatrix} + \begin{pmatrix} \mu_1 \\ \vdots \\ \mu_n \end{pmatrix} = F_B(\mathfrak{x}) + F_B(\mathfrak{y})$$

sowie

$$F_B(\lambda\mathfrak{x}) = F_B\left(\sum_{i=1}^{n} (\lambda\lambda_i)\mathfrak{x}_i\right) = \begin{pmatrix} \lambda\lambda_1 \\ \vdots \\ \lambda\lambda_n \end{pmatrix} = \lambda \begin{pmatrix} \lambda_1 \\ \vdots \\ \lambda_n \end{pmatrix} = \lambda F_B(\mathfrak{x}) .$$

Insgesamt also:

$$F_B(\lambda\mathfrak{x} + \mu\mathfrak{y}) = \lambda F_B(\mathfrak{x}) + \mu F_B(\mathfrak{y}) \ , \quad \text{für alle} \quad \mathfrak{x}, \mathfrak{y} \in V, \ \lambda, \mu \in K .$$

Abbildungen zwischen Vektorräumen, die wie F_B „strukturverträglich" sind, erhalten wegen ihrer besonderen Bedeutung einen eigenen Namen:

Definition. Seien U, V Vektorräume über dem Körper K. Eine Abbildung $A\colon U \to V$ heißt *lineare Abbildung* (oder *Vektorraumhomomorphismus*), wenn folgendes gilt:

Für alle $\mathfrak{x}, \mathfrak{y} \in U$, $\lambda, \mu \in K$ ist:

$$A(\lambda \mathfrak{x} + \mu \mathfrak{y}) = \lambda A(\mathfrak{x}) + \mu A(\mathfrak{y}) \ . \quad \square$$

Weitere **Beispiele.** 1) Sei $U = \mathbb{R}^3$, $V = \mathbb{R}^2$. $A \begin{pmatrix} x_1 \\ x_2 \\ x_3 \end{pmatrix} = \begin{pmatrix} x_1 + 2x_2 \\ -3x_3 \end{pmatrix}$ ist linear.

2) Sei $U = V = \mathbb{R}^3$ und

$$A(\mathfrak{x}) = A \begin{pmatrix} x_1 \\ x_2 \\ x_3 \end{pmatrix} = \begin{pmatrix} a_{11} x_1 + a_{12} x_2 + a_{13} x_3 \\ a_{21} x_1 + a_{22} x_2 + a_{23} x_3 \\ a_{31} x_1 + a_{32} x_2 + a_{33} x_3 \end{pmatrix} ,$$

wobei $a_{ij} \in \mathbb{R}$ vorgegebene Zahlen sind. Man stellt leicht fest, daß A linear ist. Die Frage nach den Lösungen des homogenen linearen Gleichungssystems von S. 81 ist dann äquivalent zur Fragestellung, für welche Vektoren $\mathfrak{x} \in U$ $A(\mathfrak{x}) = \mathfrak{o}$ gilt.

3) Die Menge $\mathbb{R}_n[x]$ aller „Polynome vom Grad $\leq n$ über $\mathbb{R}$", d.h. aller Ausdrücke $\sum\limits_{i=0}^{n} a_i x^i$, $a_i \in \mathbb{R}$, bildet mit den Operationen

$$\sum_{i=0}^{n} a_i x^i + \sum_{i=0}^{n} b_i x^i = \sum_{i=0}^{n} (a_i + b_i) x^i \quad \text{bzw.}$$

$$\lambda \cdot \sum_{i=0}^{n} a_i x^i = \sum_{i=0}^{n} (\lambda a_i) x^i$$

einen Vektorraum über $\mathbb{R}$. Die Abbildung

$$D\colon \mathbb{R}_n[x] \to \mathbb{R}_n[x] \quad \text{mit} \quad D\left(\sum_{i=0}^{n} a_i x^i \right) = \sum_{i=1}^{n} (i a_i) x^{i-1} + 0 \cdot x^n$$

ist linear. $\square$

Aus der Definition ergeben sich die folgenden Eigenschaften linearer Abbildungen:

Satz. Seien U, V Vektorräume über K, $A\colon U \to V$ linear, dann gilt:

1) $A(\mathfrak{o}) = \mathfrak{o}$.

2) Sind $\mathfrak{x}_1, \ldots, \mathfrak{x}_n$ l. a. in U, so sind auch $A(\mathfrak{x}_1), \ldots, A(\mathfrak{x}_n)$ l. a. in V. Dies gilt jedoch nicht für l. u. Vektoren:

$$\mathfrak{x}_1, \ldots, \mathfrak{x}_n \text{ l.u. in } U \not\Rightarrow A(\mathfrak{x}_1), \ldots, A(\mathfrak{x}_n) \text{ l.u. in } V \ .$$

3) Ist $\{\mathfrak{x}_1, \ldots, \mathfrak{x}_n\}$ eine Basis von U, so ist A durch Angabe von $A(\mathfrak{x}_1), \ldots, A(\mathfrak{x}_n)$ eindeutig festgelegt.

Beweis. 1) $A(\mathfrak{o}) = A(0 \cdot \mathfrak{o}) = 0 \cdot A(\mathfrak{o}) = \mathfrak{o}$, da $0 \cdot \mathfrak{y} = \mathfrak{o}$ für alle $\mathfrak{y} \in V$.

2) $\mathfrak{x}_1, \ldots, \mathfrak{x}_n$ l. a. $\Rightarrow$ Es existieren $(\lambda_1, \ldots, \lambda_n) \neq (0, \ldots, 0)$ mit $\sum_{i=1}^{n} \lambda_i \mathfrak{x}_i = \mathfrak{o}$. Dann ist aber auch

$$A\left(\sum_{i=1}^{n} \lambda_i \mathfrak{x}_i\right) = \sum_{i=1}^{n} \lambda_i A(\mathfrak{x}_i) = \mathfrak{o} \quad ,$$

und $A(\mathfrak{x}_1), \ldots, A(\mathfrak{x}_n)$ sind l. a.

Wählen wir andererseits etwa $A : U \to V$ mit $A(\mathfrak{x}) = \mathfrak{o}$ für alle $\mathfrak{x} \in U$, so ist A linear, führt aber l. u. Mengen von Vektoren in den Nullvektor über, der l. a. ist.

3) Ist $\{\mathfrak{x}_1, \ldots, \mathfrak{x}_n\}$ Basis von U und $\mathfrak{x} = \sum_{i=1}^{n} \lambda_i \mathfrak{x}_i$, so ist

$$A\left(\sum_{i=1}^{n} \lambda_i \mathfrak{x}_i\right) = \sum_{i=1}^{n} \lambda_i A(\mathfrak{x}_i) \quad ,$$

d. h. $A(\mathfrak{x})$ ist durch $A(\mathfrak{x}_1), \ldots, A(\mathfrak{x}_n)$ festgelegt. □

Definition. Sei $A : U \to V$ eine lineare Abbildung. Dann heißt

1) *Kern* $A = \{\mathfrak{x} \mid \mathfrak{x} \in U, A(\mathfrak{x}) = \mathfrak{o}\}$ der *Kern von* A und

2) $A(U) = \{\mathfrak{y} \mid \mathfrak{y} \in V$ und es existiert ein $\mathfrak{x} \in U$ mit $A(\mathfrak{x}) = \mathfrak{y}\}$ das *Bild von* U *unter der Abbildung* A. (Manchmal auch „Im A" statt „$A(U)$".) □

Es gilt dann der

Satz. Sei $A : U \to V$ linear. Dann ist

$$\text{Kern } A \subseteq U[TR] \text{ und } A(U) \subseteq V[TR] \quad .$$

Beweis. 1) Seien $\mathfrak{x}_1, \mathfrak{x}_2 \in \text{Kern } A$. Dann ist für $\lambda, \mu \in K$

$$A(\lambda \mathfrak{x}_1 + \mu \mathfrak{x}_2) = \lambda A(\mathfrak{x}_1) + \mu A(\mathfrak{x}_2) = \lambda \cdot \mathfrak{o} + \mu \cdot \mathfrak{o} = \mathfrak{o} \quad , \quad \text{d. h.}$$
$$\lambda \mathfrak{x}_1 + \mu \mathfrak{x}_2 \in \text{Kern } A \quad .$$

2) Seien $\mathfrak{y}_1, \mathfrak{y}_2 \in A(U)$, d. h. $\mathfrak{y}_1 = A(\mathfrak{x}_1)$, $\mathfrak{y}_2 = A(\mathfrak{x}_2)$ mit $\mathfrak{x}_1, \mathfrak{x}_2 \in U$. Dann ist

$$\lambda \mathfrak{y}_1 + \mu \mathfrak{y}_2 = \lambda A(\mathfrak{x}_1) + \mu A(\mathfrak{x}_2) = A(\lambda \mathfrak{x}_1 + \mu \mathfrak{x}_2)$$

mit $\lambda \mathfrak{x}_1 + \mu \mathfrak{x}_2 \in U$, d. h. $\lambda \mathfrak{y}_1 + \mu \mathfrak{y}_2 \in A(U)$. □

Beispiel. Sei $U = V = \mathbb{R}_n[x]$ (vgl. oben) und $D : \mathbb{R}_n[x] \to \mathbb{R}_n[x]$ die im obigen Bsp. definierte lineare Abbildung. Der Nullvektor in $\mathbb{R}_n[x]$ ist das Nullpolynom $\sum_{i=0}^{n} 0 \cdot x^i$. Daher ist $P(x) = \sum_{i=0}^{n} a_i x^i \in \text{Kern } D \Leftrightarrow \sum_{i=1}^{n} (i a_i) x^{i-1} = \sum_{i=0}^{n-1} 0 \cdot x^i \Leftrightarrow$ für $1 \leq i \leq n$, und

$$\text{Kern } D = \{P(x) \in \mathbb{R}_n[x] \mid P(x) = a_0 x^0 + 0 \cdot x^1 + \cdots + 0 \cdot x^n, a_0 \in \mathbb{R}\} \quad ,$$

d. h. Kern D kann mit der Menge $\mathbb{R}_0[x] = \{a_0 x^0, a_0 \in \mathbb{R}\}$ identifiziert werden.

Weiters ist

$$D(\mathbb{R}_n[x]) = \{Q(x) \in \mathbb{R}_n[x] \mid Q(x) = a_0 x^0 + \ldots + a_{n-1} x^{n-1} + 0 \cdot x^n , \quad a_0, \ldots, a_{n-1} \in \mathbb{R}\}:$$

Jedes Polynom in $D(\mathbb{R}_n[x])$ hat diese Gestalt, und andererseits ist für

$$P(x) = 0 \cdot x^0 + \sum_{i=0}^{n-1} \frac{a_i}{i+1} x^{i+1}$$

$$DP(x) = \sum_{i=0}^{n-1} a_i x^i + 0 \cdot x^n .$$

$D(\mathbb{R}_n[x])$ kann also mit $\mathbb{R}_{n-1}[x]$ identifiziert werden. □

Für injektive, surjektive oder bijektive lineare Abbildungen sind spezielle Namen gebräuchlich:

Definition. Sei A: $U \to V$ *linear*, d. h. ein Vektorraumhomomorphismus.

Ist A injektiv,	so heißt A	*Monomorphismus*,
ist A surjektiv,	so heißt A	*Epimorphismus*,
ist A bijektiv,	so heißt A	*Isomorphismus*.

Gibt es einen Isomorphismus A: $U \to V$, so heißen *U und V isomorph*, symb. $U \cong V$. Ist $U = V$ und A linear, so heißt A *Endomorphismus*, ist A darüber hinaus bijektiv, so heißt A *Automorphismus*. □

Beispiele. 1) Die kanonische Abbildung F_B: $V \to K^n$ ($\dim V = n$), ist ein Isomorphismus, d. h. $V \cong K^n$. F_B heißt *kanonischer Isomorphismus* zwischen V und K^n.

2) Die Abbildung $A: \mathbb{R}^2 \to \mathbb{R}^2$ mit $A\binom{x}{y} = \binom{y}{x}$ ist ein Automorphismus. □

Wir wollen die Relation $U \cong V$ im folgenden näher untersuchen. Dazu benötigen wir den

Satz. 1) Seien A: $U \to V$, B: $V \to W$ linear, dann ist auch die Hintereinanderausführung $C = B \circ A: U \to W$ linear. Sind A und B Isomorphismen, so ist auch C ein Isomorphismus.

2) Sei A: $U \to V$ ein Isomorphismus. Dann ist auch die Umkehrabbildung A^{-1}: $V \to U$ ein Isomorphismus.

Beweis. 1) Seien $\mathfrak{x}, \mathfrak{y} \in U$, $\lambda, \mu \in K \Rightarrow B \circ A(\lambda \mathfrak{x} + \mu \mathfrak{y}) = B(\lambda A(\mathfrak{x}) + \mu A(\mathfrak{y})) = \lambda((B \circ A)(\mathfrak{x})) + \mu((B \circ A)(\mathfrak{y}))$ und $B \circ A$ ist linear. Sind A und B invertierbar, so ist auch $B \circ A$ invertierbar, da dies für die Zusammensetzung beliebiger invertierbarer Funktionen gilt.

2) Mit A ist (für jede Funktion) auch A^{-1} bijektiv. Zu zeigen bleibt, daß A^{-1} linear ist:

Seien $\mathfrak{y}_1, \mathfrak{y}_2 \in V$, λ, $\mu \in K$. Da A bijektiv ist, gibt es $\mathfrak{x}_1, \mathfrak{x}_2 \in U$ mit $A(\mathfrak{x}_1) = \mathfrak{y}_1$, $A(\mathfrak{x}_2) = \mathfrak{y}_2$.

$$\Rightarrow A^{-1}(\lambda \mathfrak{y}_1 + \mu \mathfrak{y}_2) = A^{-1}(\lambda A(\mathfrak{x}_1) + \mu A(\mathfrak{x}_2)) = A^{-1}(A(\lambda \mathfrak{x}_1 + \mu \mathfrak{x}_2))$$
$$= \lambda \mathfrak{x}_1 + \mu \mathfrak{x}_2 = \lambda A^{-1}(\mathfrak{y}_1) + \mu A^{-1}(\mathfrak{y}_2) . \quad \square$$

Folgerung. Die Relation „$\cong$“ zwischen Vektorräumen ist reflexiv, symmetrisch und transitiv.

Beweis. „$\cong$“ ist reflexiv, da die identische Abbildung $E: U \to V$ mit $E(\mathfrak{x}) = \mathfrak{x}$ für alle $\mathfrak{x} \in U$ ein Isomorphismus ist. Symmetrie und Transitivität folgen unmittelbar aus dem eben bewiesenen Satz. □

Eine lineare Abbildung A: $U \to V$ ist nach Definition genau dann surjektiv, wenn $A(U) = V$ ist. Die Injektivität läßt sich so charakterisieren:

Satz. Sei A: $U \to V$ linear. Dann sind die folgenden Aussagen äquivalent
1) A ist injektiv, d.h. ein Monomorphismus
2) Kern $A = \{\mathfrak{o}\}$.

Beweis. 1) $\Rightarrow$ 2): Da Kern $A \subseteq U[TR]$, ist sicher $\mathfrak{o} \in$ Kern A. Ist andererseits $\mathfrak{x}, \mathfrak{y} \in$ Kern A, d.h. $A(\mathfrak{x}) = A(\mathfrak{y}) = \mathfrak{o}$, so ist $\mathfrak{x} = \mathfrak{y}$, d.h. Kern $A = \{\mathfrak{o}\}$.

2) $\Rightarrow$ 1) Sei $A(\mathfrak{x}) = A(\mathfrak{y}) \Rightarrow A(\mathfrak{x}) - A(\mathfrak{y}) = A(\mathfrak{x} - \mathfrak{y}) = \mathfrak{o}$

$$\Rightarrow \mathfrak{x} - \mathfrak{y} \in \text{Kern } A \Rightarrow \mathfrak{x} - \mathfrak{y} = \mathfrak{o} \Rightarrow \mathfrak{x} = \mathfrak{y} ,$$

d.h. A ist injektiv. □

A: $U \to V$ ist also *genau dann ein Isomorphismus, wenn Kern* $A = \{\mathfrak{o}\}$ *und* $A(U) = V$ gilt.

Für einen endlich-dimensionalen Vektorraum U ist eine lineare Abbildung A: $U \to U$ jedoch bereits bijektiv, wenn sie nur injektiv oder surjektiv ist. Zum Beweis zeigen wir zunächst einige Hilfsresultate.

Definition. Sei A: $U \to V$ linear, $U' \subseteq U$. Dann heißt $A|_{U'}$: $U' \to V$ definiert durch $A|_{U'}(\mathfrak{x}) = A(\mathfrak{x})$ für alle $\mathfrak{x} \in U'$ die *Einschränkung von A auf U'*.

Hilfssatz 1. Sei A: $U \to V$ linear. Dann gilt
1) A: $U \to A(U)$ ist ein Epimorphismus.
2) Ist $U =$ Kern $A \oplus U'$, so ist $A|_{U'}$: $U' \to A(U)$ ein Isomorphismus.

Beweis. 1) folgt unmittelbar aus der Definition von $A(U)$.

2) $A|_{U'}$: $U' \to A(U)$ ist sicher linear.

Weiters ist Kern $A|_{U'} = \{\mathfrak{o}\}$: Wäre nämlich $\mathfrak{x} \neq \mathfrak{o}$, $\mathfrak{x} \in$ Kern $A|_{U'}$, so wäre $\mathfrak{x} \in$ Kern A und daher Kern $A \cap U' \neq \{\mathfrak{o}\}$, Widerspruch zu $U =$ Kern $A \oplus U'$. $A_{U'}$ ist also injektiv. Schließlich ist $A|_{U'}(U') = A(U)$:

Sei $\mathfrak{y} \in A(U)$, d.h. $\mathfrak{y} = A(\mathfrak{x})$, $\mathfrak{x} \in U \Rightarrow \mathfrak{x} = \mathfrak{x}_0 + \mathfrak{x}_1$ mit $\mathfrak{x}_0 \in$ Kern A, $\mathfrak{x}_1 \in U'$ $\Rightarrow A(\mathfrak{x}) = A(\mathfrak{x}_0 + \mathfrak{x}_1) = A(\mathfrak{x}_0) + A(\mathfrak{x}_1) = \mathfrak{o} + A(\mathfrak{x}_1) = A(\mathfrak{x}_1)$, d.h. $\mathfrak{y} \in A|_{U'}(U')$. (Die Inklusion $A|_{U'}(U') \subseteq A(U)$ ist trivial.) □

Hilfssatz 2. Ist $A: U \to V$ injektiv und $\mathfrak{x}_1, \ldots, \mathfrak{x}_n \in U$ l.u., so sind auch $A(\mathfrak{x}_1), \ldots, A(\mathfrak{x}_n)$ l.u.

Beweis. $\sum_{i=1}^{n} \lambda_i A(\mathfrak{x}_i) = \mathfrak{o} \Rightarrow A\left(\sum_{i=1}^{n} \lambda_i \mathfrak{x}_i\right) = \mathfrak{o}$.

Da A injektiv ist, ist Kern $A = \{\mathfrak{o}\}$, d.h. $\sum_{i=1}^{n} \lambda_i \mathfrak{x}_i = \mathfrak{o}$, und da $\mathfrak{x}_1, \ldots, \mathfrak{x}_n$ l.u., folgt $\lambda_1, \ldots, \lambda_n = 0$, d.h. $A(\mathfrak{x}_1), \ldots, A(\mathfrak{x}_n)$ sind l.u. □

Hilfssatz 3. Isomorphe Vektorräume haben gleiche Dimension.

Beweis. Sei $A: U \to V$ ein Isomorphismus, $\{\mathfrak{x}_1, \ldots, \mathfrak{x}_n\}$ eine Basis von U.
Nach Hilfssatz 2 sind $A(\mathfrak{x}_1), \ldots, A(\mathfrak{x}_n)$ l.u. Sei weiters $\mathfrak{y} \in V$. Da $A(U) = V$, existiert $\mathfrak{x} \in U$ mit $A(\mathfrak{x}) = \mathfrak{y}$. Sei $\mathfrak{x} = \sum_{i=1}^{n} \lambda_i \mathfrak{x}_i$

$$\Rightarrow \mathfrak{y} = A(\mathfrak{x}) = \sum_{i=1}^{n} \lambda_i A(\mathfrak{x}_i) \in \mathscr{L}(A(\mathfrak{x}_1), \ldots, A(\mathfrak{x}_n))$$

d.h. $\mathscr{L}(A(\mathfrak{x}_1), \ldots, A(\mathfrak{x}_n)) = V$ und $\{A(\mathfrak{x}_1), \ldots, A(\mathfrak{x}_n)\}$ ist eine Basis von V, d.h. $\dim V = \dim U$. □

Durch Kombination der Hilfssätze ergibt sich nun der

Satz. Sei $A: U \to V$ linear. Dann ist

$$\dim \text{Kern } A + \dim A(U) = \dim U \ .$$

Insbesondere ist für einen endlich-dimensionalen Vektorraum U eine lineare Abbildung $A: U \to U$ genau dann ein Automorphismus, wenn A injektiv oder surjektiv ist, d.h. wenn $\dim \text{Kern} A = 0$ oder $\dim A(U) = \dim U$ ist.

Beweis. Sei U' ein Komplementärraum zu Kern A in U. Dann ist $\dim \text{Kern } A + \dim U' = \dim U$.

Andererseits ist $A|_{U'}: U' \to A(U)$ ein Isomorphismus und daher $\dim U' = \dim A(U)$.

Zum Beweis des 2. Teiles des Satzes: Sei $A: U \to U$ linear. A injektiv $\Leftrightarrow$ Kern $A = \{\mathfrak{o}\} \Leftrightarrow \dim \text{Kern } A = 0 \Leftrightarrow \dim A(U) = \dim U \Leftrightarrow A(U) = U \Leftrightarrow A$ surjektiv. □

Definition. Sei $A: U \to V$ linear. Dann heißt

$$\textit{Rang } A = \dim A(U)$$

der *Rang der Abbildung A*. □

Die obige Formel lautet dann: Ist $A: U \to V$ linear, so ist

$$\textit{dim Kern } A + \textit{Rang } A = \textit{dim } U \ .$$

Beispiele. 1) Sei $U = V = \mathbb{R}^2$. $A\binom{x}{y} = \binom{x}{0}$. Dann ist Kern $A = \{\binom{0}{y} \mid y \in \mathbb{R}\}$, d.h. $\dim \text{Kern } A = 1$. Weiters ist $A(\mathbb{R}^2) = \{\binom{x}{0} \mid x \in \mathbb{R}\}$, d.h. Rang $A = 1$.

2) Sei $F_B: V \to K^n$ $(n = \dim V)$ der kanonische Isomorphismus. Wegen $F_B(V) = K^n$ ist Rang $F_B = n$.

3) Für den oben eingeführten Vektorraum $\mathbb{R}_n[x]$ ist, wie man leicht sieht, $\{x^0, x^1, x^2, \ldots, x^n\}$

$$\left(\text{mit } x^i = \sum_{j=0}^{n} \delta_{i,j} x^j = 0 \cdot x^0 + \cdots + 0x^{i-1} + 1 \cdot x^i + 0 \cdot x^{i+1} + \cdots + 0 \cdot x^n\right)$$

eine Basis, d.h. $\dim \mathbb{R}_n[x] = n+1$. Für die oben studierte Abbildung

$D: \mathbb{R}_n[x] \to \mathbb{R}_n[x]$ ergab sich Kern $D = \left\{a_0 x^0 + \sum_{i=1}^{n} 0 \cdot x^i\right\}$, d.h. $\dim$ Kern $D = 1$.

Daher ist Rang $D = \dim D(\mathbb{R}_n[x]) = n$.

4) Sei $U = V = \mathbb{R}^3$ und $A \begin{pmatrix} x_1 \\ x_2 \\ x_3 \end{pmatrix} = \begin{pmatrix} a_{11}x_1 + a_{12}x_2 + a_{13}x_3 \\ a_{21}x_1 + a_{22}x_2 + a_{23}x_3 \\ a_{31}x_1 + a_{32}x_2 + a_{33}x_3 \end{pmatrix}$

Dann ist $\dim$ Kern $A = \dim \mathbb{R}^3 - $ Rang $A = 3 -$ Rang A. Die Lösungen des homogenen linearen Gleichungssystems $A \begin{pmatrix} x_1 \\ x_2 \\ x_3 \end{pmatrix} = \mathfrak{o}$ bilden also einen Teilraum der Dimension $(3 -$ Rang $A)$ von $\mathbb{R}^3$. □

5.4 Matrizen

Wir haben weiter oben festgestellt, daß die Abbildung $F_B: V \to K^n$ $(n = \dim V)$ ein Isomorphismus, d.h. eine strukturverträgliche Bijektion von V auf K^n ist. Seien nun U, V 2 Vektorräume über K (wobei wir im folgenden stets voraussetzen wollen, daß $U, V \neq \{\mathfrak{o}\}$ ist), $B = \langle \mathfrak{x}_1, \ldots, \mathfrak{x}_q \rangle$ eine geordnete Basis von U, $B' = \langle \mathfrak{y}_1, \ldots, \mathfrak{y}_p \rangle$ eine geordnete Basis von V (d.h. $\dim U = q$, $\dim V = p$) und $A: U \to V$ eine lineare Abbildung. Wir haben also folgende Situation vorliegen:

$$\begin{array}{ccc} U & \xrightarrow{A} & V \\ {\scriptstyle F_B}\downarrow & & \downarrow{\scriptstyle F_{B'}} \\ K^q & \dashrightarrow & K^p \end{array}$$

Es ist nun naheliegend zu vermuten, daß sich auch die lineare Abbildung A umkehrbar eindeutig in eine lineare Abbildung $K^q \to K^p$ „übersetzt“, die vielleicht leichter zu „handhaben“ ist als die ursprüngliche Abbildung $A: U \to V$ (so, wie man mit den Elementen von K^q bzw. K^p i. allg. leichter rechnen kann als mit den Vektoren aus U bzw. V selbst).

Um herauszufinden, welche Abbildung zwischen K^q und K^p der Abbildung $A: U \to V$ entsprechen könnte, überlegen wir zunächst, wie lineare Abbildungen $A: K^q \to K^p$ allgemein aussehen:

Wir wissen, daß $A: K^q \to K^p$ durch die Angabe der Bilder der Basisvektoren $A(\mathfrak{e}_1), \ldots, A(\mathfrak{e}_q) \in K^p$ eindeutig festgelegt ist. Sei nun

$$(*) \qquad A(\mathfrak{e}_j) = \begin{pmatrix} \alpha_{1,j} \\ \alpha_{2,j} \\ \vdots \\ \alpha_{p,j} \end{pmatrix} \quad \text{für} \quad 1 \leqslant j \leqslant q .$$

Dann ist allgemein

$$A \begin{pmatrix} x_1 \\ \vdots \\ x_q \end{pmatrix} = \sum_{j=1}^{q} x_j A(\mathfrak{e}_j) = \sum_{j=1}^{q} x_j \begin{pmatrix} \alpha_{1,j} \\ \vdots \\ \alpha_{p,j} \end{pmatrix} = \begin{pmatrix} \sum_{j=1}^{q} \alpha_{1,j} x_j \\ \vdots \\ \sum_{j=1}^{q} \alpha_{p,j} x_j \end{pmatrix},$$

d.h. $$A \begin{pmatrix} x_1 \\ \vdots \\ x_q \end{pmatrix} = \begin{pmatrix} y_1 \\ \vdots \\ y_p \end{pmatrix} \Leftrightarrow y_i = \sum_{j=1}^{q} \alpha_{i,j} x_j \quad \text{für} \quad 1 \leqslant i \leqslant p,$$

wobei sich die Zahlen $\alpha_{i,j}$ aus $(*)$ errechnen.

Man schreibt nun als Abkürzung für

$$y_i = \sum_{j=1}^{q} \alpha_{i,j} x_j \quad (1 \leqslant i \leqslant p)$$

kurz

$$\begin{pmatrix} y_1 \\ \vdots \\ y_p \end{pmatrix} = \begin{pmatrix} \alpha_{1,1} & \ldots & \alpha_{1,q} \\ \vdots & & \vdots \\ \alpha_{p,1} & \ldots & \alpha_{p,q} \end{pmatrix} \begin{pmatrix} x_1 \\ \vdots \\ x_q \end{pmatrix} = \mathfrak{A} \begin{pmatrix} x_1 \\ \vdots \\ x_q \end{pmatrix}$$

und nennt das $(p \times q)$-Zahlenschema

$$\mathfrak{A} = \begin{pmatrix} \alpha_{1,1} & \ldots & \alpha_{1,q} \\ \vdots & & \vdots \\ \alpha_{p,1} & \ldots & \alpha_{p,q} \end{pmatrix}$$

die zur linearen Abbildung $A: K^q \to K^p$ (bezüglich der kanonischen Basen) *gehörige* $(p \times q)$*-Matrix.*

Wie man aus $(*)$ leicht ersieht, entsprechen verschiedenen linearen Abbildungen verschiedene Matrizen und es tritt jede $(p \times q)$-Matrix als Matrix einer linearen Abbildung $K^q \to K^p$ auf. Wir haben also gezeigt:

Satz. Jeder linearen Abbildung $A: K^q \to K^p$ kann umkehrbar eindeutig eine $(p \times q)$-Matrix $\mathfrak{A} = (\alpha_{i,j})$ mit Koeffizienten $\alpha_{i,j} \in K$ zugeordnet werden, so daß

$$A \begin{pmatrix} x_1 \\ \vdots \\ x_q \end{pmatrix} = \mathfrak{A} \begin{pmatrix} x_1 \\ \vdots \\ x_q \end{pmatrix} = \begin{pmatrix} \alpha_{1,1} & \ldots & \alpha_{1,q} \\ \vdots & & \vdots \\ \alpha_{p,1} & \ldots & \alpha_{p,q} \end{pmatrix} \begin{pmatrix} x_1 \\ \vdots \\ x_q \end{pmatrix}$$

gilt. Der Zusammenhang zwischen A und $\mathfrak{A}$ ergibt sich aus Relation $(*)$ von oben. □

Kehren wir nun zur Ausgangssituation

$$\begin{array}{ccc} U & \xrightarrow{A} & V \\ {\scriptstyle F_B}\downarrow & & \downarrow{\scriptstyle F_{B'}} \\ K^q & \dashrightarrow & K^p \end{array} \qquad \begin{array}{l} B\ = \langle \mathfrak{x}_1, \ldots, \mathfrak{x}_q \rangle \\ B' = \langle \mathfrak{y}_1, \ldots, \mathfrak{y}_p \rangle \end{array}$$

zurück: wir wollen A eine lineare Abbildung $[A]_{B,B'}: K^q \to K^p$ zuordnen, so daß für die Hintereinanderausführung der Abbildungen

$$A = F_{B'}^{-1} \circ [A]_{B,B'} \circ F_B$$

gilt ($F_{B'}^{-1}$ ist die Umkehrabbildung zur (bijektiven!) Abbildung $F_{B'}$).

Das ist aber äquivalent zu

$$[A]_{B,B'} = F_{B'} \circ A \circ F_B^{-1} \ .$$

Wie wir weiter oben gezeigt haben, ist die Umkehrabbildung zu einer invertierbaren linearen Abbildung wieder linear und ebenso die Zusammensetzung linearer Abbildungen wieder linear. Die obige Relation definiert also tatsächlich eine lineare Abbildung $[A]_{B,B'}: K^q \to K^p$. Um ihre Matrix zu bestimmen, berechnen wir nach $(*)$

$$[A]_{B,B'}(\mathfrak{e}_j) = F_{B'} \circ A \circ F_B^{-1}(\mathfrak{e}_j) = F_{B'} \circ A(\mathfrak{x}_j) \ .$$

Sei nun

$$(**) \qquad A(\mathfrak{x}_j) = \sum_{i=1}^{p} \alpha_{i,j}\, \mathfrak{y}_i$$

die Darstellung von $A(\mathfrak{x}_j)$ als Linearkombination der Vektoren der Basis B'. Dann ist

$$[A]_{B,B'}(\mathfrak{e}_j) = F_{B'}\left(\sum_{i=1}^{p} \alpha_{i,j}\, \mathfrak{y}_i \right) = \begin{pmatrix} \alpha_{1,j} \\ \vdots \\ \alpha_{p,j} \end{pmatrix} \qquad (1 \leqslant j \leqslant q) \ ,$$

d. h. die Matrix von $[A]_{B,B'}$ ist $\mathfrak{A} = (\alpha_{i,j})$, wobei sich die $\alpha_{i,j}$ aus $(**)$ bestimmen.

Definition. Sei $A: U \to V$ linear, $\dim U = q$, $\dim V = p$ $(p,\ q > 0)$, $B = \langle \mathfrak{x}_1, \ldots, \mathfrak{x}_q \rangle$ bzw. $B' = \langle \mathfrak{y}_1, \ldots, \mathfrak{y}_p \rangle$ geordnete Basen von U bzw. V. Dann verstehen wir unter der *Matrix* $\mathfrak{A} = (\alpha_{i,j})$ von A bezüglich B bzw. B′ die Matrix der linearen Abbildung $[A]_{B,B'} = F_{B'} \circ A \circ F_B^{-1}$. Ihre Koeffizienten $\alpha_{i,j}$ berechnen sich aus Relation $(**)$. □

Den linearen Abbildungen von U in V sind dann bezüglich B und B' umkehrbar eindeutig die $(p \times q)$-Matrizen mit Koeffizienten aus K zugeordnet.

Beispiele. 1) Sei $U = \mathbb{R}^3$, $V = \mathbb{R}^2$, $A \begin{pmatrix} x_1 \\ x_2 \\ x_3 \end{pmatrix} = \begin{pmatrix} x_1 + 2x_2 \\ -3x_3 \end{pmatrix}$,

B bzw. B' die kanonische Basis von $\mathbb{R}^3$ bzw. $\mathbb{R}^2$. Nach $(*)$ bzw. $(**)$ berechnen wir

$$A(e_1) = \begin{pmatrix} 1 \\ 0 \end{pmatrix} \Rightarrow \alpha_{1,1} = 1,\ \alpha_{2,1} = 0$$

$$A(e_2) = \begin{pmatrix} 2 \\ 0 \end{pmatrix} \Rightarrow \alpha_{1,2} = 2,\ \alpha_{2,2} = 0$$

$$A(e_3) = \begin{pmatrix} 0 \\ -3 \end{pmatrix} \Rightarrow \alpha_{1,3} = 0,\ \alpha_{2,3} = -3$$

$$\Rightarrow \mathfrak{A} = \begin{pmatrix} 1 & 2 & 0 \\ 0 & 0 & -3 \end{pmatrix}.$$

2) Sei $U = V = \mathbb{R}^3$, $A \begin{bmatrix} x_1 \\ x_2 \\ x_3 \end{bmatrix} = \begin{bmatrix} a_{11}x_1 + a_{12}x_2 + a_{13}x_3 \\ a_{21}x_1 + a_{22}x_2 + a_{23}x_3 \\ a_{31}x_1 + a_{32}x_2 + a_{33}x_3 \end{bmatrix}$.

Ist $B = B'$ die kanonische Basis, so entspricht A die Matrix

$$\mathfrak{A} = \begin{bmatrix} a_{11} & a_{12} & a_{13} \\ a_{21} & a_{22} & a_{23} \\ a_{31} & a_{32} & a_{33} \end{bmatrix}.$$

3) Sei $U = V = \mathbb{R}_n[x]$, $D\left(\sum_{i=0}^{n} a_i x^i\right) = \sum_{i=1}^{n} (ia_i)x^{i-1} + 0 \cdot x^n$.

Sei $B = B'$ die Basis $\langle x^0, x^1, \ldots, x^n \rangle$ (vgl. früher) und $\mathfrak{D} = (d_{ij})$ die $(n+1) \times (n+1)$-Matrix zu D.

Wegen

$$Dx^0 = o$$
$$Dx^i = ix^{i-1} \quad (1 \leqslant i \leqslant n)$$

ist

$$\mathfrak{D} = \begin{bmatrix} 0 & 1 & 0 & \ldots & 0 \\ \vdots & 0 & 2 & 0 \ldots & 0 \\ \vdots & & 0 & \ddots & \vdots \\ \vdots & & & \ddots & 0 \\ \vdots & & & & n \\ 0 & \ldots & \ldots & \ldots & 0 \end{bmatrix}. \quad \square$$

Wir wollen im weiteren untersuchen, wie sich der Rang einer linearen Abbildung aus der im obigen Sinn zugeordneten Matrix ermitteln läßt.

Wir zeigen dazu zunächst:

Satz. Sei $A: U \to V$ linear, $\dim U = q$, $\dim V = p$ $(p, q > 0)$ und B bzw. B' geordnete Basen von U bzw. V. Dann ist Rang A = Rang $[A]_{B,B'}$.

Beweis. Wegen $\dim \operatorname{Kern} A + \operatorname{Rang} A = \dim U = q$ und $\dim \operatorname{Kern} [A]_{B,B'} + \operatorname{Rang} [A]_{B,B'} = \dim K^q = q$, folgt der Satz aus *Kern* $A \cong$ *Kern* $[A]_{B,B'}$. Um die Isomorphie zu beweisen, betrachten wir die Einschränkung

$$F_B|_{\operatorname{Kern} A} \text{ von } F_B\colon U \to K^q \text{ auf } \operatorname{Kern} A \quad .$$

$F_B|_{\operatorname{Kern} A}$ ist linear und injektiv, da F_B diese Eigenschaften hat. Wir wollen nun zeigen, daß $F_B|_{\operatorname{Kern} A} (\operatorname{Kern} A) = \operatorname{Kern} [A]_{B,B'}$ ist:

$$\mathfrak{y} \in F_B|_{\operatorname{Kern} A} (\operatorname{Kern} A) \Leftrightarrow \mathfrak{y} = F_B(\mathfrak{x}) \text{ mit } \mathfrak{x} \in \operatorname{Kern} A \quad .$$

Wegen $[A]_{B,B'} = F_{B'} \circ A \circ F_B^{-1}$ ist für ein solches $\mathfrak{y}$

$$[A]_{B,B'}(\mathfrak{y}) = F_{B'} \circ A \circ F_B^{-1}(F_B(\mathfrak{x})) = F_{B'}(A(\mathfrak{x})) = F_{B'}(\mathfrak{o}) = \mathfrak{o} \;,$$

d.h. $\mathfrak{y} \in \operatorname{Kern} [A]_{B,B'}$.

Ist umgekehrt $\mathfrak{y} \in \operatorname{Kern} [A]_{B,B'} \subseteq K^q$, so gibt es, da $F_B\colon U \to K^q$ bijektiv ist, ein $\mathfrak{x} \in U$ mit $F_B(\mathfrak{x}) = \mathfrak{y}$. Wir müssen zeigen, daß $\mathfrak{x} \in \operatorname{Kern} A$. Nun ist aber $A = F_{B'}^{-1} \circ [A]_{B,B'} \circ F_B$, d.h.

$$A(\mathfrak{x}) = F_{B'}^{-1} \circ [A]_{B,B'} \circ F_B(\mathfrak{x}) = F_{B'}^{-1} \circ [A]_{B,B'}(\mathfrak{y}) = F_{B'}^{-1}(\mathfrak{o}) = \mathfrak{o} \;. \quad \square$$

Bemerkung. Es gilt auch $A(U) \cong [A]_{B,B'}(K^q)$. Ein entsprechender Isomorphismus ist etwa $F_{B'}|_{A(U)}$. $\square$

Gehen wir von einer festen $(p \times q)$-Matrix $\mathfrak{A}$ mit Koeffizienten aus K aus, so hat nach dem obigen Satz jede lineare Abbildung $A: U \to V$ mit $\dim U = q$, $\dim V = p$, die bezüglich irgendwelcher geordneter Basen B bzw. B' von U bzw. V $\mathfrak{A}$ als zugeordnete Matrix besitzt, den gleichen Rang. Denn dieser Rang ist auch gleich dem Rang der linearen Abbildung $A: K^q \to K^p$ mit

$$A\begin{pmatrix} x_1 \\ \vdots \\ x_q \end{pmatrix} = \mathfrak{A}\begin{pmatrix} x_1 \\ \vdots \\ x_q \end{pmatrix} .$$

Wir nennen diese spezielle lineare Abbildung mit Matrix $\mathfrak{A}$ die *zu* $\mathfrak{A}$ *gehörige kanonische Abbildung* $K^q \to K^p$ und definieren:

Definition. Der *(Abbildungs-)Rang der (p × q)-Matrix* $\mathfrak{A}$ (symb. *Rang* $\mathfrak{A}$) ist der Rang der zu $\mathfrak{A}$ gehörigen kanonischen Abbildung

$$A: K^q \to K^p \quad \text{mit} \quad A\begin{pmatrix} x_1 \\ \vdots \\ x_q \end{pmatrix} = \mathfrak{A}\begin{pmatrix} x_1 \\ \vdots \\ x_q \end{pmatrix} . \quad \square$$

Der Rang einer linearen Abbildung $A: U \to V$ ist dann also gleich dem Rang irgendeiner A zugeordneten Matrix $\mathfrak{A}$. Dieser läßt sich nun jedoch direkt aus dem Zahlenschema $\mathfrak{A} = (\alpha_{ij})$ bestimmen:

Definition. Sei $\mathfrak{A} = (\alpha_{ij})$ eine $(p \times q)$-Matrix. Dann heißen die q-tupel $(\alpha_{i1} \ldots \alpha_{iq})$, $1 \leqslant i \leqslant p$, die *Zeilen(vektoren) von* $\mathfrak{A}$, die p-tupel $\begin{pmatrix} \alpha_{1j} \\ \vdots \\ \alpha_{pj} \end{pmatrix}$, $1 \leqslant j \leqslant q$, die *Spalten(vektoren) von* $\mathfrak{A}$.

Satz. Der Rang einer Matrix $\mathfrak{A}$ ist die maximale Kardinalzahl einer l. u. Teilmenge der Spaltenvektoren von $\mathfrak{A}$ („*Spaltenrang von* $\mathfrak{A}$“).

Beweis. Sei $A: K^q \to K^p$ die zu $\mathfrak{A} = (\alpha_{ij})$ gehörige kanonische Abbildung. Dann ist Rang $\mathfrak{A}$ = Rang $A = \dim A(K^q)$. Da $\{\mathfrak{e}_1, \ldots, \mathfrak{e}_q\}$ eine Basis von K^q ist, haben wir

$$A(K^q) = \mathscr{L}(A(\mathfrak{e}_1), \ldots, A(\mathfrak{e}_q)) .$$

Dabei ist

$$A(\mathfrak{e}_j) = \mathfrak{A}\begin{pmatrix} 0 \\ \vdots \\ 0 \\ 1 \\ 0 \\ \vdots \\ 0 \end{pmatrix} \; j\text{-te Zeile} = \begin{pmatrix} \alpha_{1,j} \\ \vdots \\ \alpha_{p,j} \end{pmatrix} = \mathfrak{s}_j \quad (1 \leqslant j \leqslant q)$$

der j-te Spaltenvektor der Matrix $\mathfrak{A}$. Es ist also

$$\text{Rang } \mathfrak{A} = \dim \mathscr{L}(\mathfrak{s}_1, \ldots, \mathfrak{s}_q) .$$

Der Satz folgt nun aus dem folgenden

Hilfssatz. Seien $\mathfrak{x}_1, \ldots, \mathfrak{x}_n \in V$, $U = \mathscr{L}(\mathfrak{x}_1, \ldots, \mathfrak{x}_n)$. Dann ist $\dim U$ die maximale Kardinalzahl einer l. u. Teilmenge von $\{\mathfrak{x}_1, \ldots, \mathfrak{x}_n\}$.

Beweis. Sei $B = \{\mathfrak{x}_{i_1}, \ldots, \mathfrak{x}_{i_k}\}$ eine l. u. Teilmenge von $\{\mathfrak{x}_1, \ldots, \mathfrak{x}_n\}$ mit maximaler Kardinalzahl.

Für jedes $\mathfrak{x}_j \notin B$ ist dann $\{\mathfrak{x}_j, \mathfrak{x}_{i_1}, \ldots, \mathfrak{x}_{i_k}\}$ l. a., d. h. es gibt Skalare $(\lambda, \lambda_{i_1}, \ldots, \lambda_{i_k}) \neq (0, \ldots, 0)$ mit

$$\lambda \mathfrak{x}_j + \sum_{r=1}^{k} \lambda_{i_r} \mathfrak{x}_{i_r} = \mathfrak{o} .$$

Da B l. u. ist, muß $\lambda \neq 0$ sein und wir erhalten

$$\mathfrak{x}_j = \sum_{r=1}^{k} (-\lambda^{-1} \cdot \lambda_{i_r}) \mathfrak{x}_{i_r} \in \mathscr{L}(\mathfrak{x}_{i_1}, \ldots, \mathfrak{x}_{i_k}) .$$

Daher ist $\mathscr{L}(\mathfrak{x}_{i_1}, \ldots, \mathfrak{x}_{i_k}) = \mathscr{L}(B) = U$, und $\{\mathfrak{x}_{i_1}, \ldots, \mathfrak{x}_{i_k}\}$ ist eine Basis von U. □

Wir werden später noch andere Charakterisierungen von Rang $\mathfrak{A}$ kennenlernen.

Im letzten Teil dieses Abschnittes wollen wir untersuchen, wie sich Operationen wie Addition, Hintereinanderausführung etc. von linearen Abbildungen in den Bereich der zugeordneten Matrizen übersetzen.

Definition. 1) Seien U, V Vektorräume über K. Dann sei $L(U, V)$ die Menge aller linearen Abbildungen $A: U \to V$.

2) Mit $L_{p,q}(K)$ (oder kurz $L_{p,q}$) bezeichnen wir die Menge aller $(p \times q)$-Matrizen $\mathfrak{A}$ mit Koeffizienten aus K. □

Wir wissen, daß für $\dim U = q$, $\dim V = p\,(p, q > 0)$ nach Wahl geordneter Basen $\langle \mathfrak{x}_1, \ldots, \mathfrak{x}_q \rangle$ bzw. $\langle \mathfrak{y}_1, \ldots, \mathfrak{y}_p \rangle$ von U bzw. V durch

$$(**) \qquad A(\mathfrak{x}_j) = \sum_{i=1}^{p} \alpha_{i,j}\, \mathfrak{y}_i \quad (1 \leqslant j \leqslant q)$$

jedem $A \in L(U, V)$ bijektiv eine Matrix $\mathfrak{A} = (\alpha_{i,j}) \in L_{p,q}$ zugeordnet wird.

Definition. Seien $A, B \in L(U, V)$, $\lambda \in K$.
Dann sei

$$C = A + B \Leftrightarrow C(\mathfrak{x}) = A(\mathfrak{x}) + B(\mathfrak{x}) \quad \text{für alle} \quad \mathfrak{x} \in U$$

und

$$D = \lambda \cdot A \Leftrightarrow D(\mathfrak{x}) = \lambda \cdot A(\mathfrak{x}) \quad \text{für alle} \quad \mathfrak{x} \in U\,. \quad \Box$$

Man stellt leicht fest, daß $A + B$, $\lambda \cdot A \in L(U, V)$.

Definition. Seien $\mathfrak{A}, \mathfrak{B} \in L_{p,q}$, $\mathfrak{A} = (\alpha_{i,j})$, $\mathfrak{B} = (\beta_{i,j})$, $\lambda \in K$.
Dann sei

$$\mathfrak{C} = \mathfrak{A} + \mathfrak{B} \Leftrightarrow \mathfrak{C} = (c_{i,j}) \quad \text{mit} \quad c_{i,j} = \alpha_{i,j} + \beta_{i,j}$$

und

$$\mathfrak{D} = \lambda \cdot \mathfrak{A} \Leftrightarrow \mathfrak{D} = (d_{i,j}) \quad \text{mit} \quad d_{i,j} = \lambda \cdot \alpha_{i,j}. \quad \Box$$

Dann ist $\mathfrak{A} + \mathfrak{B}$, $\lambda \cdot \mathfrak{A} \in L_{p,q}$.
Aus den Definitionen und $(**)$ ergibt sich sofort:

Satz. Seien $A, B \in L(U, V)$, $\mathfrak{A}$ bzw. $\mathfrak{B}$ die gemäß $(**)$ zugeordneten Matrizen aus $L_{p,q}$ $(p = \dim V,\ q = \dim U)$. Dann ist

$\mathfrak{A} + \mathfrak{B}$ die Matrix zur Abbildung $A + B$

und $\lambda \cdot \mathfrak{A}$ die Matrix zur Abbildung $\lambda \cdot A$. $\Box$

Man stellt leicht fest, daß $\langle L(U, V), + \rangle$ *eine abelsche Gruppe bildet*, wobei das Einheitselement die Nullabbildung ($A(\mathfrak{x}) = \mathfrak{o}$ für alle $\mathfrak{x} \in U$) ist und das inverse Element zu A die Abbildung $-A$ mit $(-A)(\mathfrak{x}) = -(A(\mathfrak{x}))$.

Ebenso bildet $\langle L_{p,q}, + \rangle$ *eine abelsche Gruppe* mit Einheitselement

$$\mathfrak{O} = \begin{pmatrix} 0 & \ldots & 0 \\ \vdots & & \vdots \\ 0 & \ldots & 0 \end{pmatrix} \quad (\text{„}\textit{Nullmatrix}\text{“}) \quad \text{und}$$

inversem Element $-\mathfrak{A} = (-\alpha_{ij})$ zur Matrix $\mathfrak{A} = (\alpha_{ij})$.

Die durch $(**)$ festgelegte Abbildung $L(U, V) \to L_{p,q}$ ist dann ein *Gruppenisomorphismus.*

Betrachtet man zusätzlich zur Addition die oben eingeführten Skalarprodukte $\lambda \cdot A$ bzw. $\lambda \cdot \mathfrak{A}$, für $\lambda \in K$, so bilden $\langle L(U, V), +, K \rangle$ bzw. $\langle L_{p,q}, +, K \rangle$ *Vektorräume über K*:

Wir beweisen etwa $\lambda(A + B) = \lambda A + \lambda B$, für alle $A, B \in L(U, V)$, $\lambda \in K$:

$$(\lambda(A + B))(\mathfrak{x}) = \lambda \cdot ((A + B)(\mathfrak{x})) = \lambda(A(\mathfrak{x}) + B(\mathfrak{x})) =$$
$$= \lambda A(\mathfrak{x}) + \lambda B(\mathfrak{x}) = (\lambda A)(\mathfrak{x}) + (\lambda B)(\mathfrak{x}) = (\lambda A + \lambda B)(\mathfrak{x}).$$

Analog lassen sich alle anderen zu überprüfenden Eigenschaften auf die Vektorraumeigenschaften von V bzw. die Körpereigenschaften von K zurückführen.

Satz. Seien U, V Vektorräume über K mit $\dim U = q$, $\dim V = p\,(p, q > 0)$. Die durch (**) vermittelte Zuordnung $L(U, V) \to L_{p,q}$ bildet einen *Vektorraumisomorphismus* der Vektorräume $\langle L(U, V), +, K\rangle$ und $\langle L_{p,q}, +, K\rangle$.

Beweis. Die Zuordnung ist bijektiv und, nach dem vorigen Satz, linear. □

Wie man leicht sieht, bilden die Matrizen, die an genau einer Stelle die Eintragung 1 und sonst überall die Eintragung 0 besitzen, eine Basis von $L_{p,q}$, d.h. $\dim L_{p,q} = p \cdot q$.

Da $L(U, V) \cong L_{p,q}$ für $\dim U = q$, $\dim V = p$, erhalten wir

$$\dim L(U, V) = \dim U \cdot \dim V \ .$$

Seien nun $B \in L(U, V)$, $A \in L(V, W)$ (U, V, W Vektorräume über K).

Wir wissen bereits von früher, daß dann

$$C = A \circ B \in L(U, W) \ .$$

Seien $\langle \mathfrak{x}_1, \ldots, \mathfrak{x}_r\rangle$, $\langle \mathfrak{y}_1, \ldots, \mathfrak{y}_q\rangle$, $\langle \mathfrak{z}_1, \ldots, \mathfrak{z}_p\rangle$ geordnete Basen von U, V bzw. W. Wir stellen uns nun die Frage, wie die Matrix $\mathfrak{C} = (\gamma_{i,k})$ zu $C = A \circ B$ mit den Matrizen $\mathfrak{A} = (\alpha_{i,j})$ zu A bzw. $\mathfrak{B} = (\beta_{j,k})$ zu B zusammenhängt.

Nach (**) bestehen die Relationen

$$A(\mathfrak{y}_j) = \sum_{i=1}^{p} \alpha_{i,j}\, \mathfrak{z}_i \ , \quad 1 \leqslant j \leqslant q$$

$$B(\mathfrak{x}_k) = \sum_{j=1}^{q} \beta_{j,k}\, \mathfrak{y}_j \ , \quad 1 \leqslant k \leqslant r$$

$$C(\mathfrak{x}_k) = \sum_{i=1}^{p} \gamma_{i,k}\, \mathfrak{z}_i \ , \quad 1 \leqslant k \leqslant r \ .$$

Dann ist aber

$$C(\mathfrak{x}_k) = A(B(\mathfrak{x}_k)) = A\left(\sum_{j=1}^{q} \beta_{j,k}\, \mathfrak{y}_j\right) = \sum_{j=1}^{q} \beta_{j,k} A(\mathfrak{y}_j)$$

$$= \sum_{j=1}^{q} \beta_{j,k} \sum_{i=1}^{p} \alpha_{i,j}\, \mathfrak{z}_i = \sum_{i=1}^{p} \left(\sum_{j=1}^{q} \alpha_{i,j} \beta_{j,k}\right) \mathfrak{z}_i \ ,$$

d.h. $$\mathfrak{C} = (\gamma_{ik}) \quad \text{mit} \quad \gamma_{ik} = \sum_{j=1}^{q} \alpha_{i,j} \beta_{j,k} \ .$$

Definition. Sei $\mathfrak{A} = (\alpha_{i,j}) \in L_{p,q}$, $\mathfrak{B} = (\beta_{j,k}) \in L_{q,r}$. Dann heißt die Matrix $\mathfrak{C} = (\gamma_{i,k}) \in L_{p,r}$ mit

$$\gamma_{i,k} = \sum_{j=1}^{q} \alpha_{i,j} \beta_{j,k} \quad (1 \leqslant i \leqslant p,\ 1 \leqslant k \leqslant r)$$

das *Produkt der Matrizen* $\mathfrak{A}$ *und* $\mathfrak{B}$, symb. $\mathfrak{C} = \mathfrak{A} \cdot \mathfrak{B}$. □

Das Element in der i-ten Zeile und k-ten Spalte von $\mathfrak{A} \cdot \mathfrak{B}$ ergibt sich also als Summe der Produkte der Elemente der i-ten Zeile von $\mathfrak{A}$ und der k-ten Spalte von $\mathfrak{B}$.

Man beachte, daß $\mathfrak{A} \cdot \mathfrak{B}$ nur dann definiert ist, wenn die Spaltenanzahl von $\mathfrak{A}$ gleich der Zeilenanzahl von $\mathfrak{B}$ ist.

Beispiel.

1) $$\underset{\in L_{3,2}}{\begin{pmatrix} 1 & 2 \\ 3 & 4 \\ 5 & 6 \end{pmatrix}} \cdot \underset{\in L_{2,2}}{\begin{pmatrix} 7 & 8 \\ 9 & 0 \end{pmatrix}} \Rightarrow \underset{\in L_{3,2}}{\begin{pmatrix} 1\cdot 7+2\cdot 9 & 1\cdot 8+2\cdot 0 \\ 3\cdot 7+4\cdot 9 & 3\cdot 8+4\cdot 0 \\ 5\cdot 7+6\cdot 9 & 5\cdot 8+6\cdot 0 \end{pmatrix}} = \begin{pmatrix} 25 & 8 \\ 57 & 24 \\ 89 & 40 \end{pmatrix}$$

2) $$\begin{pmatrix} 0 & 1 \\ 0 & 0 \end{pmatrix}\begin{pmatrix} 1 & 0 \\ 0 & 0 \end{pmatrix} = \begin{pmatrix} 0 & 0 \\ 0 & 0 \end{pmatrix}, \quad \text{aber}$$

$$\begin{pmatrix} 1 & 0 \\ 0 & 0 \end{pmatrix}\begin{pmatrix} 0 & 1 \\ 0 & 0 \end{pmatrix} = \begin{pmatrix} 0 & 1 \\ 0 & 0 \end{pmatrix};$$

es ist also i. allg. $\mathfrak{A} \cdot \mathfrak{B} \neq \mathfrak{B} \cdot \mathfrak{A}$! □

Unsere obigen Überlegungen lassen sich nun so zusammenfassen:

Satz. Sei $B \in L(U, V)$, $A \in L(V, W)$, $\mathfrak{B}$ bzw. $\mathfrak{A}$ die bezüglich vorgegebener geordneter Basen von U, V bzw. W zugeordneten Matrizen von B bzw. A.

Dann ist der Abbildung $A \circ B \in L(U, W)$ die Matrix $\mathfrak{A} \cdot \mathfrak{B}$ zugeordnet. □

Betrachten wir die Menge $L(U, U)$ der linearen Abbildungen $U \to V$, d.h. „Endomorphismen" des Vektorraums U. Wir wissen bereits, daß $\langle L(U, U), + \rangle$ eine abelsche Gruppe ist.

Bilden wir $\langle L(U, U), +, \circ \rangle$, $\circ$ die Hintereinanderausführung der Abbildungen, so erhalten wir (für $U \neq \{\mathfrak{o}\}$) einen *Ring (mit Einselement)*: Assoziativgesetz und Distributivgesetze lassen sich leicht nachweisen; die identische Abbildung $E: U \to U$ mit $E(\mathfrak{x}) = \mathfrak{x}$ für alle $\mathfrak{x} \in U$ ist Einheitselement bezüglich $\circ$ und für $U \neq \{\mathfrak{o}\}$ verschieden von der Nullabbildung.

$\langle L(U, U), +, \circ \rangle$ *heißt der Endomorphismenring des Vektorraums* U.

Analog bildet $\langle L_{n,n}, +, \cdot \rangle$, die Menge alle $(n \times n)$-Matrizen über K mit Matrizenaddition und -produkt, einen *Ring*. Die $(n \times n)$-Matrix

$$\mathfrak{E} = \mathfrak{E}_n = (\delta_{i,j}) = \begin{pmatrix} 1 & 0 & \cdots & 0 \\ 0 & \ddots & \ddots & \vdots \\ \vdots & \ddots & \ddots & 0 \\ 0 & \cdots & 0 & 1 \end{pmatrix}$$

ist Einheitselement bezüglich „ $\cdot$ ", sie heißt die *$(n \times n)$-Einheitsmatrix.*

Der letzte Satz besagt dann, daß die durch $(**)$ festgelegte Abbildung $L(U, U) \to L_{n,n}$ $(n = \dim U)$ ein Ringisomorphismus ist.

Von besonderem Interesse sind die umkehrbaren Abbildungen in $L(U, U)$, d. h. die *Automorphismen von U*: ist A umkehrbar, d. h. existiert $A^{-1} \in L(U, U)$ mit

$$A \circ A^{-1} = A^{-1} \circ A = E \;,$$

so muß für die zugehörigen Matrizen $\mathfrak{A}$ bzw. $\mathfrak{A}^{-1}$ nach dem letzten Satz gelten:

$$\mathfrak{A} \cdot \mathfrak{A}^{-1} = \mathfrak{A}^{-1} \cdot \mathfrak{A} = \mathfrak{E} \;,$$

d. h. $A \in L(U, U)$ ist genau dann invertierbar, wenn die zugehörige Matrix $\mathfrak{A}$ bezüglich der Matrizenmultiplikation invertierbar ist.

Definition. Eine $(n \times n)$-Matrix $\mathfrak{A}$ heißt *regulär*, wenn sie invertierbar ist. Ist $\mathfrak{A}$ nicht invertierbar, so heißt $\mathfrak{A}$ *singulär*. □

Aus den obigen Überlegungen und der Charakterisierung der Isomorphismen $U \to U$ in Abschnitt 5.3 ergibt sich dann der folgende

Satz. Sei $A \in L(U, U)$, $\dim U = n$; $\mathfrak{A}$ eine bezüglich einer geordneten Basis von U zu A gehörige $(n \times n)$-Matrix. Dann sind die folgenden Aussagen äquivalent:

1) A ist ein Automorphismus, d. h. invertierbar.
2) Kern $A = \{\mathfrak{o}\}$.
3) $A(U) = U$.
4) Rang $A = n$.
5) $\mathfrak{A}$ ist regulär.
6) Rang $\mathfrak{A} = n$.
7) Die Spaltenvektoren von $\mathfrak{A}$ sind l. u. □

Beispiele. 1) Die Spaltenvektoren von $\begin{pmatrix} 0 & 0 & 1 \\ 1 & 0 & 0 \\ 0 & 1 & 0 \end{pmatrix}$ sind l. u., die Matrix ist daher regulär.

2) Die Spaltenvektoren der $(n+1) \times (n+1)$-Matrix

$$\mathfrak{D} = \begin{pmatrix} 0 & 1 & & 0 \\ \vdots & & \ddots & \\ & & \ddots & n \\ 0 & \cdots & & 0 \end{pmatrix}$$

sind l. a., da sie den Nullvektor enthalten. $\mathfrak{D}$ ist also singulär. Daher ist auch

$$D\colon \mathbb{R}_n[x] \to \mathbb{R}_n[x],\ D\left(\sum_{i=0}^{n} a_i x^i\right) = \sum_{i=1}^{n} (i a_i) x^{i-1} + 0 \cdot x^n$$

nicht invertierbar. □

Wir haben mit den obigen Kriterien natürlich noch kein effektives Verfahren gefunden, um $\mathfrak{A}^{-1}$ zu einer regulären Matrix $\mathfrak{A}$ zu bestimmen. Wir werden zu dieser Fragestellung im übernächsten Abschnitt zurückkehren, wollen aber vorher die bisher gewonnenen Erkenntnisse über lineare Abbildungen und Matrizen an Hand der Aufgabenstellung der Lösung linearer Gleichungssysteme anwenden.

5.5 Lineare Gleichungssysteme

Sei K ein Körper, a_{ij}, $b_j \in K$, dann nennen wir

$$\begin{array}{l} a_{11}x_1 + a_{12}x_2 + \ldots + a_{1q}x_q = b_1 \\ a_{21}x_1 + a_{22}x_2 + \ldots + a_{2q}x_q = b_2 \\ \vdots \qquad\qquad\qquad\quad \vdots \qquad \vdots \\ a_{p1}x_1 + a_{p2}x_2 + \ldots + a_{pq}x_q = b_p \end{array}$$

ein *lineares Gleichungssystem* von p Gleichungen in den q Unbekannten $x_1, \ldots, x_q$ mit Koeffizienten aus K.

Die Matrix

$$\mathfrak{A} = \begin{pmatrix} a_{11} & \ldots & a_{1q} \\ \vdots & & \vdots \\ a_{p1} & \ldots & a_{pq} \end{pmatrix}$$

heißt *Systemmatrix* (oder Koeffizientenmatrix) des Gleichungssystems, die Matrix

$$(\mathfrak{A}, \mathfrak{b}) = \begin{pmatrix} a_{11} & \ldots & a_{1q} & b_1 \\ \vdots & & \vdots & \vdots \\ a_{p1} & \ldots & a_{pq} & b_p \end{pmatrix}$$

erweiterte Systemmatrix.

Ist $b_1 = \ldots = b_p = 0$, so heißt das Gleichungssystem *homogen*, sonst *inhomogen*. Betrachten wir die zur Matrix $\mathfrak{A}$ gehörige kanonische Abbildung $A: K^q \to K^p$ und setzen wir weiters

$$\mathfrak{x} = \begin{pmatrix} x_1 \\ \vdots \\ x_q \end{pmatrix}, \quad \mathfrak{b} = \begin{pmatrix} b_1 \\ \vdots \\ b_p \end{pmatrix},$$

so ist die Aufgabe, das obige Gleichungssystem zu lösen, äquivalent zur Aufgabe, alle Vektoren $\mathfrak{x} \in K^q$ zu bestimmen, für die $A(\mathfrak{x}) = \mathfrak{b}$ gilt. Der folgende Satz gibt für eine etwas allgemeinere Situation Auskunft über die Lösungsmenge:

Satz. Sei $A: U \to V$ linear, $\mathfrak{b} \in V$. Dann besitzt die Vektorgleichung $A(\mathfrak{x}) = \mathfrak{b}$ genau dann eine Lösung, wenn $\mathfrak{b} \in A(U)$ ist.

Ist $\mathfrak{b} \in A(U)$, so ist die Lösungsmenge von der Gestalt $\mathfrak{x}_0 + \operatorname{Kern} A$, wobei $\mathfrak{x}_0$ eine beliebige Lösung der Vektorgleichung ist.

Ist speziell $\mathfrak{b} = \mathfrak{o}$, so besitzt die Gleichung stets die triviale Lösung $\mathfrak{x}_0 = \mathfrak{o}$ und die Lösungsmenge ist Kern A.

Die Lösungsmenge ist also für $\mathfrak{b} \in A(U)$ eine Hyperebene der Dimension $\dim U - \operatorname{Rang} A$ in U.

Beweis. 1) Da $A(U) = \{\mathfrak{y} \mid \mathfrak{y} \in V \text{ und es existiert } \mathfrak{x} \in U \text{ mit } A(\mathfrak{x}) = \mathfrak{y}\}$, ist $A(\mathfrak{x}) = \mathfrak{b}$ genau dann lösbar, wenn $\mathfrak{b} \in A(U)$.

2) Ist $\mathfrak{b} \in A(U)$, $\mathfrak{x}_0$ und $\mathfrak{x}_1$ Lösungen von $A(\mathfrak{x}) = \mathfrak{b}$, so ist $A(\mathfrak{x}_1 - \mathfrak{x}_0) = A(\mathfrak{x}_1) - A(\mathfrak{x}_0) = \mathfrak{b} - \mathfrak{b} = \mathfrak{o}$, d. h.

$$\mathfrak{x}_1 - \mathfrak{x}_0 \in \operatorname{Kern} A, \quad \text{d. h. } \mathfrak{x}_1 \in \mathfrak{x}_0 + \operatorname{Kern} A .$$

Ist umgekehrt $\mathfrak{x}_0$ Lösung von $A(\mathfrak{x}) = \mathfrak{b}$ und $\mathfrak{x}_2 \in \operatorname{Kern} A$, so ist

$$A(\mathfrak{x}_0 + \mathfrak{x}_2) = A(\mathfrak{x}_0) + A(\mathfrak{x}_2) = \mathfrak{b} + \mathfrak{o} = \mathfrak{b} ,$$

d. h. $\mathfrak{x}_0 + \mathfrak{x}_2$ ebenfalls Lösung von $A(\mathfrak{x}) = \mathfrak{b}$, d. h. die Elemente von $\mathfrak{x}_0 + \operatorname{Kern} A$ sind alle Lösungen von $A(\mathfrak{x}) = \mathfrak{b}$. Die Aussagen für $\mathfrak{b} = \mathfrak{o}$ ergeben sich daraus sofort.

3) Die letzte Aussage des Satzes folgt aus

$$\dim \operatorname{Kern} A = \dim U - \operatorname{Rang} A . \quad \square$$

Wenden wir den Satz auf unser lineares Gleichungssystem bzw. die zugehörige kanonische Abbildung $A: K^q \to K^p$ an, so erhalten wir:

Satz. 1) Ein homogenes lineares Gleichungssystem

$$\mathfrak{A}\mathfrak{x} = \mathfrak{o} \quad (\mathfrak{A} \in L_{p,q})$$

ist stets lösbar mit Lösungsmenge $\operatorname{Kern} A$ ($\supseteq \{\mathfrak{o}\}$), wobei $A: K^q \to K^p$ die zu $\mathfrak{A}$ gehörige kanonische Abbildung ist. Die Lösung ist eindeutig ($= \mathfrak{o}$) genau dann, wenn $\operatorname{Rang} \mathfrak{A} = q$ ist.

2) Ein inhomogenes lineares Gleichungssystem

$$\mathfrak{A}\mathfrak{x} = \mathfrak{b} \quad (\mathfrak{A} \in L_{p,q},\ \mathfrak{b} \neq \mathfrak{o})$$

ist genau dann lösbar, wenn

$$\operatorname{Rang} \mathfrak{A} = \operatorname{Rang} (\mathfrak{A}, \mathfrak{b}) .$$

In diesem Fall bildet die Menge aller Lösungen eine $(q - \operatorname{Rang} \mathfrak{A})$-dimensionale Hyperebene in K^q von der Gestalt $\mathfrak{x}_0 + \operatorname{Kern} A$, wobei $\mathfrak{x}_0$ eine spezielle Lösung von $\mathfrak{A}\mathfrak{x} = \mathfrak{b}$ und A wie in 1) ist. M. a. W.: Die „allgemeine Lösung" eines inhomogenen linearen Gleichungssystems $\mathfrak{A}\mathfrak{x} = \mathfrak{b}$ läßt sich darstellen als die Summe einer „speziellen Lösung" $\mathfrak{x}_0$ von $\mathfrak{A}\mathfrak{x} = \mathfrak{b}$ und der „allgemeinen Lösung" $\operatorname{Kern} A$ des zugehörigen homogenen Systems $\mathfrak{A}\mathfrak{x} = \mathfrak{o}$. Die Lösung ist eindeutig genau dann, wenn $\operatorname{Rang} \mathfrak{A} = \operatorname{Rang} (\mathfrak{A}, \mathfrak{b}) = q$.

Beweis. 1) ergibt sich unmittelbar aus dem vorigen Satz. Zum Beweis von 2) bezeichne $\mathfrak{s}_1, \ldots, \mathfrak{s}_q$ die Spaltenvektoren von $\mathfrak{A}$. Dann ist $A(K^q) = \mathscr{L}(\mathfrak{s}_1, \ldots, \mathfrak{s}_q)$ (vgl. Charakterisierung des Rangs einer Matrix als Spaltenrang) und nach dem vorigen Satz ist $\mathfrak{A}\mathfrak{x} = \mathfrak{b}$ lösbar, genau dann wenn

$$\mathfrak{b} \in A(K^q) \Leftrightarrow \mathscr{L}(\mathfrak{s}_1, \ldots, \mathfrak{s}_q) = \mathscr{L}(\mathfrak{s}_1, \ldots, \mathfrak{s}_q, \mathfrak{b}) .$$

Da jedenfalls $\mathscr{L}(\mathfrak{s}_1, \ldots, \mathfrak{s}_q) \subseteq \mathscr{L}(\mathfrak{s}_1, \ldots, \mathfrak{s}_q, \mathfrak{b})$ [*TR*], gilt dies genau dann, wenn

$$\dim \mathscr{L}(\mathfrak{s}_1, \ldots, \mathfrak{s}_q) = \dim \mathscr{L}(\mathfrak{s}_1, \ldots, \mathfrak{s}_q, \mathfrak{b}) ,$$

d. h. wenn die Spaltenränge von $\mathfrak{A}$ und $(\mathfrak{A}, \mathfrak{b})$ übereinstimmen.

Der restliche Teil von 2) ergibt sich wieder unmittelbar aus dem vorangegangenen Satz. $\square$

Folgerung. Sei $\mathfrak{A} \in L_{p,q}$, $l = q - \text{Rang}\,\mathfrak{A}$. Dann ist die allgemeine Lösung des linearen Gleichungssystems

$$\mathfrak{A}\mathfrak{x} = \mathfrak{b}$$

von der Gestalt

$$\mathfrak{x} = \mathfrak{x}_0 + \sum_{i=1}^{l} \lambda_i \mathfrak{x}_i \ , \quad \lambda_i \in K \ ,$$

wobei $\mathfrak{x}_0$ eine spezielle Lösung von $\mathfrak{A}\mathfrak{x} = \mathfrak{b}$ ist und $\mathfrak{x}_1, \ldots, \mathfrak{x}_l$ l.u. und Lösungen von $\mathfrak{A}\mathfrak{x} = \mathfrak{o}$ sind. □

Damit ist die Lösbarkeit und die allgemeine Gestalt der Lösungsmenge eines linearen Gleichungssystems theoretisch geklärt, es erhebt sich jedoch die wichtige Frage, wie die Vektoren $\mathfrak{x}_0, \mathfrak{x}_1, \ldots, \mathfrak{x}_l$ in der letzten Folgerung *systematisch aufgefunden* werden können.

Das im weiteren beschriebene Verfahren heißt das **Gaussche Eliminationsverfahren.** Die wesentliche Idee besteht darin, das gegebene Gleichungssystem in ein lösungsäquivalentes System (d. h. ein System mit denselben Lösungen wie das ursprüngliche) umzuformen, so daß das neue System besonders einfach zu lösen ist.

Wie wir später sehen werden, erweist es sich als besonders günstig, wenn das resultierende Gleichungssystem von der Gestalt

$$\mathfrak{C}\mathfrak{x} = \mathfrak{d}$$

mit
$$\mathfrak{C} = \begin{pmatrix} c_{11} & \ldots\ldots & c_{1q} \\ 0 & \ddots & \vdots \\ \vdots & \ddots c_{ss} & \ldots c_{sq} \\ 0 & \ldots 0 & \ldots 0 \\ \vdots & \vdots & \vdots \\ 0 & \ldots 0 & \ldots 0 \end{pmatrix} , \quad c_{11}, \ldots, c_{ss} \neq 0 \ ,$$

ist. Zur Erreichung dieses Endzustandes stehen uns folgende Operationen zur Verfügung, die ein Gleichungssystem in ein lösungsäquivalentes überführen:

1) Vertauschen der Gleichungen, d. h. der Zeilen der zugehörigen Matrizen

2) Vertauschen der Spalten; ACHTUNG: die Unbekannten müssen dabei umnumeriert werden.

3) Multiplikation einer Zeile mit einem Faktor aus $K - \{0\}$

4) Addition eines Vielfachen einer Zeile zu einer anderen Zeile.

Zur Umformung in die gewünschte Gestalt geht man nun systematisch vor:

i) Sind alle $a_{ij} = 0$, so ist die Lösung des Systems trivial: Sind auch alle $b_j = 0$, so ist jedes $\mathfrak{x} \in K^q$ Lösung der Gleichung $\mathfrak{D}\mathfrak{x} = \mathfrak{o}$, sind nicht alle $b_j = 0$, so gibt es keine Lösung von $\mathfrak{D}\mathfrak{x} = \mathfrak{b}$.

ii) Ist mindestens ein $a_{ij} \neq 0$, so können wir dieses durch die Operationen 1) und 2) an die Position 1,1 bringen und erhalten eine Matrix $(\tilde{\mathfrak{A}}, \tilde{\mathfrak{b}})$. Wir wissen dabei, daß $\tilde{a}_{11} \neq 0$ ist.

Nun subtrahieren wir für $2 \leqslant i \leqslant p$ das $\tilde{a}_{i1} \cdot \tilde{a}_{11}^{-1}$-fache der 1. Zeile von der i-ten Zeile und erhalten wegen

$$\tilde{a}_{i1} - (\tilde{a}_{i1} \cdot \tilde{a}_{11}^{-1})\tilde{a}_{11} = 0$$

eine Matrix der Gestalt

$$\begin{pmatrix} \tilde{a}_{11} & \tilde{a}_{12} & \dots & \tilde{a}_{1q} & \tilde{b}_1 \\ 0 & \tilde{a}_{22} & \dots & \tilde{a}_{2q} & \tilde{b}_2 \\ \vdots & \vdots & & \vdots & \vdots \\ 0 & \tilde{a}_{p2} & \dots & \tilde{a}_{pq} & \tilde{b}_p \end{pmatrix} .$$

Wir wenden nun das Verfahren auf die Submatrix

$$\begin{pmatrix} \tilde{a}_{22} & \dots & \tilde{a}_{2q} & \tilde{b}_2 \\ \vdots & & \vdots & \vdots \\ \tilde{a}_{p2} & \dots & \tilde{a}_{pq} & \tilde{b}_p \end{pmatrix}$$

an, usw. Offensichtlich ergibt sich in endlich vielen Schritten ein System der gewünschten Gestalt.

Beispiel.

$$\begin{aligned} x_1+\ x_2-\ x_3 \qquad &= 3 \\ 2x_1+\ x_2 \qquad -x_4 &= 5 \\ 4x_1+3x_2-2x_3-x_4 &= 11 \ , \end{aligned}$$

$$\text{d.h. } (\mathfrak{A}, \mathfrak{b}) = \left(\begin{array}{cccc|c} 1 & 1 & -1 & 0 & 3 \\ 2 & 1 & 0 & -1 & 5 \\ 4 & 3 & -2 & -1 & 11 \end{array}\right)$$

Bezeichnen wir die Zeilen mit römischen Zahlzeichen, so verläuft der Algorithmus so:

$$\left(\begin{array}{cccc|c} 1 & 1 & -1 & 0 & 3 \\ 2 & 1 & 0 & -1 & 5 \\ 4 & 3 & -2 & -1 & 11 \end{array}\right) \xrightarrow[\text{III}' = \text{III} - 4 \cdot \text{I}]{\text{I}' = \text{I},\ \text{II}' = \text{II} - 2 \cdot \text{I}} \left(\begin{array}{cccc|c} 1 & 1 & -1 & 0 & -3 \\ 0 & -1 & 2 & -1 & -1 \\ 0 & -1 & 2 & -1 & -1 \end{array}\right)$$

$$\xrightarrow[\text{III}'' = \text{III}' - \text{II}']{\text{I}'' = \text{I}',\ \text{II}'' = \text{II}'} \left(\begin{array}{cccc|c} 1 & 1 & -1 & 0 & 3 \\ 0 & -1 & 2 & -1 & -1 \\ 0 & 0 & 0 & 0 & 0 \end{array}\right) .$$

Wir erhalten also das lösungsäquivalente System

$$\begin{aligned} x_1+x_2-\ x_3 \qquad &= \ \ 3 \\ -x_2+2x_3-x_4 &= -1 \ . \end{aligned}$$

Durch die obigen Operationen wurde zunächst die Unbekannte x_1 aus der 2. und 3. Gleichung eliminiert, dann x_2 aus der 3. Gleichung, daher der Name „Eliminationsverfahren". □

Wir stehen nun vor der Aufgabe, das System

$$\begin{pmatrix} c_{11} & \dots & \dots & c_{1q} \\ 0 & \ddots & & \vdots \\ \vdots & \ddots & c_{ss} \dots & c_{sq} \\ 0 & \dots & 0 \dots & 0 \\ \vdots & & \vdots & \vdots \\ 0 & \dots & 0 \dots & 0 \end{pmatrix} \mathfrak{x} = \begin{pmatrix} d_1 \\ \vdots \\ d_s \\ d_{s+1} \\ \vdots \\ d_p \end{pmatrix} , \quad c_{11}, \dots, c_{ss} \neq 0 \ ,$$

zu lösen.

Fall 1: $s < p$ und $(d_{s+1}, \ldots, d_p) \neq (0, \ldots, 0)$.
Dann ist das System offensichtlich unlösbar.

Fall 2: $s = p$ oder $s < p$ und $d_{s+1} = \cdots = d_p = 0$, d.h. das System hat die Gestalt

$$\begin{array}{rl} c_{11}x_1 + \quad \ldots + c_{1s}x_s + c_{1,s+1}x_{s+1} + \ldots + c_{1q}x_q &= d_1 \\ c_{22}x_2 + \ldots + c_{2s}x_s + c_{2,s+1}x_{s+1} + \ldots + c_{2q}x_q &= d_2 \\ \ldots & \\ c_{ss}x_s + c_{s,s+1}x_{s+1} + \ldots + c_{sq}x_q &= d_s \end{array}$$

mit $c_{11}, \ldots, c_{ss} \neq 0$.

Fall 2.1: $s = q$.
Dann läßt sich aus der letzten Gleichung $x_s = x_q$ eindeutig berechnen. Setzt man den erhaltenen Wert in alle anderen Gleichungen ein, so läßt sich aus der ursprünglich vorletzten Gleichung $x_{s-1} = x_{q-1}$ bestimmen, usw. Wir erhalten in diesem Fall also eine eindeutig bestimmte Lösung $\mathfrak{x}_0$.

Fall 2.2: $s < q$.
Hier erhalten wir für jede Vorgabe von $x_{s+1}, \ldots, x_q$ nach dem in 2.1 beschriebenen Verfahren eindeutig bestimmte Werte $x_1, \ldots, x_s$, so daß $x_1, \ldots, x_q$ Lösung des Gleichungssystems ist.

War das Gleichungssystem inhomogen, so ist $(d_1, \ldots, d_q) \neq (0, \ldots, 0)$ und wir erhalten eine spezielle Lösung $\mathfrak{x}_0$ am einfachsten, indem wir $x_{s+1}, \ldots, x_q = 0$ setzen und $x_1, \ldots, x_s$ wie oben beschrieben berechnen.

Beispiel.
$$\begin{array}{rl} x_1 + x_2 - x_3 \quad &= 3 \\ -x_2 + 2x_3 - x_4 &= -1 \,. \end{array}$$

Wir setzen $x_3 = x_4 = 0$, erhalten aus der 2. Gleichung $x_2 = 1$ und nach Einsetzen in die 1. Gleichung $x_1 = 2$, d.h. die spezielle Lösung

$$\mathfrak{x}_0 = \begin{pmatrix} 2 \\ 1 \\ 0 \\ 0 \end{pmatrix} . \quad \square$$

Nach der allgemeinen Theorie benötigen wir noch eine Basis des Lösungsraums des zugehörigen homogenen Gleichungssystems. Dieses ist aber lösungsäquivalent mit

$$\mathfrak{C}\mathfrak{x} = \mathfrak{o} \,,$$

und aus den obigen Überlegungen folgt, daß nach Wahl von $x_{s+1}, \ldots, x_q$ die Werte von $x_1, \ldots, x_s$ eindeutig bestimmt sind. Die Dimension des Lösungsraums ist also $q - s$ und wir erhalten ein l.u. System $\mathfrak{x}_1, \ldots, \mathfrak{x}_{q-s}$ von Lösungen am einfachsten durch Vorgabe von

$$\begin{array}{l} (x_{s+1}, \ldots, x_q) = (1, 0, 0, \ldots, 0) \ldots \text{ergibt } \mathfrak{x}_1 \\ (x_{s+1}, \ldots, x_q) = (0, 1, 0, \ldots, 0) \ldots \text{ergibt } \mathfrak{x}_2 \\ \vdots \\ (x_{s+1}, \ldots, x_q) = (0, 0, \ldots, 0, 1) \ldots \text{ergibt } \mathfrak{x}_{q-s} \,. \end{array}$$

Die allgemeine Lösung ist dann

$$\mathfrak{x} = \mathfrak{x}_0 + \sum_{i=1}^{q-s} \lambda_i \mathfrak{x}_i \,, \quad \lambda_i \in K \,.$$

Beispiel. $x_1 + x_2 - x_3 = 0$
$-x_2 + 2x_3 - x_4 = 0$

x_1	x_2	x_3	x_4
-1	2	1	0
1	-1	0	1

Die allgemeine Lösung im Beispiel ist also

$$\mathfrak{x} = \begin{pmatrix} 2 \\ 1 \\ 0 \\ 0 \end{pmatrix} + \lambda_1 \begin{pmatrix} -1 \\ 2 \\ 1 \\ 0 \end{pmatrix} + \lambda_2 \begin{pmatrix} 1 \\ -1 \\ 0 \\ 1 \end{pmatrix} , \quad \lambda_1, \lambda_2 \in K \,. \quad \square$$

Hinweis. Wir werden in Abschnitt 5.5 ein Verfahren kennenlernen, das es im Fall $p = q = s$ ermöglicht, die eindeutig bestimmte Lösung $\mathfrak{x}_0$ direkt als Funktion der Koeffizienten der Matrix $(\mathfrak{A}, \mathfrak{b})$ anzugeben. □

Aus unseren obigen Überlegungen ergibt sich als Dimension der Lösungshyperebene $q - s$, aus den früheren Sätzen $q -$ Rang $\mathfrak{A}$. Das heißt aber:

Satz. Formt man Zeilen und Spalten einer Matrix $\mathfrak{A} \in L_{p,q}$ durch eine (endliche) Folge der weiter oben unter 1) – 4) aufgelisteten „elementaren Zeilen- bzw. Spaltenoperationen" um, bis man eine Matrix

$$\mathfrak{C} = \begin{pmatrix} c_{11} & \cdots & \cdots & c_{1q} \\ 0 & \ddots & & \vdots \\ \vdots & \ddots & c_{ss} \cdots & c_{sq} \\ 0 & \cdots & 0 \cdots & 0 \\ \vdots & & \vdots & \vdots \\ 0 & \cdots & 0 \cdots & 0 \end{pmatrix} \quad \text{mit} \quad c_{11}, \ldots, c_{ss} \neq 0$$

erhält, so ist Rang $\mathfrak{A} = s$. □

Wir haben damit ein *systematisches Verfahren, um den Rang einer Matrix zu bestimmen.* Gleichzeitig ergibt sich auch die folgende weitere Charakterisierung von Rang $\mathfrak{A}$:

Satz. Der Rang einer Matrix $\mathfrak{A}$ ist die maximale Kardinalzahl einer l. u. Teilmenge der Zeilenvektoren von $\mathfrak{A}$ („*Zeilenrang* von $\mathfrak{A}$").

Beweis. Seien $\mathfrak{z}_1, \ldots, \mathfrak{z}_p$ die Zeilenvektoren von $\mathfrak{A} \in L_{p,q}$.

Die elementaren Zeilenoperationen 1), 3), 4) von oben lassen den von $\mathfrak{z}_1, \ldots, \mathfrak{z}_p$ aufgespannten Teilraum von K^q unverändert, sie ändern also den Zeilenrang nicht. Durch Vertauschen von Spalten ändert sich zwar der aufgespannte Teilraum, nicht aber die Maximalzahl l. u. Zeilenvektoren (es werden einfach die Koordinaten der Zeilenvektoren permutiert). Insgesamt ist also der Zeilenrang von $\mathfrak{A}$ gleich dem Zeilenrang von $\mathfrak{C}$. Seien $\mathfrak{z}_1', \ldots, \mathfrak{z}_s'$ die von $\mathfrak{o}$ verschiedenen Zeilenvektoren von $\mathfrak{C}$ und

$$\sum_{i=1}^{s} \lambda_i \mathfrak{z}_i' = \mathfrak{o} .$$

Da $\sum_{i=1}^{s} \lambda_i \mathfrak{z}_i' = (\lambda_1 c_{11}, \ldots)$ und $c_{11} \neq 0$, ist $\lambda_1 = 0$. Damit ist $\sum_{i=1}^{s} \lambda_i \mathfrak{z}_i' = (0, \lambda_2 c_{22}, \ldots)$ und wegen $c_{22} \neq 0$ auch $\lambda_2 = 0$, usw.

D. h. $$\sum_{i=1}^{s} \lambda_i \mathfrak{z}_i' = \mathfrak{o} \Rightarrow \lambda_1 = \ldots = \lambda_s = 0 ,$$

und $\mathfrak{z}_1', \ldots, \mathfrak{z}_s'$ sind l. u.

Daher ist der Zeilenrang von $\mathfrak{C}$ gleich s, was nach dem vorigen Satz gleich Rang $\mathfrak{A}$ ist. Insgesamt ist also der Zeilenrang von $\mathfrak{A}$ gleich Rang $\mathfrak{A}$ und wir sind fertig. □

Beispiel. Wie oben gezeigt führt

$$\mathfrak{A} = \begin{pmatrix} 1 & 1 & -1 & 0 \\ 2 & 1 & 0 & -1 \\ 4 & 3 & -2 & -1 \end{pmatrix} \quad \text{zu} \quad \mathfrak{C} = \begin{pmatrix} 1 & 1 & -1 & 0 \\ 0 & -1 & 2 & -1 \\ 0 & 0 & 0 & 0 \end{pmatrix} ,$$

daher ist Rang $\mathfrak{A} = 2$.

5.6 Determinanten

Wir haben reguläre $(n \times n)$-Matrizen dadurch charakterisiert, daß ihre Spaltenvektoren $\mathfrak{s}_1, \ldots, \mathfrak{s}_n \in K^n$ l. u. sind. Es wäre daher vorteilhaft, eine Funktion $D\colon \underbrace{K^n \times K^n \times \ldots \times K^n}_{n\text{-mal}} \to K$ zu ermitteln, die mit den Vektorraumoperationen „verträglich“ ist und für die gilt

$$D\langle \mathfrak{x}_1, \ldots, \mathfrak{x}_n \rangle \neq 0 \Rightarrow \mathfrak{x}_1, \ldots, \mathfrak{x}_n \text{ l. u.}$$

Definition. Sei U ein Vektorraum über K mit $\dim U = n > 0$. Eine Funktion $D\colon U^n \to K$ heißt *Determinantenfunktion*, wenn sie folgende Eigenschaften hat.

a) D ist „multilinear“, d. h. linear in allen Argumenten: Für alle $1 \leqslant i \leqslant n$, $\lambda, \mu \in K$, $\mathfrak{x}_1, \ldots, \mathfrak{x}_n, \bar{\mathfrak{x}}_i \in U$ gilt:

$$D\langle \mathfrak{x}_1, \ldots, \mathfrak{x}_{i-1}, \lambda \mathfrak{x}_i + \mu \bar{\mathfrak{x}}_i, \mathfrak{x}_{i+1}, \ldots, \mathfrak{x}_n \rangle =$$
$$\lambda D\langle \mathfrak{x}_1, \ldots, \mathfrak{x}_{i-1}, \mathfrak{x}_i, \mathfrak{x}_{i+1}, \ldots, \mathfrak{x}_n \rangle + \mu D\langle \mathfrak{x}_1, \ldots, \mathfrak{x}_{i-1}, \bar{\mathfrak{x}}_i, \mathfrak{x}_{i+1}, \ldots, \mathfrak{x}_n \rangle$$

b) Sind mindestens 2 der Vektoren $\mathfrak{x}_1, \ldots, \mathfrak{x}_n$ gleich, d. h. $\mathfrak{x}_i = \mathfrak{x}_j = \mathfrak{a}$ für ein Paar i, j mit $i \neq j$, so ist

$$D\langle \ldots, \mathfrak{a}, \ldots, \mathfrak{a}, \ldots \rangle = 0 .$$

c) Es gibt eine Basis $\{\mathfrak{x}_1, \ldots, \mathfrak{x}_n\}$ von U, so daß

$$D\langle \mathfrak{x}_1, \ldots, \mathfrak{x}_n \rangle \neq 0 . \quad \square$$

Im weiteren müssen wir klären, ob eine Funktion mit den geforderten Eigenschaften stets existiert und inwieweit sie eindeutig bestimmt ist.

Beispiel. Sei $U = \mathbb{C}^2$, $K = \mathbb{C}$; dann erfüllt

$$D\langle \mathfrak{x}_1, \mathfrak{x}_2 \rangle = D\left\langle \begin{pmatrix} x_{11} \\ x_{12} \end{pmatrix}, \begin{pmatrix} x_{21} \\ x_{22} \end{pmatrix} \right\rangle = x_{11}x_{22} - x_{12}x_{21} ,$$

aber etwa auch

$$D\langle \mathfrak{x}_1, \mathfrak{x}_2 \rangle = D\left\langle \begin{pmatrix} x_{11} \\ x_{12} \end{pmatrix}, \begin{pmatrix} x_{21} \\ x_{22} \end{pmatrix} \right\rangle = -x_{11}x_{22} + x_{12}x_{21}$$

die angegebenen Bedingungen. $\square$

Im folgenden studieren wir zunächst einige *Eigenschaften*, die sich aus der Definition *einer Determinantenfunktion* ergeben:

1) „*Schiefsymmetrie*" (oder „D ist *alternierend*"):

$$D\langle \ldots, \mathfrak{a}, \ldots, \mathfrak{b}, \ldots \rangle = -D\langle \ldots, \mathfrak{b}, \ldots, \mathfrak{a}, \ldots \rangle ,$$

d. h. bei Vertauschung zweier Argumente ändert sich das Vorzeichen.

Beweis. Wegen Eigenschaft a) und b) von D gilt

$$\begin{aligned} 0 &= D\langle \ldots, \mathfrak{a}+\mathfrak{b}, \ldots, \mathfrak{a}+\mathfrak{b}, \ldots \rangle \\ &= D\langle \ldots, \mathfrak{a}, \ldots, \mathfrak{a}+\mathfrak{b}, \ldots \rangle + D\langle \ldots, \mathfrak{b}, \ldots, \mathfrak{a}+\mathfrak{b}, \ldots \rangle \\ &= D\langle \ldots, \mathfrak{a}, \ldots, \mathfrak{a}, \ldots \rangle + D\langle \ldots, \mathfrak{a}, \ldots, \mathfrak{b}, \ldots \rangle \\ &\quad + D\langle \ldots, \mathfrak{b}, \ldots, \mathfrak{a}, \ldots \rangle + D\langle \ldots, \mathfrak{b}, \ldots, \mathfrak{b}, \ldots \rangle \\ &= D\langle \ldots, \mathfrak{a}, \ldots, \mathfrak{b}, \ldots \rangle + D\langle \ldots, \mathfrak{b}, \ldots, \mathfrak{a}, \ldots \rangle , \end{aligned}$$

woraus das Gewünschte sofort folgt.

Achtung: Aus der Schiefsymmetrie folgt nicht für jeden Körper K die Eigenschaft b) einer Determinantenfunktion:

Setzen wir $\mathfrak{a} = \mathfrak{b}$, so erhalten wir

$$D\langle \ldots, \mathfrak{a}, \ldots, \mathfrak{a}, \ldots \rangle + D\langle \ldots, \mathfrak{a}, \ldots, \mathfrak{a}, \ldots \rangle = 0 .$$

Die Gleichung $x + x = 0$ hat aber über einem Körper K der Charakteristik 2 (z. B. $\mathbb{Z}_2$) stets eine nichttriviale Lösung, nämlich $x = 1$. Ist $\operatorname{char} K \neq 2$, d. h. $2 = 1 + 1 \neq 0$ in K, so folgt aus $x + x = 2x = 0$ tatsächlich $x = 0$.

Die Körper $\mathbb{Z}_p$, p eine Primzahl größer als 2, $\mathbb{Q}$, $\mathbb{R}$, $\mathbb{C}$ haben nicht Charakteristik 2; für Vektorräume über diesen Körpern kann daher Eigenschaft b) gegen Eigenschaft 1) ausgetauscht werden.

2) Sei $\{\mathfrak{a}_1, \ldots, \mathfrak{a}_n\}$ Basis von U, $\mathfrak{b}_1, \ldots, \mathfrak{b}_n \in U$. Dann gibt es eine Darstellung

$$\mathfrak{b}_i = \sum_{j=1}^{n} \alpha_{ji} \mathfrak{a}_j \,, \quad \text{für alle} \quad 1 \leqslant i \leqslant n$$

und wir erhalten wegen der Multilinearität

$$D\langle \mathfrak{b}_1, \ldots, \mathfrak{b}_n \rangle = \sum_{j_1=1}^{n} \ldots \sum_{j_n=1}^{n} \alpha_{j_1 1} \ldots \alpha_{j_n n} D\langle \mathfrak{a}_{j_1}, \ldots, \mathfrak{a}_{j_n} \rangle \,.$$

Wegen Eigenschaft $b)$ ist $D\langle \mathfrak{a}_{j_1}, \ldots, \mathfrak{a}_{j_n} \rangle$ stets 0, wenn mindestens 2 Argumente gleich sind, d. h. $D\langle \mathfrak{a}_{j_1}, \ldots, \mathfrak{a}_{j_n} \rangle$ kann nur dann einen Beitrag $\neq 0$ liefern, wenn $\langle j_1, \ldots, j_n \rangle$ eine Permutation von $\{1, \ldots, n\}$ ist. Wir können daher auch schreiben

$$D\langle \mathfrak{b}_1, \ldots, \mathfrak{b}_n \rangle = \sum_{\pi \in \mathfrak{S}_n} \alpha_{\pi(1),1} \ldots \alpha_{\pi(n),n} \cdot D\langle \mathfrak{a}_{\pi(1)}, \ldots, \mathfrak{a}_{\pi(n)} \rangle \,.$$

Durch sukzessives Vertauschen von jeweils 2 Elementen gelangt man von $\langle \mathfrak{a}_1, \ldots, \mathfrak{a}_n \rangle$ in endlich vielen Schritten zu $\langle \mathfrak{a}_{\pi(1)}, \ldots, \mathfrak{a}_{\pi(n)} \rangle$: man denke sich dazu die Permutation π einfach als Produkt von Transpositionen dargestellt (vgl. Kapitel 4). Da bei jeder Vertauschung die Funktion D das Vorzeichen ändert, ergibt sich ingesamt

$$D\langle \mathfrak{a}_{\pi(1)}, \ldots, \mathfrak{a}_{\pi(n)} \rangle = \operatorname{sgn} \pi \cdot D\langle \mathfrak{a}_1, \ldots, \mathfrak{a}_n \rangle \,,$$

und wir erhalten

$$D\langle \mathfrak{b}_1, \ldots, \mathfrak{b}_n \rangle = \left(\sum_{\pi \in \mathfrak{S}_n} (\operatorname{sgn} \pi)\, \alpha_{\pi(1),1} \ldots \alpha_{\pi(n),n} \right) \cdot D\langle \mathfrak{a}_1, \ldots, \mathfrak{a}_n \rangle \,.$$

Wegen Eigenschaft c) muß dabei sicherlich $D\langle \mathfrak{a}_1, \ldots, \mathfrak{a}_n \rangle \neq 0$ sein, da sonst $D\langle \mathfrak{b}_1, \ldots, \mathfrak{b}_n \rangle = 0$ für alle Vektoren $\mathfrak{b}_1, \ldots, \mathfrak{b}_n$ gelten würde.

Tatsächlich sind alle derartigen Funktionen Determinantenfunktionen:

Satz. Sei $\{\mathfrak{a}_1, \ldots, \mathfrak{a}_n\}$ Basis von U, $\mathfrak{b}_1, \ldots, \mathfrak{b}_n \in U$ mit

$$\mathfrak{b}_i = \sum_{j=1}^{n} \alpha_{ji} \mathfrak{a}_j \,, \quad 1 \leqslant i \leqslant n \,.$$

Dann ist jede Determinantenfunktion $D\colon U^n \to K$ von der Gestalt

$$(*) \qquad D\langle \mathfrak{b}_1, \ldots, \mathfrak{b}_n \rangle = c \cdot \sum_{\pi \in \mathfrak{S}_n} (\operatorname{sgn} \pi)\, \alpha_{\pi(1),1} \ldots \alpha_{\pi(n),n}$$

mit $c \in K - \{0\}$ $(c = D\langle \mathfrak{a}_1, \ldots, \mathfrak{a}_n \rangle)$ und umgekehrt jede durch $(*)$ definierte Funktion eine Determinantenfunktion.

Beweis. Wir müssen nur noch zeigen, daß $(*)$ eine Determinantenfunktion definiert:

a) Multilinearität: Sei $\mathfrak{b}_i' = \sum_{j=1}^{n} \alpha_{ji}' \mathfrak{a}_j$,

$$D\langle \ldots, \lambda \mathfrak{b}_i + \mu \mathfrak{b}_i', \ldots \rangle =$$

$$= c \cdot \sum_{\pi \in \mathfrak{S}_n} (\operatorname{sgn} \pi) \alpha_{\pi(1),1} \ldots \alpha_{\pi(i-1),i-1} (\lambda \alpha_{\pi(i),i} + \mu \alpha_{\pi(i),i}') \alpha_{\pi(i+1),i+1} \ldots \alpha_{\pi(n),n}$$

$$= \lambda c \sum_{\pi \in \mathfrak{S}_n} (\operatorname{sgn} \pi) \alpha_{\pi(1),1} \ldots \alpha_{\pi(i),i} \ldots \alpha_{\pi(n),n}$$

$$+ \mu c \sum_{\pi \in \mathfrak{S}_n} (\operatorname{sgn} \pi) \alpha_{\pi(1),1} \ldots \alpha_{\pi(i),i}' \ldots \alpha_{\pi(n),n}$$

$$= \lambda D\langle \ldots, \mathfrak{b}_i, \ldots \rangle + \mu D\langle \ldots, \mathfrak{b}_i', \ldots \rangle .$$

b) Sei $\mathfrak{b}_i = \mathfrak{b}_j = \mathfrak{b}$ für ein Paar i,j mit $i \neq j$. Jede Permutation $\pi \in \mathfrak{S}_n$ liegt nun entweder in $\mathfrak{A}_n$ (d. h. π ist gerade), oder sie läßt sich schreiben in der Form $\pi = (ij) \circ \varrho$ mit einer eindeutig bestimmten Permutation $\varrho \in \mathfrak{A}_n$: wir wissen aus Kapitel 4, daß für $\varrho \in \mathfrak{A}_n$, $(ij) \circ \varrho \in \mathfrak{S}_n - \mathfrak{A}_n$ ist.

Ist umgekehrt $\pi \in \mathfrak{S}_n - \mathfrak{A}_n$, so ist $\varrho = (ij) \circ \pi \in \mathfrak{A}_n$ und es gilt $(ij) \circ \varrho = (ij) \circ (ij) \circ \pi = \pi$ (ϱ ist also zu π eindeutig bestimmt).

Damit haben wir aber

$$D\langle \ldots, \mathfrak{b}, \ldots, \mathfrak{b}, \ldots \rangle = c \cdot \sum_{\varrho \in \mathfrak{A}_n} (\operatorname{sgn} \varrho) \ldots \alpha_{\varrho(i),i} \ldots \alpha_{\varrho(j),j} \ldots$$
$$+ c \cdot \sum_{\varrho \in \mathfrak{A}_n} (\operatorname{sgn}((ij) \circ \varrho)) \ldots \alpha_{\varrho(j),i} \ldots \alpha_{\varrho(i),j} \ldots$$

und da $\operatorname{sgn}((ij) \circ \varrho) = -\operatorname{sgn} \varrho$, $\alpha_{\varrho(i),i} = \alpha_{\varrho(i),j}$, $\alpha_{\varrho(j),i} = \alpha_{\varrho(j),j}$, sind die beiden Summen entgegengesetzt gleich, d. h. $D\langle \ldots, \mathfrak{b}, \ldots, \mathfrak{b}, \ldots \rangle = 0$.

c) Wir haben $D\langle \mathfrak{a}_1, \ldots, \mathfrak{a}_n \rangle = c \neq 0$ und $\{\mathfrak{a}_1, \ldots, \mathfrak{a}_n\}$ ist eine Basis von U. □

Beispiel. Ist $U = K^n$, $\{\mathfrak{a}_1, \ldots, \mathfrak{a}_n\} = \{\mathfrak{e}_1, \ldots, \mathfrak{e}_n\}$ die kanonische Basis und setzen wir $D\langle \mathfrak{e}_1, \ldots, \mathfrak{e}_n \rangle = 1$, so erhalten wir eine besonders einfache Determinantenfunktion.

$$D \left\langle \begin{pmatrix} \alpha_{11} \\ \vdots \\ \alpha_{n1} \end{pmatrix}, \ldots, \begin{pmatrix} \alpha_{1n} \\ \vdots \\ \alpha_{nn} \end{pmatrix} \right\rangle = \sum_{\pi \in \mathfrak{S}_n} (\operatorname{sgn} \pi) \alpha_{\pi(1),1} \ldots \alpha_{\pi(n),n} . \quad \square$$

Weitere allgemeine Eigenschaften der Determinantenfunktion sind:

3) Ist $\{\mathfrak{x}_1, \ldots, \mathfrak{x}_n\}$ l. u., so ist $D\langle \mathfrak{x}_1, \ldots, \mathfrak{x}_n \rangle \neq 0$:

Wählen wir in 2) $\{\mathfrak{a}_1, \ldots, \mathfrak{a}_n\} = \{\mathfrak{x}_1, \ldots, \mathfrak{x}_n\}$, so ergibt sich aus unseren obigen Überlegungen sofort das Gewünschte.

4) Ist $\{\mathfrak{x}_1, \ldots, \mathfrak{x}_n\}$ l. a., so ist $D\langle \mathfrak{x}_1, \ldots, \mathfrak{x}_n \rangle = 0$:

Ist $n = 1$ und $\{\mathfrak{x}_1\}$ l. a., so muß $\mathfrak{x}_1 = \mathfrak{o}$ sein. Es ist aber $D\langle \mathfrak{o} \rangle = D\langle 0 \cdot \mathfrak{o} \rangle = 0 \cdot D\langle \mathfrak{o} \rangle = 0$.

Ist $n \geqslant 2$, so läßt sich mindestens einer der Vektoren als Linearkombination der anderen darstellen; o. B. d. A.:

$$x_n = \sum_{i=1}^{n-1} \lambda_i \mathfrak{x}_i .$$

Dann ist

$$D\left\langle \mathfrak{x}_1, \ldots, \mathfrak{x}_{n-1}, \sum_{i=1}^{n-1} \lambda_i \mathfrak{x}_i \right\rangle = \sum_{i=1}^{n-1} \lambda_i D\langle \ldots, \mathfrak{x}_i, \ldots, \mathfrak{x}_i\rangle = 0 .$$

Die Determinantenfunktion liefert also das gewünschte Kriterium zur Untersuchung der Frage, ob $\mathfrak{x}_1, \ldots, \mathfrak{x}_n$ l. u. in U mit $\dim U = n$ sind.

Das oben angegebene Beispiel einer besonders einfachen Determinantenfunktion für $U = K^n$ führt zur

Definition. Sei $\mathfrak{A} = (\alpha_{ij})$ eine $n \times n$ Matrix mit Koeffizienten aus K. Dann ist die *Determinante von* $\mathfrak{A}$ (symb. $\det \mathfrak{A}$, $\operatorname{Det} \mathfrak{A}$, $D(\mathfrak{A})$) definiert durch

$$\det \mathfrak{A} = \sum_{\pi \in \mathfrak{S}_n} (\operatorname{sgn} \pi)\, \alpha_{\pi(1),1} \ldots \alpha_{\pi(n),n} .$$

Man verwendet die Schreibweise

$$\det \begin{pmatrix} \alpha_{11} \ldots \alpha_{1n} \\ \vdots \quad\quad \vdots \\ \alpha_{n1} \ldots \alpha_{nn} \end{pmatrix} \quad \text{bzw.} \quad \begin{vmatrix} \alpha_{11} \ldots \alpha_{1n} \\ \vdots \quad\quad \vdots \\ \alpha_{n1} \ldots \alpha_{nn} \end{vmatrix} \quad \square$$

Bemerkung. Bezeichnen wir mit $\mathfrak{s}_1, \ldots, \mathfrak{s}_n$ die Spaltenvektoren von $\mathfrak{A}$, so ist also $\det \mathfrak{A} = D\langle \mathfrak{s}_1, \ldots, \mathfrak{s}_n\rangle$ für die durch $D\langle \mathfrak{e}_1, \ldots, \mathfrak{e}_n\rangle = 1$ eindeutig festgelegte Determinantenfunktion $D\colon (K^n)^n \to K$.

Dies ist ein Spezialfall des folgenden Zusammenhangs, der sich aus der Definition von $\det \mathfrak{A}$ und den früheren Überlegungen ergibt:

Sei $\mathfrak{A} = (\alpha_{ij})$ die Matrix zu $A\colon U \to U$ bezüglich der geordneten Basis $\langle \mathfrak{a}_1, \ldots, \mathfrak{a}_n\rangle$, d. h. $A(\mathfrak{a}_j) = \sum_{i=1}^{n} \alpha_{ij}\, \mathfrak{a}_i$ und $D\colon U^n \to K$ eine beliebige Determinantenfunktion.

Dann ist

$$\det \mathfrak{A} = \frac{D\langle A(\mathfrak{a}_1), \ldots, A(\mathfrak{a}_n)\rangle}{D\langle \mathfrak{a}_1, \ldots, \mathfrak{a}_n\rangle} . \quad \square$$

Die Formel in der Definition von $\det \mathfrak{A}$ ergibt für die *Spezialfälle $n = 1, 2$ bzw. 3:*

$n = 1$: $\det(\alpha_{11}) = \alpha_{11}$

$n = 2$: $\det \begin{pmatrix} \alpha_{11} & \alpha_{12} \\ \alpha_{21} & \alpha_{22} \end{pmatrix} = \alpha_{11}\alpha_{22} - \alpha_{21}\alpha_{12}$

$$n = 3: \quad \det \begin{pmatrix} \alpha_{11} & \alpha_{12} & \alpha_{13} \\ \alpha_{21} & \alpha_{22} & \alpha_{23} \\ \alpha_{31} & \alpha_{32} & \alpha_{33} \end{pmatrix} = \begin{array}{l} \alpha_{11}\alpha_{22}\alpha_{33} - \alpha_{11}\alpha_{32}\alpha_{23} \\ -\alpha_{21}\alpha_{12}\alpha_{33} + \alpha_{21}\alpha_{32}\alpha_{13} \\ +\alpha_{31}\alpha_{12}\alpha_{23} - \alpha_{31}\alpha_{22}\alpha_{13} \quad . \end{array}$$

Dieser schon ziemlich unübersichtliche Ausdruck läßt sich jedoch nach Umordnung auch gewinnen, indem im unten eingezeichneten Schema die Diagonalprodukte längs der durchgezeichneten Diagonalen mit positivem, die längs der strichlierten Diagonalen mit negativem Vorzeichen summiert werden:

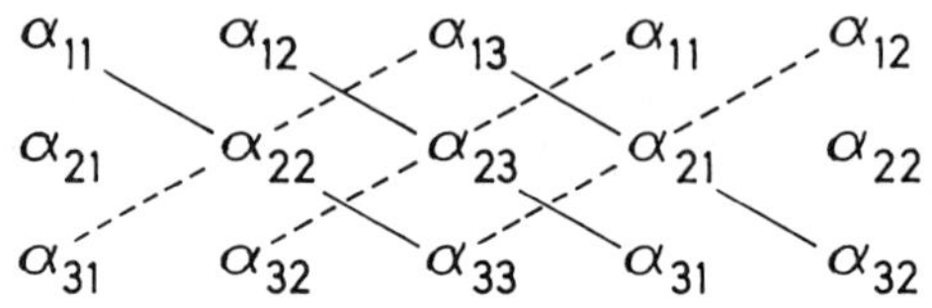

Abb. 38

(Regel von SARRUS)

Achtung: dieses Verfahren darf nicht direkt auf 4×4-Matrizen übertragen werden.

Die Funktion det: $L_{n,n}(K) \to K$ ist ein Homomorphismus der multiplikativen Halbgruppe $\langle L_{n,n}(K), \cdot \rangle$:

Satz (Multiplikationssatz für Determinanten).

$$\mathfrak{A}, \mathfrak{B} \in L_{n,n}(K) \Rightarrow \det(\mathfrak{A} \cdot \mathfrak{B}) = \det \mathfrak{A} \cdot \det \mathfrak{B} \quad .$$

Beweis. Sei $\langle \mathfrak{x}_1, \ldots, \mathfrak{x}_n \rangle$ geordnete Basis des Vektorraumes U über K, $A, B \colon U \to U$ die linearen Abbildungen mit Matrix $\mathfrak{A}$ bzw. $\mathfrak{B}$ bezüglich $\langle \mathfrak{x}_1, \ldots, \mathfrak{x}_n \rangle$. Dann ist $\mathfrak{A} \cdot \mathfrak{B}$ die Matrix zu $A \circ B$ und wir haben für jede Determinantenfunktion $D \colon U^n \to K$:

$$\det(\mathfrak{A} \cdot \mathfrak{B}) = \frac{D\langle (A \circ B)(\mathfrak{x}_1), \ldots, (A \circ B)(\mathfrak{x}_n) \rangle}{D\langle \mathfrak{x}_1, \ldots, \mathfrak{x}_n \rangle} \quad .$$

Sei nun $\mathfrak{B} = (\beta_{i,j})$, d. h. $B(\mathfrak{x}_j) = \sum_{i_j=1}^{n} \beta_{i_j j} \mathfrak{x}_{i_j} \quad (1 \leqslant j \leqslant n)$.

Dann ist

$$D\langle (A \circ B)(\mathfrak{x}_1), \ldots, (A \circ B)(\mathfrak{x}_n) \rangle$$

$$= D \left\langle \sum_{i_1=1}^{n} \beta_{i_1 1} A(\mathfrak{x}_{i_1}), \ldots, \sum_{i_n=1}^{n} \beta_{i_n n} A(\mathfrak{x}_{i_n}) \right\rangle$$

und, wie im Beweis der Eigenschaft 2) einer Derminantenfunktion, ergibt sich aus dem letzten Ausdruck

$$\sum_{\pi \in \mathfrak{S}_n} (\operatorname{sgn} \pi) \cdot \beta_{\pi(1),1} \dots \beta_{\pi(n),n} \cdot D\langle A(\mathfrak{x}_1), \dots, A(\mathfrak{x}_n)\rangle$$
$$= \det \mathfrak{B} \cdot D\langle A(\mathfrak{x}_1), \dots, A(\mathfrak{x}_n)\rangle \;.$$

Damit ist aber

$$\det(\mathfrak{A} \cdot \mathfrak{B}) = \det \mathfrak{B} \,\frac{D\langle A(\mathfrak{x}_1), \dots, A(\mathfrak{x}_n)\rangle}{D\langle \mathfrak{x}_1, \dots, \mathfrak{x}_n\rangle} = \det \mathfrak{B} \cdot \det \mathfrak{A} \;. \quad \square$$

Folgerung. $\mathfrak{A} \in L_{n,n}(K)$ ist regulär genau dann, wenn $\det \mathfrak{A} \neq 0$ ist. Es gilt dann

$$\det(\mathfrak{A}^{-1}) = (\det \mathfrak{A})^{-1} \;.$$

Beweis. Nach dem letzten Satz in 5.4 ist $\mathfrak{A}$ regulär genau dann, wenn die Spaltenvektoren $\mathfrak{s}_1, \dots, \mathfrak{s}_n$ l. u. sind, d. h. wenn $D\langle \mathfrak{s}_1, \dots, \mathfrak{s}_n\rangle \neq 0$ für eine Determinantenfunktion D.

Wählen wir $D\colon (K^n)^n \to K$ mit $D\langle \mathfrak{e}_1, \dots, \mathfrak{e}_n\rangle = 1$, so ist aber $\det \mathfrak{A} = D\langle \mathfrak{s}_1, \dots, \mathfrak{s}_n\rangle$ und der 1. Teil ist bewiesen.

Der 2. Teil der Aussage des Satzes ergibt sich unmittelbar aus

$$\det \mathfrak{A} \cdot \det(\mathfrak{A}^{-1}) = \det(\mathfrak{A} \cdot \mathfrak{A}^{-1}) = \det \mathfrak{E}_n = 1$$

für die $n \times n$-Einheitsmatrix $\mathfrak{E}_n = (\delta_{ij})$. $\square$

Beispiele. 1) Für $\mathfrak{A} = \begin{pmatrix} 1 & 1 \\ 1 & 1 \end{pmatrix}$ ist $\det \mathfrak{A} = 0$, d. h. $\mathfrak{A}$ ist singulär.
2) Für $\mathfrak{A} = \begin{pmatrix} 2 & 1 \\ 1 & 2 \end{pmatrix}$ ist $\det \mathfrak{A} = 3$, d. h. $\mathfrak{A}$ ist regulär. $\square$

Für viele Anwendungen ist die folgende Begriffsbildung vorteilhaft.

Definition. Sei $\mathfrak{A} = (\alpha_{ij}) \in L_{p,q}(K)$. Dann ist die *Transponierte von* $\mathfrak{A}$ (symb. $\mathfrak{A}'$, $\mathfrak{A}^T$, $\mathfrak{A}^t$, ${}^t\mathfrak{A}, \dots$) die Matrix $\mathfrak{A}^T = (\beta_{ij}) \in L_{q,p}(K)$ mit $\beta_{ij} = \alpha_{ji}$.

Bemerkung. $\mathfrak{A}^T$ entsteht aus $\mathfrak{A}$ durch Vertauschen der Zeilen mit den Spalten, bzw. durch „Spiegelung an der Hauptdiagonale", z. B.:

$$\mathfrak{A} = \begin{pmatrix} 1 & 2 \\ 3 & 4 \\ 5 & 6 \end{pmatrix} \Rightarrow \mathfrak{A}^T = \begin{pmatrix} 1 & 3 & 5 \\ 2 & 4 & 6 \end{pmatrix} .$$

Satz. $\mathfrak{A} \in L_{n,n}(K) \Rightarrow \det \mathfrak{A}^T = \det \mathfrak{A}$.

Beweis. Sei $\mathfrak{A} = (\alpha_{ij})$, $\mathfrak{A}^T = (\beta_{ij})$, d. h. $\beta_{ij} = \alpha_{ji}$. Dann ist

$$\det \mathfrak{A}^T = \sum_{\pi \in \mathfrak{S}_n} (\operatorname{sgn} \pi) \prod_{i=1}^{n} \beta_{\pi(i),i}$$

$$= \sum_{\pi \in \mathfrak{S}_n} (\operatorname{sgn} \pi) \prod_{i=1}^{n} \alpha_{i,\pi(i)} \;.$$

Sei π^{-1} die inverse Permutation zu π. Wir haben dann

$$\prod_{i=1}^{n} \alpha_{i,\pi(i)} = \prod_{i=1}^{n} \alpha_{\pi^{-1}(i),\,\pi(\pi^{-1}(i))} = \prod_{i=1}^{n} \alpha_{\pi^{-1}(i),i} \,.$$

Weiters ist wegen $\operatorname{sgn}\pi \cdot \operatorname{sgn}\pi^{-1} = \operatorname{sgn}(\pi \circ \pi^{-1}) = \operatorname{sgn}\mathrm{id} = 1$

$$\operatorname{sgn}\pi^{-1} = \operatorname{sgn}\pi$$

und wir erhalten

$$\det \mathfrak{A}^T = \sum_{\pi \in \mathfrak{S}_n} (\operatorname{sgn}\pi^{-1}) \prod_{i=1}^{n} a_{\pi^{-1}(i),i} \,.$$

Da mit π auch π^{-1} die Menge $\mathfrak{S}_n$ durchläuft ($\pi \neq \varrho \Rightarrow \pi^{-1} \neq \varrho^{-1}$!), ist der letzte Ausdruck aber $\det \mathfrak{A}$. □

Für spätere Anwendungen halten wir noch die folgende Formel fest, die sich unmittelbar aus den Definitionen ergibt.

Satz. $\mathfrak{A} \in L_{p,q}(K)$, $\mathfrak{B} \in L_{q,r}(K) \Rightarrow (\mathfrak{A}\mathfrak{B})^T = \mathfrak{B}^T \mathfrak{A}^T$. □

Der folgende Satz ist für die praktische Berechnung von $\det \mathfrak{A}$ von großer Bedeutung:

Satz. Sei $\mathfrak{A} \in L_{n,n}(K)$. dann gilt:

1) Entsteht $\mathfrak{B}$ aus $\mathfrak{A}$, indem man ein Vielfaches eines Zeilenvektors (Spaltenvektors) zu einem anderen Zeilenvektor (Spaltenvektor) addiert, so ist $\det \mathfrak{B} = \det \mathfrak{A}$.

2) Entsteht $\mathfrak{B}$ aus $\mathfrak{A}$ durch Vertauschen von 2 Zeilen (Spalten), so ist $\det \mathfrak{B} = -\det \mathfrak{A}$.

3) Entsteht $\mathfrak{B}$ aus $\mathfrak{A}$, indem alle Elemente einer *festen* Zeile (Spalte) mit $\lambda \in K$ multipliziert werden, so ist $\det \mathfrak{B} = \lambda \cdot \det \mathfrak{A}$.

Beweis. Wegen $\det \mathfrak{A} = \det \mathfrak{A}^T$ genügt es, alle Aussagen für Spaltenvektoren zu beweisen. Nun ist aber

$$\det \mathfrak{A} = D\langle \mathfrak{s}_1, \ldots, \mathfrak{s}_n \rangle$$

für eine spezielle Determinantenfunktion $D\colon (K^n)^n \to K$, und es gilt:

$$
\begin{aligned}
1)\ & D\langle \ldots, \mathfrak{s}_i + \lambda \mathfrak{s}_j, \ldots, \mathfrak{s}_j, \ldots \rangle \\
&= D\langle \ldots, \mathfrak{s}_i, \ldots, \mathfrak{s}_j, \ldots \rangle + \lambda D\langle \ldots, \mathfrak{s}_j, \ldots, \mathfrak{s}_j, \ldots \rangle \\
&= D\langle \ldots, \mathfrak{s}_i, \ldots, \mathfrak{s}_j, \ldots \rangle
\end{aligned}
$$

$$2)\ D\langle \ldots, \mathfrak{s}_i, \ldots, \mathfrak{s}_j, \ldots \rangle = -D\langle \ldots, \mathfrak{s}_j, \ldots, \mathfrak{s}_i, \ldots \rangle$$

$$3)\ D\langle \ldots, \lambda \mathfrak{s}_i, \ldots \rangle = \lambda D\langle \ldots, \mathfrak{s}_i, \ldots \rangle \ . \ \square$$

Der letzte Satz eröffnet *eine Möglichkeit*, $\det \mathfrak{A}$ *auf einfachere Art zu berechnen* als durch Auswertung der Summe in der Definition (mit $n!$ Summanden!): Wir wissen aus der Diskussion des Gaußschen Eliminationsverfahrens, daß die Matrix $\mathfrak{A} = (\alpha_{ij}) \in L_{n,n}(K)$ mit Hilfe der im Satz beschriebenen Operationen in endlich vielen Schritten auf die Gestalt

$$\mathfrak{C} = \begin{pmatrix} c_{11} & \dots & c_{1n} \\ 0 & \ddots & \vdots \\ \vdots & \ddots\; c_{ss} & \dots\; c_{sn} \\ & 0 & \dots\; 0 \\ \vdots & \vdots & \vdots \\ 0 & \dots\; 0 & \dots\; 0 \end{pmatrix} \quad \text{mit} \quad c_{11}, \dots, c_{ss} \neq 0$$

gebracht werden kann. Dabei hat der Wert der Determinante genau so oft das Vorzeichen geändert, wie Zeilen bzw. Spalten paarweise miteinander vertauscht wurden.

Fall $s < n$: Dann ist $\det \mathfrak{C} = 0$, da $\mathfrak{C}$ mindestens eine Zeile aus lauter Nullen besitzt:

$$\begin{aligned} \det \mathfrak{C} &= \det \mathfrak{C}^T = D\langle \mathfrak{s}_1, \dots, \mathfrak{s}_{n-1}, \mathfrak{o}\rangle = D\langle \mathfrak{s}_1, \dots, \mathfrak{s}_{n-1}, 0 \cdot \mathfrak{o}\rangle \\ &= 0 \cdot D\langle \mathfrak{s}_1, \dots, \mathfrak{s}_{n-1}, \mathfrak{o}\rangle = 0 \ . \end{aligned}$$

Fall $s = n$: Durch wiederholte Anwendung von Operation 1) erhält man aus $\mathfrak{C}$ die Matrix

$$\tilde{\mathfrak{C}} = \begin{pmatrix} c_{11} & & 0 \\ & \ddots & \\ 0 & & c_{nn} \end{pmatrix} \quad \text{mit} \quad \det \tilde{\mathfrak{C}} = \det \mathfrak{C} \ ,$$

$$\text{und } \det \tilde{\mathfrak{C}} = \det (c_{ii} \cdot \delta_{ij}) = \sum_{\pi \in \mathfrak{S}_n} (\operatorname{sgn} \pi) \prod_{i=1}^{n} c_{ii}\, \delta_{\pi(i),i} = \prod_{i=1}^{n} c_{ii} \ .$$

Das eben beschriebene Verfahren ist für die algorithmische Berechnung von $\det \mathfrak{A}$ gut geeignet. Wir wollen jedoch auch ein Verfahren finden, das es gestattet, die Berechnung von $\det \mathfrak{A}$, $\mathfrak{A} \in L_{n,n}(K)$, auf die Berechnung der Determinante von Matrizen aus $L_{n-1,n-1}(K)$ zurückzuführen.

Definition. Sei $\mathfrak{A} = (\alpha_{ij}) \in L_{n,n}(K)$. Dann versteht man unter dem *algebraischen Komplement* A_{ij} *des Elements* α_{ij} den Ausdruck

$$A_{i,j} = A_{i,j}(\mathfrak{A}) = \det \begin{pmatrix} \alpha_{11} & \dots & \alpha_{1,j-1} & 0 & \alpha_{1,j+1} & \dots & \alpha_{1,n} \\ \vdots & & \vdots & \vdots & \vdots & & \vdots \\ \alpha_{i-1,1} & \dots & \alpha_{i-1,j-1} & 0 & \alpha_{i-1,j+1} & \dots & \alpha_{i-1,n} \\ 0 & \dots & 0 & 1 & 0 & \dots & 0 \\ \alpha_{i+1,1} & \dots & \alpha_{i+1,j-1} & 0 & \alpha_{i+1,j+1} & \dots & \alpha_{i+1,n} \\ \vdots & & \vdots & \vdots & \vdots & & \vdots \\ \alpha_{n,1} & \dots & \alpha_{n,j-1} & 0 & \alpha_{n,j+1} & \dots & \alpha_{n,n} \end{pmatrix} . \quad \square$$

Vertauscht man die j-te Spalte schrittweise mit ihren $j-1$ Vorgängern und ebenso die i-te Zeile mit ihren $i-1$ Vorgängern, so ändert sich der Wert von $A_{i,j}$ um $(-1)^{(j-1)+(i-1)} = (-1)^{i+j}$, d.h.

$$A_{i,j} = (-1)^{i+j} \cdot \det \begin{pmatrix} 1 & 0 & \cdots & \cdots & \cdots & 0 \\ 0 & \alpha_{11} & \cdots \alpha_{1,j-1} & \alpha_{1,j+1} & \cdots & \alpha_{1,n} \\ \vdots & \vdots & \vdots & \vdots & & \\ \vdots & \alpha_{i-1,1} & \cdots \alpha_{i-1,j-1} & \alpha_{i-1,j+1} & \cdots & \alpha_{i-1,n} \\ \vdots & \alpha_{i+1,1} & \cdots \alpha_{i+1,j-1} & \alpha_{i+1,j+1} & \cdots & \alpha_{i+1,n} \\ \vdots & \vdots & \vdots & \vdots & & \vdots \\ 0 & \alpha_{n,1} & \cdots \alpha_{n,j-1} & \alpha_{n,j+1} & \cdots & \alpha_{n,n} \end{pmatrix} .$$

Bezeichnen wir die Elemente der letzten Matrix mit β_{ij}, so ist wegen $\beta_{\pi(1),1} = \delta_{\pi(1),1}$

$$\sum_{\pi \in \mathfrak{S}_n} (\operatorname{sgn} \pi) \prod_{i=1}^{n} \beta_{\pi(i),i} = \sum_{\substack{\pi \in \mathfrak{S}_n \\ \pi(1)=1}} \operatorname{sgn} \pi \prod_{i=2}^{n} \beta_{\pi(i),i}$$

$$= \sum_{\varrho \in \mathfrak{S}(\{2,\ldots,n\})} \operatorname{sgn} \varrho \cdot \prod_{i=2}^{n} \beta_{\varrho(i),i}$$

(Man beachte, daß $\operatorname{sgn}\langle 1, j_2, \ldots, j_n\rangle = \operatorname{sgn}\langle j_2, \ldots, j_n\rangle$.)

Der letzte Ausdruck ist aber gerade die Determinante der Matrix, die aus $\mathfrak{A}$ durch Streichen der i-ten Zeile und der j-ten Spalte hervorgeht.

Definition. Sei $\mathfrak{A} \in L_{n,n}(K)$ und $1 \leq i_1 < i_2 < \ldots < i_r \leq n$ sowie $1 \leq j_1 < j_2 < \ldots < j_r \leq n$. Dann verstehen wir unter der „*Unterdeterminante*“ $D_{i_1,\ldots,i_r;j_1,\ldots,j_r}(\mathfrak{A})$ die Determinante der Matrix, die aus $\mathfrak{A}$ durch Streichen der r Zeilen $i_1, \ldots, i_r$ und der r Spalten $j_1, \ldots, j_r$ hervorgeht. □

Unser Resultat von oben lautet dann:

$$A_{i,j} = (-1)^{i+j} \cdot D_{i;j} .$$

Wir wollen nun zeigen, daß man die Berechnung von $\det \mathfrak{A}$ auf die Berechnung der Unterdeterminanten $D_{i;j}(\mathfrak{A})$ zurückführen kann. Wir wissen bereits, daß

$$\det \mathfrak{A} = D\langle \mathfrak{s}_1, \ldots, \mathfrak{s}_n\rangle$$

für eine geeignete Determinantenfunktion $D\colon (K^n)^n \to K$, wobei $\mathfrak{s}_i$ die Spaltenvektoren von $\mathfrak{A}$ bezeichnet. Weiters ist sicher

$$D\langle \mathfrak{s}_1, \ldots, \mathfrak{s}_{j-1}, \mathfrak{s}_k, \mathfrak{s}_{j+1}, \ldots, \mathfrak{s}_n\rangle = 0 \quad \text{für} \quad j \neq k$$

(da $\mathfrak{s}_k$ zweimal auftritt). Insgesamt also:

$$D\langle \mathfrak{s}_1, \ldots, \mathfrak{s}_{j-1}, \mathfrak{s}_k, \mathfrak{s}_{j+1}, \ldots, \mathfrak{s}_n\rangle = \delta_{j,k} \cdot \det \mathfrak{A} .$$

Sei nun $\mathfrak{A} = (\alpha_{i,j})$, d.h. $\mathfrak{s}_k = \sum_{i=1}^{n} \alpha_{i,k}\mathfrak{e}_i$. Dann haben wir

$$\delta_{j,k} \cdot \det \mathfrak{A} = D\ \langle \mathfrak{s}_1, \ldots, \mathfrak{s}_{j-1}, \sum_{i=1}^{n} \alpha_{i,k}\mathfrak{e}_i, \mathfrak{s}_{j+1}, \ldots, \mathfrak{s}_n\rangle$$

$$= \sum_{i=1}^{n} \alpha_{i,k} \cdot D\langle \mathfrak{s}_1, \ldots, \mathfrak{s}_{j-1}, \mathfrak{e}_i, \mathfrak{s}_{j+1}, \ldots, \mathfrak{s}_n\rangle .$$

Durch Addition eines geeigneten Vielfachen der j-ten Spalte $\mathfrak{e}_i$ zu den anderen Spalten läßt sich erreichen, daß in deren i-ter Zeile jeweils das Element 0 steht, ohne daß der Wert von D sich ändert; wir nennen diese neuen Spaltenvektoren $\mathfrak{s}_1^{(i)}, \mathfrak{s}_2^{(i)}, \ldots$:

$$\delta_{jk} \cdot \det \mathfrak{A} = \sum_{i=1}^{n} \alpha_{i,k} \cdot D \langle \mathfrak{s}_1^{(i)}, \ldots, \mathfrak{s}_{j-1}^{(i)}, \mathfrak{e}_i, \mathfrak{s}_{j+1}^{(i)}, \ldots, \mathfrak{s}_n^{(i)} \rangle .$$

Es ist aber

$$D \langle \mathfrak{s}_1^{(i)}, \ldots, \mathfrak{s}_{j-1}^{(i)}, \mathfrak{e}_i, \mathfrak{s}_{j+1}^{(i)}, \ldots, \mathfrak{s}_n^{(i)} \rangle = A_{i,j}(\mathfrak{A}) ;$$

wir haben daher bewiesen:

Satz. Sei $\mathfrak{A} = (\alpha_{i,j}) \in L_{n,n}(K)$, $A_{i,j}$ die algebraischen Komplemente. Dann ist

$$\sum_{i=1}^{n} \alpha_{i,k} A_{i,j} = \delta_{j,k} \cdot \det \mathfrak{A} \quad (1 \le j, k \le n) . \quad \square$$

Folgerung 1. $\det \mathfrak{A} = \sum_{i=1}^{n} \alpha_{i,j} A_{i,j} = \sum_{i=1}^{n} \alpha_{i,j} (-1)^{i+j} \cdot D_{i;j} \quad (1 \le j \le n)$

„*Entwicklung nach den Elementen der j-ten Spalte*". □

Wegen $\det \mathfrak{A} = \det \mathfrak{A}^T$ gilt natürlich auch

Folgerung 2. $\det \mathfrak{A} = \sum_{j=1}^{n} \alpha_{i,j} A_{i,j} = \sum_{j=1}^{n} \alpha_{i,j} (-1)^{i+j} D_{i;j} \quad (1 \le i \le n)$

„*Entwicklung nach den Elementen der i-ten Zeile*". □

Beispiel. $\mathfrak{A} = \begin{pmatrix} 1 & 2 & 0 & 1 \\ 0 & 1 & 0 & 1 \\ 2 & 1 & 1 & 0 \\ 0 & 2 & 3 & 1 \end{pmatrix}$.

Durch Entwicklung nach der 2. Zeile ergibt sich

$$\det \mathfrak{A} = 0 \cdot (-1)^{2+1} \cdot \begin{vmatrix} 2 & 0 & 1 \\ 1 & 1 & 0 \\ 2 & 3 & 1 \end{vmatrix} + 1 \cdot (-1)^{2+2} \cdot \begin{vmatrix} 1 & 0 & 1 \\ 2 & 1 & 0 \\ 0 & 3 & 1 \end{vmatrix}$$

$$+ 0 \cdot (-1)^{2+3} \cdot \begin{vmatrix} 1 & 2 & 1 \\ 2 & 1 & 0 \\ 0 & 2 & 1 \end{vmatrix} + 1 \cdot (-1)^{2+4} \cdot \begin{vmatrix} 1 & 2 & 0 \\ 2 & 1 & 1 \\ 0 & 2 & 3 \end{vmatrix}$$

$$= 7 - 11 = -4 . \quad \square$$

Folgerung 1) und 2) besitzen die folgende Verallgemeinerung:

Satz (Entwicklungssatz von LAPLACE[1])). Sei $\mathfrak{A} \in L_{n,n}(K)$, $1 \leq i_1 < i_2 < \ldots < i_r \leq n$. Dann berechnet sich $\det \mathfrak{A}$ durch gleichzeitige Entwicklung nach den Zeilen $i_1, \ldots, i_r$ nach der Formel

$$\det \mathfrak{A} = \sum_{1 \leq j_1 < j_2 < \ldots < j_r \leq n} (-1)^{i_1 + \ldots + i_r + j_1 + \ldots + j_r} \cdot D_{i_1, \ldots, i_r; j_1, \ldots, j_r} \cdot D_{i'_1, \ldots, i'_{n-r}; j'_1, \ldots, j'_{n-r}} \,,$$

wobei $\{i'_1, \ldots, i'_{n-r}\} = \{1, \ldots, n\} - \{i_1, \ldots, i_r\}$,
$\{j'_1, \ldots, j'_{n-r}\} = \{1, \ldots, n\} - \{j_1, \ldots, j_r\}$.

Eine analoge Formel gilt für die gleichzeitige Entwicklung nach r Spalten.

Beweis. Wegen $\det \mathfrak{A} = \det \mathfrak{A}^T$ genügt es, den Beweis für die Entwicklung nach den Spalten $j_1, \ldots, j_r$ zu führen.

$$\begin{aligned} \det \mathfrak{A} &= D\langle \ldots, \mathfrak{s}_{j_1}, \ldots, \mathfrak{s}_{j_r}, \ldots \rangle \\ &= D\left\langle \ldots, \sum_{i_1=1}^{n} \alpha_{i_1, j_1} \mathfrak{e}_{i_1}, \ldots, \sum_{i_r=1}^{n} \alpha_{i_r, j_r} \mathfrak{e}_{i_r}, \ldots \right\rangle \\ &= \sum_{1 \leq i_1, \ldots, i_r \leq n} \alpha_{i_1, j_1} \cdot \ldots \cdot \alpha_{i_r, j_r} \cdot D\langle \ldots, \mathfrak{e}_{i_1}, \ldots, \mathfrak{e}_{i_r}, \ldots \rangle . \end{aligned}$$

Beiträge $\neq 0$ können nur von paarweise verschiedenen $i_1, \ldots, i_r$ stammen (da sonst $D\langle \ldots, \mathfrak{e}_{i_1}, \ldots, \mathfrak{e}_{i_r}, \ldots \rangle = 0$). Sortieren wir $i_1, \ldots, i_r$ der Größe nach, so ergeben sich alle anderen r-tupel durch Permutation, d. h.

$$\det \mathfrak{A} = \sum_{1 \leq i_1 < \ldots < i_r \leq n} \; \sum_{\pi \in \mathfrak{S}\{i_1, \ldots, i_r\}} \alpha_{\pi(i_1), j_1} \cdots \alpha_{\pi(i_r), j_r} D\langle \ldots, \mathfrak{e}_{\pi(i_1)}, \ldots, \mathfrak{e}_{\pi(i_r)}, \ldots \rangle.$$

Nun ist $D\langle \ldots, \mathfrak{e}_{\pi(i_1)}, \ldots, \mathfrak{e}_{\pi(i_r)}, \ldots \rangle = \operatorname{sgn} \pi \cdot D\langle \ldots, \mathfrak{e}_{i_1}, \ldots, \mathfrak{e}_{i_r}, \ldots \rangle$, und der Wert der letzten Determinante bleibt unverändert, wenn wir durch Addition geeigneter Vielfachen der Spalten $\mathfrak{e}_{i_1}, \ldots, \mathfrak{e}_{i_r}$ in allen anderen Spalten in den Zeilen $i_1, \ldots, i_r$ die Eintragung 0 erzeugen:

$$D\langle \ldots, \mathfrak{e}_{i_1}, \ldots, \mathfrak{e}_{i_r}, \ldots \rangle = \det \begin{array}{c} \\ \vdots \\ \\ i_1 \\ \vdots \\ \vdots \\ \vdots \\ i_r \\ \vdots \\ \vdots \end{array} \begin{array}{c} \begin{array}{ccccccccccc} \ldots & & j_1 & & \ldots & & j_r & & \ldots \end{array} \\ \left(\begin{array}{ccccccccccc} & & \vdots & & & & \vdots & & \\ & & 0 & & & & 0 & & \\ \ldots & 0 & 1 & 0 & \ldots & 0 & 0 & 0 & \ldots \\ & & 0 & & & & 0 & & \\ & & \vdots & & & & \vdots & & \\ & & 0 & & & & 0 & & \\ \ldots & 0 & 0 & 0 & \ldots & 0 & 1 & 0 & \ldots \\ & & 0 & & & & 0 & & \\ & & \vdots & & & & \vdots & & \end{array} \right) \end{array} .$$

Durch sukzessives Vertauschen bringt man die Zeilen $i_1, \ldots, i_r$, sowie die Spalten

---

[1]) Pierre Simon LAPLACE, 28. März 1749 – 5. März 1827

$j_1, \ldots, j_r$ jeweils an die Positionen $1, \ldots, r$. Dabei ändert sich das Vorzeichen der Determinante um $(-1)^{i_1-1+i_2-2+\ldots+i_r-r+j_1-1+j_2-2+\ldots+j_r-r} = (-1)^{i_1+\ldots+i_r+j_1+\ldots+j_r}$ und wir erhalten

$$D\langle \ldots, \mathfrak{e}_{i_1}, \ldots, \mathfrak{e}_{i_r}, \ldots \rangle = (-1)^{i_1+\ldots+i_r+j_1+\ldots+j_r} \cdot D_{i'_1,\ldots,i'_{n-r};j'_1\ldots,j'_{n-r}}(\mathfrak{A}) \ .$$

Da weiters

$$\sum_{\pi \in \mathfrak{S}\{i_1,\ldots,i_r\}} (\operatorname{sgn} \pi)\, \alpha_{\pi(i_1),j_1} \cdots \alpha_{\pi(i_r),j_r} = D_{i_1,\ldots,i_r;j_1,\ldots,j_r}(\mathfrak{A}) \ ,$$

ist der Beweis vollständig. □

Beispiel. $\mathfrak{A} = \begin{pmatrix} 1 & 2 & 0 & 1 \\ 0 & 1 & 0 & 1 \\ 2 & 1 & 1 & 0 \\ 0 & 2 & 3 & 1 \end{pmatrix}$. Durch gleichzeitige Entwicklung nach der 2. und 4. Zeile ergibt sich

$$\begin{aligned} \det \mathfrak{A} = {} & (-1)^{2+4+1+2} \cdot \begin{vmatrix} 0 & 1 \\ 0 & 2 \end{vmatrix} \cdot \begin{vmatrix} 0 & 1 \\ 1 & 0 \end{vmatrix} + (-1)^{2+4+1+3} \begin{vmatrix} 0 & 0 \\ 0 & 3 \end{vmatrix} \cdot \begin{vmatrix} 2 & 1 \\ 1 & 0 \end{vmatrix} \\ & + (-1)^{2+4+1+4} \cdot \begin{vmatrix} 0 & 1 \\ 0 & 1 \end{vmatrix} \cdot \begin{vmatrix} 2 & 0 \\ 1 & 1 \end{vmatrix} + (-1)^{2+4+2+3} \begin{vmatrix} 1 & 0 \\ 2 & 3 \end{vmatrix} \cdot \begin{vmatrix} 1 & 1 \\ 2 & 0 \end{vmatrix} \\ & + (-1)^{2+4+2+4} \cdot \begin{vmatrix} 1 & 1 \\ 2 & 1 \end{vmatrix} \cdot \begin{vmatrix} 1 & 0 \\ 2 & 1 \end{vmatrix} + (-1)^{2+4+3+4} \begin{vmatrix} 0 & 1 \\ 3 & 1 \end{vmatrix} \cdot \begin{vmatrix} 1 & 2 \\ 2 & 1 \end{vmatrix} \\ = {} & -0 + 0 - 0 - 3 \cdot (-2) + (-1) \cdot 1 - (-3) \cdot (-3) = -4 \ . \quad \square \end{aligned}$$

Der weiter oben bewiesene Satz hat außer den „Entwicklungssätzen" aber noch eine andere wichtige Folgerung:

Satz. Sei $\mathfrak{A} = (\alpha_{ij}) \in L_{n,n}(K)$ regulär, d. h. $\det \mathfrak{A} \neq 0$. Dann gilt für die Koeffizienten der inversen Matrix $\mathfrak{A}^{-1} = (\beta_{ij})$:

$$\beta_{ij} = \frac{A_{j,i}(\mathfrak{A})}{\det \mathfrak{A}} = \frac{(-1)^{i+j} D_{j,i}(\mathfrak{A})}{\det \mathfrak{A}} \ .$$

Beweis. Ist $\det \mathfrak{A} \neq 0$, so gibt es eine eindeutig bestimmte Matrix $\mathfrak{A}^{-1}$ zu $\mathfrak{A}$. Sei nun $\mathfrak{B} = (\beta_{ij})$ mit β_{ij} von oben. Dann ist

$$\sum_{j=1}^{n} \beta_{ij} \alpha_{jk} = \sum_{j=1}^{n} \frac{A_{j,i}}{\det \mathfrak{A}} \alpha_{jk} = \delta_{i,k} \cdot \frac{\det \mathfrak{A}}{\det \mathfrak{A}} = \delta_{i,k}$$

und

$$\sum_{j=1}^{n} \alpha_{ij} \beta_{jk} = \sum_{j=1}^{n} \alpha_{ij} \cdot \frac{A_{k,j}}{\det \mathfrak{A}} = \delta_{i,k} \cdot \frac{\det \mathfrak{A}^T}{\det \mathfrak{A}} = \delta_{i,k} \ ,$$

d. h. $\quad \mathfrak{B} \cdot \mathfrak{A} = \mathfrak{A} \cdot \mathfrak{B} = \mathfrak{E}_n, \quad$ und $\quad \mathfrak{B} = \mathfrak{A}^{-1}$. □

Beispiel. Sei $\mathfrak{A} = \begin{pmatrix} 1 & 2 & 0 \\ 0 & 1 & 0 \\ 2 & 1 & 2 \end{pmatrix}$. Dann ist $\det \mathfrak{A} = 2$ und $\mathfrak{A}^{-1} = (\beta_{ij})$ mit

$$\beta_{11} = \frac{(-1)^{1+1}}{2} \cdot D_{1;1} = \frac{1}{2} \cdot \begin{vmatrix} 1 & 0 \\ 1 & 2 \end{vmatrix} = 1$$

$$\beta_{12} = \frac{(-1)^{1+2}}{2} \cdot D_{2;1} = -\frac{1}{2} \cdot \begin{vmatrix} 2 & 0 \\ 1 & 2 \end{vmatrix} = -2$$

$$\beta_{13} = \frac{(-1)^{1+3}}{2} \cdot D_{3;1} = \frac{1}{2} \cdot \begin{vmatrix} 2 & 0 \\ 1 & 0 \end{vmatrix} = 0$$

$$\beta_{21} = \frac{(-1)^{2+1}}{2} \cdot D_{1;2} = -\frac{1}{2} \cdot \begin{vmatrix} 0 & 0 \\ 2 & 2 \end{vmatrix} = 0$$

$$\beta_{22} = \frac{(-1)^{2+2}}{2} \cdot D_{2;2} = \frac{1}{2} \cdot \begin{vmatrix} 1 & 0 \\ 2 & 2 \end{vmatrix} = 1$$

$$\beta_{23} = \frac{(-1)^{2+3}}{2} \cdot D_{3;2} = -\frac{1}{2} \cdot \begin{vmatrix} 1 & 0 \\ 0 & 0 \end{vmatrix} = 0$$

$$\beta_{31} = \frac{(-1)^{3+1}}{2} \cdot D_{1;3} = \frac{1}{2} \cdot \begin{vmatrix} 0 & 1 \\ 2 & 1 \end{vmatrix} = -1$$

$$\beta_{32} = \frac{(-1)^{3+2}}{2} \cdot D_{2;3} = -\frac{1}{2} \cdot \begin{vmatrix} 1 & 2 \\ 2 & 1 \end{vmatrix} = \frac{3}{2}$$

$$\beta_{33} = \frac{(-1)^{3+3}}{2} \cdot D_{3;3} = \frac{1}{2} \cdot \begin{vmatrix} 1 & 2 \\ 0 & 1 \end{vmatrix} = \frac{1}{2}, \quad \text{d.h.}$$

$$\mathfrak{A}^{-1} = \begin{pmatrix} 1 & -2 & 0 \\ 0 & 1 & 0 \\ -1 & \frac{3}{2} & \frac{1}{2} \end{pmatrix}. \quad \square$$

Die Determinantenfunktion ermöglicht es auch, die Lösung spezieller linearer Gleichungssysteme explizit als Funktion der Koeffizienten anzugeben:

Satz (Cramersche Regel). Sei $\mathfrak{A} = (a_{ij}) \in L_{n,n}(K)$ regulär. Dann ist die (eindeutig bestimmte) Lösung des linearen Gleichungssystems

$$\mathfrak{A} \begin{pmatrix} x_1 \\ \vdots \\ x_n \end{pmatrix} = \mathfrak{b}$$

gegeben durch

$$x_i = \frac{1}{\det \mathfrak{A}} \cdot \det(\mathfrak{s}_1, \ldots, \mathfrak{s}_{i-1}, \mathfrak{b}, \mathfrak{s}_{i+1}, \ldots, \mathfrak{s}_n),$$

wobei $\mathfrak{s}_j$ die Spalten der Matrix $\mathfrak{A}$ bezeichnen.

Beweis. Die Existenz und Eindeutigkeit der Lösung ergibt sich aus $\det\mathfrak{A} \neq 0 \Rightarrow \operatorname{Rang}\mathfrak{A} = n$. Sei nun $\mathfrak{b} = \sum_{j=1}^{n} \lambda_j \mathfrak{s}_j$ die Darstellung von $\mathfrak{b}$ als Linearkombination der, wegen $\operatorname{Rang}\mathfrak{A} = n$, l. u. Spaltenvektoren von $\mathfrak{A}$. Dann gilt für eine geeignete Determinantenfunktion D

$$\Delta_i = \det(\mathfrak{s}_1, \ldots, \mathfrak{s}_{i-1}, \mathfrak{b}, \mathfrak{s}_{i+1}, \ldots, \mathfrak{s}_n) = D\,\langle \mathfrak{s}_1, \ldots, \mathfrak{s}_{i-1}, \sum_{j=1}^{n} \lambda_j \mathfrak{s}_j, \mathfrak{s}_{i+1}, \ldots, \mathfrak{s}_n \rangle$$

$$= \sum_{j=1}^{n} \lambda_j D \langle \mathfrak{s}_1, \ldots, \mathfrak{s}_{i-1}, \mathfrak{s}_j, \mathfrak{s}_{i+1}, \ldots, \mathfrak{s}_n \rangle = \sum_{j=1}^{n} \lambda_j \delta_{ij} \cdot \det\mathfrak{A}$$

$$= \lambda_i \cdot \det\mathfrak{A}, \quad \text{d. h.} \quad \sum_{j=1}^{n} \frac{\Delta_j}{\det\mathfrak{A}} \cdot \mathfrak{s}_j = \mathfrak{b} \ .$$

Das bedeutet aber gerade, daß $\begin{pmatrix} x_1 \\ \vdots \\ x_n \end{pmatrix}$ mit $x_i = \dfrac{\Delta_i}{\det\mathfrak{A}}$ Lösung des betrachteten Systems ist. □

Beispiel.
$$\begin{aligned} x_1 + 2x_2 \qquad &= 2 \\ 2x_1 - \ x_2 + x_3 &= 1 \\ 3x_1 + 2x_2 + x_3 &= 0 \end{aligned} \ , \quad \text{d. h.} \quad \mathfrak{A} = \begin{pmatrix} 1 & 2 & 0 \\ 2 & -1 & 1 \\ 3 & 2 & 1 \end{pmatrix}, \quad \mathfrak{b} = \begin{pmatrix} 2 \\ 1 \\ 0 \end{pmatrix} .$$

$$\det\mathfrak{A} = -1; \quad x_1 = \frac{1}{(-1)} \cdot \begin{vmatrix} 2 & 2 & 0 \\ 1 & -1 & 1 \\ 0 & 2 & 1 \end{vmatrix} = 8$$

$$x_2 = \frac{1}{(-1)} \cdot \begin{vmatrix} 1 & 2 & 0 \\ 2 & 1 & 1 \\ 3 & 0 & 1 \end{vmatrix} = -3$$

$$x_3 = \frac{1}{(-1)} \cdot \begin{vmatrix} 1 & 2 & 2 \\ 2 & -1 & 1 \\ 3 & 2 & 0 \end{vmatrix} = -18 \ . \quad \square$$

Als letzte Anwendung von Determinanten geben wir ein weiteres Verfahren an, um den Rang einer Matrix zu bestimmen:

Satz. Der Rang einer Matrix $\mathfrak{A}$ ist die maximale Zeilen- bzw. Spaltenanzahl einer von 0 verschiedenen Unterdeterminante der Matrix $\mathfrak{A}$ („*Determinantenrang von* $\mathfrak{A}$“).

Beweis. Es bezeichne $\mathfrak{A}_{i_1, \ldots, i_r; j_1, \ldots, j_r}$ die aus den Zeilen $i_1, \ldots, i_r$ und den Spalten $j_1, \ldots, j_r$ gebildete $r \times r$ Submatrix von $\mathfrak{A}$. Sei nun $D(\mathfrak{A}_{i_1, \ldots, i_r; j_1, \ldots, j_r}) \neq 0$ und r maximal mit dieser Eigenschaft. Wären die Spaltenvektoren $\mathfrak{s}_{j_1}, \ldots, \mathfrak{s}_{j_r}$ l. a., so wären auch die Vektoren $\bar{\mathfrak{s}}_{j_1}, \ldots, \bar{\mathfrak{s}}_{j_r} \in K^r$, die aus $\mathfrak{s}_{j_1}, \ldots, \mathfrak{s}_{j_r}$ durch Streichen aller von $i_1, \ldots, i_r$ verschiedenen Zeilen entstehen, l. a. Dann wäre aber

$$D(\mathfrak{A}_{i_1, \ldots, i_r; j_1, \ldots, j_r}) = D\langle \bar{\mathfrak{s}}_{j_1}, \ldots, \bar{\mathfrak{s}}_{j_r} \rangle = 0 \ , \quad \text{Widerspruch} \ .$$

Es ist also $\operatorname{Rang}\mathfrak{A} \geq r$.

Sei nun $s = \operatorname{Rang} \mathfrak{A}$. Dann gibt es Spaltenvektoren $\mathfrak{s}_{j_1}, \ldots, \mathfrak{s}_{j_s}$ von $\mathfrak{A}$, die l. u. sind. Sei $\tilde{\mathfrak{A}}$ die aus ihnen gebildete $(n \times s)$-Matrix. Dann ist natürlich

$$\operatorname{Rang} \tilde{\mathfrak{A}} = s = \operatorname{Rang} \mathfrak{A} \ .$$

Daher besitzt $\tilde{\mathfrak{A}}$ s Zeilenvektoren $\tilde{\mathfrak{z}}_{i_1}, \ldots, \tilde{\mathfrak{z}}_{i_s}$, die l. u. sind. Sei $\tilde{\tilde{\mathfrak{A}}}$ die aus ihnen gebildete $s \times s$-Matrix. Dann ist $\operatorname{Rang} \tilde{\tilde{\mathfrak{A}}} = \operatorname{Rang} \tilde{\mathfrak{A}} = s = \operatorname{Rang} \mathfrak{A}$. Andererseits ist $\tilde{\tilde{\mathfrak{A}}}$ aber eine Submatrix von $\mathfrak{A}$ mit $\det \tilde{\tilde{\mathfrak{A}}} = D(\mathfrak{A}_{i_1, \ldots, i_s; j_1, \ldots, j_s}) = D\langle \tilde{\mathfrak{z}}'_{i_1}, \ldots, \tilde{\mathfrak{z}}'_{i_s} \rangle \neq 0$, da $\tilde{\mathfrak{z}}_{i_1}, \ldots, \tilde{\mathfrak{z}}_{i_s}$ l. u. in K^s sind.

Damit ist aber $r \leq s = \operatorname{Rang} \mathfrak{A}$, und wir sind fertig. □

Beispiel. $\mathfrak{A} = \begin{pmatrix} 1 & 2 & 3 \\ 2 & 3 & 1 \\ 6 & 10 & 8 \end{pmatrix}$. Es ist $\det \mathfrak{A} = 0$, aber $\begin{vmatrix} 1 & 2 \\ 2 & 3 \end{vmatrix} \neq 0$, d. h. $\operatorname{Rang} \mathfrak{A} = 2$. □

5.7 Innere Produkte, Quadratische Formen

Seien $\mathfrak{A}, \mathfrak{B} \in L_{n,n}(K)$, $\mathfrak{s}_1, \ldots, \mathfrak{s}_n$ die Spaltenvektoren von $\mathfrak{B}$, $\mathfrak{z}_1, \ldots, \mathfrak{z}_n$ die Zeilenvektoren von $\mathfrak{A}$. Damit ist $\mathfrak{A} \cdot \mathfrak{B} = (c_{ij})$ mit

$$c_{ij} = \sum_{k=1}^{n} a_{ik} b_{kj} = \mathfrak{z}_i \cdot \mathfrak{s}_j \ ,$$

wenn man $\mathfrak{z}_i = (a_{i1} \ldots a_{in})$ als $(1 \times n)$- und $\mathfrak{s}_j = \begin{pmatrix} b_{1j} \\ \vdots \\ b_{nj} \end{pmatrix}$ als $(n \times 1)$-Matrix auffaßt. Wir wollen nun allgemeiner die Eigenschaften der folgenden Abbildung $K^n \times K^n \to K$ untersuchen:

Für $\mathfrak{x} = \begin{pmatrix} x_1 \\ \vdots \\ x_n \end{pmatrix}$, $\mathfrak{y} = \begin{pmatrix} y_1 \\ \vdots \\ y_n \end{pmatrix}$ sei

$$(\mathfrak{x}, \mathfrak{y}) = \sum_{i=1}^{n} x_i y_i \ .$$

1) $(\mathfrak{x}, \mathfrak{y})$ ist eine „*Bilinearform*", d. h. für $\lambda, \mu \in K$, $\mathfrak{x}, \mathfrak{x}_1, \mathfrak{x}_2, \mathfrak{y}, \mathfrak{y}_1, \mathfrak{y}_2 \in K^n$ gilt

$$(\lambda \mathfrak{x}_1 + \mu \mathfrak{x}_2, \mathfrak{y}) = \lambda (\mathfrak{x}_1, \mathfrak{y}) + \mu (\mathfrak{x}_2, \mathfrak{y})$$

sowie

$$(\mathfrak{x}, \lambda \mathfrak{y}_1 + \mu \mathfrak{y}_2) = \lambda (\mathfrak{x}, \mathfrak{y}_1) + \mu (\mathfrak{x}, \mathfrak{y}_2) \ .$$

2) $(\mathfrak{x}, \mathfrak{y})$ ist „*symmetrisch*", d. h. für alle $\mathfrak{x}, \mathfrak{y} \in K^n$ gilt

$$(\mathfrak{x}, \mathfrak{y}) = (\mathfrak{y}, \mathfrak{x}) \ .$$

3) Ist $K \subseteq \mathbb{R}$, so ist $(\mathfrak{x}, \mathfrak{x})$ „*positiv definit*", d. h. für $\mathfrak{x} \in K^n$ gilt

$$(\mathfrak{x}, \mathfrak{x}) \geq 0$$

und

$$(\mathfrak{x}, \mathfrak{x}) = 0 \Leftrightarrow \mathfrak{x} = \mathfrak{o} \ .$$

Die Beweise sind trivial. Man beachte, daß für einen allgemeinen Körper K Teil 1 von 3) nur sinnvoll ist, wenn der Körper angeordnet ist. Teil 2 von 3) ist für allgemeine Körper nicht richtig:

Beispiel 1. $K = \mathbb{Z}_2$, $n = 2$, $\mathfrak{x} = \begin{pmatrix} 1 \\ 1 \end{pmatrix}$. Dann ist $(\mathfrak{x}, \mathfrak{x}) = 1 + 1 = 0$.

Beispiel 2. $K = \mathbb{C}$, $n = 2$, $\mathfrak{x} = \begin{pmatrix} 1 \\ i \end{pmatrix}$. Dann ist $(\mathfrak{x}, \mathfrak{x}) = 1 + i^2 = 0$.

Man definiert nun:

Definition. Sei U ein Vektorraum über $K \subseteq \mathbb{R}$. Dann heißt eine positiv definite symmetrische Bilinearform $U \times U \to K$ *„skalares"* oder *„inneres" Produkt auf U*. Übliche Bezeichnungsweisen für das skalare Produkt von $\mathfrak{x}, \mathfrak{y} \in U$: $(\mathfrak{x}, \mathfrak{y})$, $(\mathfrak{x} \,|\, \mathfrak{y})$, $\langle \mathfrak{x}, \mathfrak{y} \rangle$, $\mathfrak{x} \cdot \mathfrak{y}, \ldots$.

Beispiel. Durch $(\mathfrak{x}, \mathfrak{y}) = \sum_{i=1}^{n} x_i y_i \left(\text{für } \mathfrak{x} = \begin{bmatrix} x_1 \\ \vdots \\ x_n \end{bmatrix}, \mathfrak{y} = \begin{bmatrix} y_1 \\ \vdots \\ y_n \end{bmatrix} \right)$ ist ein skalares Produkt auf K^n, $K \subseteq \mathbb{R}$ definiert.

Bemerkung. Seien $\mathfrak{x}, \mathfrak{y} \in \mathbb{C}^n$ und $(\mathfrak{x}, \mathfrak{y}) = \sum_{i=1}^{n} x_i \overline{y_i}$.

Dann ist 1') $(\mathfrak{x}, \mathfrak{y})$ „sesquilinear", d. h.

$$(\lambda \mathfrak{x}_1 + \mu \mathfrak{x}_2, \mathfrak{y}) = \lambda(\mathfrak{x}_1, \mathfrak{y}) + \mu(\mathfrak{x}_2, \mathfrak{y}),$$

aber

$$(\mathfrak{x}, \lambda \mathfrak{y}_1 + \mu \mathfrak{y}_2) = \bar{\lambda}(\mathfrak{x}, \mathfrak{y}_1) + \bar{\mu}(\mathfrak{x}, \mathfrak{y}_2) \ .$$

Weiters ist 2') $(\mathfrak{x}, \mathfrak{y}) = \overline{(\mathfrak{y}, \mathfrak{x})}$ und 3) $(\mathfrak{x}, \mathfrak{x})$ positiv definit.

Die Eigenschaften 1'), 2') und 3) können dazu herangezogen werden, den Begriff des skalaren Produkts auf Vektorräume über $\mathbb{C}$ zu erweitern. □

Wir setzen im weiteren stets $K \subseteq \mathbb{R}$ voraus.

Sei $\dim U = n$ und $\{\mathfrak{a}_1, \ldots, \mathfrak{a}_n\}$ eine Basis von U. Dann ergibt sich für jedes skalare Produkt auf U:

Ist $\mathfrak{x} = \sum_{i=1}^{n} x_i \mathfrak{a}_i$, $\mathfrak{y} = \sum_{j=1}^{n} y_j \mathfrak{a}_j$, so ist wegen 1) $(\mathfrak{x}, \mathfrak{y}) = \sum_{i=1}^{n} \sum_{j=1}^{n} x_i y_j (\mathfrak{a}_i, \mathfrak{a}_j)$.

Setzen wir $g_{ij} = (\mathfrak{a}_i, \mathfrak{a}_j)$, so ist also

$$(\mathfrak{x}, \mathfrak{y}) = \sum_{i,j=1}^{n} g_{ij} x_i y_j$$

und die Matrix $\mathfrak{G} = (g_{ij})$ ist wegen $(\mathfrak{a}_i, \mathfrak{a}_j) = (\mathfrak{a}_j, \mathfrak{a}_i)$ *„symmetrisch"*, d. h. $\mathfrak{G}^T = \mathfrak{G}$.

Definition. Sei $(\mathfrak{x}, \mathfrak{y})$ ein inneres Produkt auf U, $\mathfrak{a}_1, \ldots, \mathfrak{a}_n \in U$. Dann heißt die Matrix $\mathfrak{G} = (g_{ij})$ mit $g_{ij} = (\mathfrak{a}_i, \mathfrak{a}_j)$ die *GRAMsche*[1] *Matrix* der Vektoren $\mathfrak{a}_1, \ldots, \mathfrak{a}_n$. □

Sei nun umgekehrt eine Matrix $\mathfrak{G} = (g_{ij}) \in L_{n,n}(K)$ gegeben. Dann ist, wie man leicht nachprüft, durch

$$(\mathfrak{x}, \mathfrak{y})_{\mathfrak{G}} = \sum_{i,j=1}^{n} g_{ij} x_i y_j \quad (\mathfrak{x}, \mathfrak{y} \text{ wie oben})$$

eine *Bilinearform* gegeben. Ist $\mathfrak{G}$ symmetrisch, so ist auch $(\mathfrak{x}, \mathfrak{y})_{\mathfrak{G}}$ symmetrisch.

Die Funktion

$$(\mathfrak{x}, \mathfrak{x})_{\mathfrak{G}} = \sum_{i,j=1}^{n} g_{ij} x_i x_j$$

heißt die zur Bilinearform $(\mathfrak{x}, \mathfrak{y})_{\mathfrak{G}}$ gehörige *quadratische Form*.

Wir wollen uns nun die Frage stellen, wann die symmetrische Bilinearform $(\mathfrak{x}, \mathfrak{y})_{\mathfrak{G}}$ auch Eigenschaft 3) von oben hat d.h. ein skalares Produkt ist.

Sicherlich gilt für

$$F(\mathfrak{x}) = (\mathfrak{x}, \mathfrak{x})_{\mathfrak{G}} = \sum_{i,j=1}^{n} g_{ij} x_i x_j$$

stets $F(\mathfrak{o}) = 0$.

(Da $\{\mathfrak{a}_1, \ldots, \mathfrak{a}_n\}$ eine Basis ist und $\mathfrak{o}$ nur die triviale Darstellung $\mathfrak{o} = \sum_{i=1}^{n} 0 \cdot \mathfrak{a}_i$

$\leftrightarrow \begin{pmatrix} 0 \\ \vdots \\ 0 \end{pmatrix}$ besitzt.)

$(\mathfrak{x}, \mathfrak{y})_{\mathfrak{G}}$ ist daher ein inneres Produkt genau dann, wenn $F(\mathfrak{x}) > 0$ für alle $\mathfrak{x} \neq \mathfrak{o}$ ist. Man definiert nun:

Definition. Sei $F(\mathfrak{x}) = \sum_{i,j=1}^{n} g_{ij} x_i x_j$ eine quadratische Form. Dann heißt F

1) *positiv definit*, falls $F(\mathfrak{x}) > 0$, für alle $\mathfrak{x} \neq \mathfrak{o}$;

2) *negativ definit*, falls $F(\mathfrak{x}) < 0$, für alle $\mathfrak{x} \neq \mathfrak{o}$;

3) *positiv semidefinit*, falls $F(\mathfrak{x}) \geq 0$, für alle $\mathfrak{x} \neq \mathfrak{o}$, aber $F(\mathfrak{x})$ nicht positiv definit ist, d.h. es gibt $\mathfrak{x} \in U$, $\mathfrak{x} \neq \mathfrak{o}$ mit $F(\mathfrak{x}) = 0$;

4) *negativ semidefinit*, falls $F(\mathfrak{x}) \leq 0$, für alle $\mathfrak{x} \neq \mathfrak{o}$, aber $F(\mathfrak{x})$ nicht negativ definit ist, d.h. es gibt $\mathfrak{x} \in U$, $\mathfrak{x} \neq \mathfrak{o}$ mit $F(\mathfrak{x}) = 0$;

5) *indefinit*, wenn keiner der Fälle 1)–4) eintritt, d.h. es gibt $\mathfrak{x} \in U$ mit $F(\mathfrak{x}) > 0$ und $\mathfrak{y} \in U$ mit $F(\mathfrak{y}) < 0$.

Beispiel. $n = 2$: zu 1) $F(\mathfrak{x}) = x_1^2 + x_2^2$,
zu 2) $F(\mathfrak{x}) = -x_1^2 - x_2^2$,
zu 3) $F(\mathfrak{x}) = x_1^2$,
zu 4) $F(\mathfrak{x}) = -x_1^2$,
zu 5) $F(\mathfrak{x}) = x_1^2 - x_2^2$. □

[1]) Jorgen Pedersen GRAM, 27. Juni 1850 – 29. April 1916, Versicherungsmathematiker.

Ist $\mathfrak{G} = (g_{ij})$ symmetrisch, d. h. $\mathfrak{G} = \mathfrak{G}^T$, so läßt sich für Fall 1) und 2) aus der letzten Definition ein relativ einfaches Kriterium angeben:

Wir nennen die Unterdeterminanten

$$\Delta_i = \begin{vmatrix} g_{11} & \cdots & g_{1i} \\ \vdots & & \vdots \\ g_{i1} & \cdots & g_{ii} \end{vmatrix}, \quad 1 \leq i \leq n$$

die Hauptminoren von $\mathfrak{G}$.

Satz. Sei $\mathfrak{G} = (g_{ij})$ symmetrisch. Dann ist die quadratische Form $F(\mathfrak{x}) = (\mathfrak{x}, \mathfrak{x})_{\mathfrak{G}} = \sum_{i,j=1}^{n} g_{ij} x_i x_j$

a) positiv definit genau dann, wenn $\Delta_i > 0$ für alle $1 \leq i \leq n$, d. h. wenn alle Hauptminoren positiv sind;

b) negativ definit genau dann, wenn $\operatorname{sgn} \Delta_i = (-1)^i$, d. h. wenn die Hauptminoren abwechselndes Vorzeichen haben, beginnend mit negativem Vorzeichen. □

Der *Beweis* dieses Kriteriums ist relativ kompliziert (er kann etwa unter Zuhilfenahme der im nächsten Kapitel definierten „Eigenwerte" der Matrix $\mathfrak{G}$ geführt werden) und muß daher hier ausgelassen werden.

Beispiele. $n = 2$: 1) Sei $\mathfrak{G} = \begin{pmatrix} 1 & 0 \\ 0 & 1 \end{pmatrix}$. Dann ist $\Delta_1 = \Delta_2 = 1 > 0$, d. h. $F(\mathfrak{x}) = x_1^2 + x_2^2$ positiv definit.

Für $\mathfrak{G} = \begin{pmatrix} -1 & 0 \\ 0 & -1 \end{pmatrix}$ ist $\Delta_1 = -1 < 0$, $\Delta_2 = 1 > 0$, d. h. $F(\mathfrak{x}) = -x_1^2 - x_2^2$ negativ definit.

2) Sei umgekehrt $F(\mathfrak{x}) = 4x_1^2 + 2x_1x_2 + 4x_2^2$.

Dann ist $g_{11} = g_{22} = 4$. Wegen $g_{12} = g_{21}$ und $g_{12} + g_{21} = 2$, ist $g_{12} = g_{21} = 1$, d. h. $\mathfrak{G} = \begin{pmatrix} 4 & 1 \\ 1 & 4 \end{pmatrix}$.

Wegen $\Delta_1 = 4 > 0$, $\Delta_2 = 15 > 0$ ist $F(\mathfrak{x})$ positiv definit. □

Ist die quadratische Form durch

$$F(\mathfrak{x}) = \sum_{1 \leqslant i \leqslant j \leqslant n} a_{ij} x_i x_j$$

gegeben, so ist also $g_{ii} = a_{ii}$, $g_{ij} = g_{ji} = \dfrac{a_{ij}}{2}$ $(i \neq j)$ zu setzen, um die zugehörige Matrix $\mathfrak{G} = (g_{ij})$ zu ermitteln.

Entsprechend ordnet man der obigen quadratischen Form die Bilinearform

$$\sum_{i=1}^{n} a_{ii} x_i y_i + \sum_{\substack{i,j=1 \\ i \neq j}}^{n} \frac{a_{ij}}{2} x_i y_j$$

zu.

Ist $U = \mathbb{R}^n$, $n = 1, 2$ oder 3, und $(\mathfrak{x}, \mathfrak{y}) = \sum_{i=1}^{n} x_i y_i$, so besitzt $\sqrt[+]{(\mathfrak{x}, \mathfrak{x})} = \sqrt[+]{\sum_{i=1}^{n} x_i^2}$ eine einfache *geometrische Deutung* als Abstand des Punktes mit „Ortsvektor" $\mathfrak{x}$ vom Ursprung. Viele der für den geometrischen Abstand evidenten Eigenschaften übertragen sich auf die folgende Begriffsbildung:

Definition. Sei $(\mathfrak{x}, \mathfrak{y})$ ein skalares Produkt auf dem Vektorraum U über $K \subseteq \mathbb{R}$. Dann heißt

$$\|\mathfrak{x}\| = \sqrt[+]{(\mathfrak{x}, \mathfrak{x})}$$

die von diesem skalaren Produkt induzierte *Norm* von $\mathfrak{x}$.

Ist speziell $(\mathfrak{x}, \mathfrak{y}) = (\mathfrak{x}, \mathfrak{y})_{\mathfrak{G}} = \sum_{i,j=1}^{n} g_{ij} x_i y_j$, so schreibt man $\|\mathfrak{x}\|_{\mathfrak{G}} = \sqrt[+]{(\mathfrak{x}, \mathfrak{x})_{\mathfrak{G}}}$ und nennt $\|\mathfrak{x}\|_{\mathfrak{G}}$ die Norm von $\mathfrak{x}$ bezüglich der durch $\mathfrak{G}$ gegebenen quadratischen Form. □

$\|\mathfrak{x}\|$ hat folgende Eigenschaften:

Satz. N1) $\|\mathfrak{x}\| \geqslant 0$ für alle $\mathfrak{x} \in U$ und
$\|\mathfrak{x}\| = 0 \Leftrightarrow \mathfrak{x} = \mathfrak{o}$.

N2) $\|\lambda \mathfrak{x}\| = |\lambda| \cdot \|\mathfrak{x}\|$ ($|\lambda|$ der gewöhnliche Absolutbetrag in $\mathbb{R}$) für alle $\lambda \in K$, $\mathfrak{x} \in U$.

N3) $\|\mathfrak{x} + \mathfrak{y}\| \leqslant \|\mathfrak{x}\| + \|\mathfrak{y}\|$ für alle $\mathfrak{x}, \mathfrak{y} \in U$ („*Dreiecksungleichung*").

Beweis. (N1) und (N2) folgen unmittelbar aus den Eigenschaften (3) und (1) des zugehörigen skalaren Produkts. Der Beweis von (N3) ergibt sich unmittelbar aus folgendem

Satz (Ungleichung von CAUCHY-SCHWARZ[1])[-BUNJAKOWSKI[2])]). Sei $\|\mathfrak{x}\|_{\mathfrak{G}}$ die durch das innere Produkt $(\mathfrak{x}, \mathfrak{y})_{\mathfrak{G}}$ induzierte Norm. Dann gilt für alle $\mathfrak{x}, \mathfrak{y}$

$$|(\mathfrak{x}, \mathfrak{y})_{\mathfrak{G}}| \leqslant \|\mathfrak{x}\|_{\mathfrak{G}} \cdot \|\mathfrak{y}\|_{\mathfrak{G}} .$$

Beweis. Dieser gelingt am leichtesten mit folgender Überlegung über quadratische Ungleichungen in $\mathbb{R}$. Sei $\alpha > 0$. Dann ist $\alpha\lambda^2 + \beta\lambda + \gamma \geqslant 0$ für alle $\lambda \in \mathbb{R}$ genau dann, wenn $\alpha\lambda^2 + \beta\lambda + \gamma = 0$ keine oder genau eine reelle Lösung hat, d. h. wenn die Diskriminante $\beta^2/4 - \alpha\gamma \leqslant 0$ ist.

Sei nun $\lambda \in \mathbb{R}$ beliebig. Dann ist

$$\|\mathfrak{x} + \lambda \mathfrak{y}\|^2 = (\mathfrak{x} + \lambda \mathfrak{y}, \mathfrak{x} + \lambda \mathfrak{y}) \geqslant 0 ,$$

d. h. $\|\mathfrak{y}\|^2 \lambda^2 + 2(\mathfrak{x}, \mathfrak{y})\lambda + \|\mathfrak{x}\|^2 \geqslant 0$ für alle $\lambda \in \mathbb{R}$ und damit die Diskriminante

$$(\mathfrak{x}, \mathfrak{y})^2 - \|\mathfrak{x}\|^2 \|\mathfrak{y}\|^2 \leqslant 0 ,$$

woraus die gewünschte Ungleichung sofort folgt. □

---

[1]) Hermann Amandus SCHWARZ, 25. Januar 1843 – 30. November 1921, Professor in Zürich, Göttingen und Berlin (als Nachfolger von Weierstrass).

[2]) Viktor Jakowlewitsch BUNJAKOWSKI, 16. Dezember 1804 – 12. Dezember 1889.

Ausgehend vom vorletzten Satz definiert man allgemein:

Definition. Sei U ein Vektorraum über $K \subseteq \mathbb{R}$. Dann heißt eine Abbildung $\|\cdot\|: U \to K$, die die Eigenschaften N1), N2), N3) besitzt, *Norm* auf U. □

Jedes skalare Produkt auf U induziert also eine spezielle Norm auf U. Jedoch wird nicht jede Norm auf diese Art erzeugt.

Beispiele. 1) Sei $U = \mathbb{R}^2$, $\left\| \begin{pmatrix} x_1 \\ x_2 \end{pmatrix} \right\|_1 = |x_1| + |x_2|$.

Dann ist $\|\cdot\|_1$ eine Norm auf $\mathbb{R}^2$.

2) Sei $U = \mathbb{R}^2$, $\left\| \begin{pmatrix} x_1 \\ x_2 \end{pmatrix} \right\|_\infty = \max(|x_1|, |x_2|)$

$\|\cdot\|_\infty$ ist ebenfalls eine Norm auf $\mathbb{R}^2$.

Die beiden Normen ergeben sich jedoch nicht im oben beschriebenen Sinn aus einem inneren Produkt, da etwa für $\mathfrak{x} = \begin{pmatrix} 1 \\ 0 \end{pmatrix}$, $\mathfrak{y} = \begin{pmatrix} 0 \\ 1 \end{pmatrix}$ die folgende Relation nicht erfüllt ist:

Satz (Parallelogrammgleichung). Sei $\|\cdot\|_{\mathfrak{G}}$ die von einem inneren Produkt $(\cdot,\cdot)_{\mathfrak{G}}$ induzierte Norm auf einem Vektorraum U über $K \subseteq \mathbb{R}$. Dann gilt für alle $\mathfrak{x}, \mathfrak{y} \in U$:

$$\|\mathfrak{x}+\mathfrak{y}\|_{\mathfrak{G}}^2 + \|\mathfrak{x}-\mathfrak{y}\|_{\mathfrak{G}}^2 = 2(\|\mathfrak{x}\|_{\mathfrak{G}}^2 + \|\mathfrak{y}\|_{\mathfrak{G}}^2) .$$

Beweis. $(\mathfrak{x}+\mathfrak{y}, \mathfrak{x}+\mathfrak{y}) + (\mathfrak{x}-\mathfrak{y}, \mathfrak{x}-\mathfrak{y})$

$$= (\mathfrak{x},\mathfrak{x}) + (\mathfrak{y},\mathfrak{x}) + (\mathfrak{x},\mathfrak{y}) + (\mathfrak{y},\mathfrak{y}) + (\mathfrak{x},\mathfrak{x}) - (\mathfrak{y},\mathfrak{x}) - (\mathfrak{x},\mathfrak{y}) + (\mathfrak{y},\mathfrak{y})$$
$$= 2(\mathfrak{x},\mathfrak{x}) + 2(\mathfrak{y},\mathfrak{y}). \quad \square$$

Bemerkung. Der Name ergibt sich aus der geometrischen Deutung der Normen als Längen der Diagonalen bzw. Seiten eines Parallelogramms

$\left(U = \mathbb{R}^2, \left\| \begin{pmatrix} x_1 \\ x_2 \end{pmatrix} \right\| = \sqrt[+]{x_1^2 + x_2^2} \right)$:

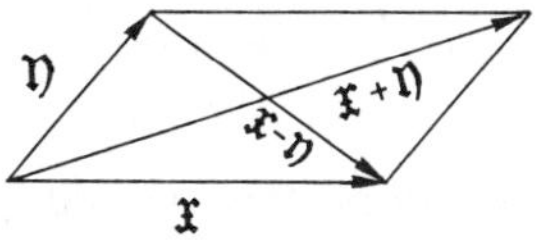

. □

Abb. 39

Faßt man $\|\mathfrak{x}\|$ als Verallgemeinerung des geometrischen Begriffs des Abstands des Punktes P mit „Ortsvektor" $\mathfrak{x}$ im $\mathbb{R}^n$ vom Ursprung auf, so ist es naheliegend, $\|\mathfrak{x}-\mathfrak{y}\|$ als *Verallgemeinerung der Distanz* der Punkte P bzw. Q in $\mathbb{R}^n$ mit „Ortsvektor" $\mathfrak{x}$ bzw. $\mathfrak{y}$ anzusehen.

Bezeichnen wir mit $E(P, Q)$ die Distanz der Punkte P und Q im Anschauungsraum, so gilt offensichtlich

$$\begin{aligned} &1)\ E(P,Q) \geqslant 0, \quad \text{und} \quad E(P,Q)=0 \Leftrightarrow P=Q\ , \\ &2)\ E(P,Q)=E(Q,P)\ , \\ \text{sowie}\quad &3)\ E(P,R) \leqslant E(P,Q)+E(Q,R) \quad \text{für je 3 Punkte } P, Q, R. \end{aligned}$$

Diese Eigenschaften übertragen sich auf die oben angeführte verallgemeinerte Distanz:

Satz. Sei $\|\cdot\|$ eine Norm auf U über $K \subseteq \mathbb{R}$. Dann hat die Funktion $d(\mathfrak{x}, \mathfrak{y}) = \|\mathfrak{x} - \mathfrak{y}\|$, $d: U \times U \to \mathbb{R}$ folgende Eigenschaften: Für alle $\mathfrak{x}, \mathfrak{y}, \mathfrak{z} \in U$ gilt

$$\begin{aligned} &\text{D1)}\ d(\mathfrak{x},\mathfrak{y}) \geqslant 0, \quad \text{und} \quad d(\mathfrak{x},\mathfrak{y}) = 0 \Leftrightarrow \mathfrak{x} = \mathfrak{y} \\ &\text{D2)}\ d(\mathfrak{x},\mathfrak{y}) = d(\mathfrak{y},\mathfrak{x}) \\ &\text{D3)}\ d(\mathfrak{x},\mathfrak{z}) \leqslant d(\mathfrak{x},\mathfrak{y}) + d(\mathfrak{y},\mathfrak{z}) \\ &\qquad (\textit{Dreiecksungleichung}).\ \square \end{aligned}$$

Der *Beweis* ergibt sich sofort aus den definierenden Eigenschaften N1, N2, N3 einer Norm.

Wir werden in Abschnitt 7.1 für eine beliebige Menge X Funktionen $d: X \times X \to \mathbb{R}$ studieren, die die Eigenschaften D1, D2, D3 besitzen, und diese als *Metriken* bezeichnen.

Vorderhand fassen wir zusammen: jedes skalare Produkt auf einem Vektorraum U über $K \subseteq \mathbb{R}$ definiert eine spezielle Norm auf U; jede Norm auf U definiert eine spezielle Metrik; Norm und Metrik abstrahieren gewisse Eigenschaften des heuristischen Abstandsbegriffs im Anschauungsraum.

Das gewöhnliche skalare Produkt $(\mathfrak{x}, \mathfrak{y}) = \sum_{i=1}^{n} x_i y_i$ für Vektoren $\mathfrak{x} = \begin{pmatrix} x_1 \\ \vdots \\ x_n \end{pmatrix}$ bzw. $\mathfrak{y} = \begin{pmatrix} y_1 \\ \vdots \\ y_n \end{pmatrix}$ besitzt wichtige *Anwendungen in der Geometrie*, auf die wir hier aus Zeitgründen nicht näher eingehen können. Es seien nur *zwei* **Beispiele** angeführt:

1) Nach der Ungleichung von Cauchy-Schwarz ist

$$-1 \leqslant \frac{(\mathfrak{x}, \mathfrak{y})}{|\mathfrak{x}|\,|\mathfrak{y}|} \leqslant 1\ .$$

Tatsächlich gilt für den *Winkel* ω zwischen den Vektoren $\mathfrak{x}$ bzw. $\mathfrak{y}$ im $\mathbb{R}^2$ bzw. $\mathbb{R}^3$ die Beziehung

$$\cos \omega = \frac{(\mathfrak{x}, \mathfrak{y})}{|\mathfrak{x}|\,|\mathfrak{y}|}\ .$$

Diese Relation kann nun dazu verwendet werden, um den „Winkel“ zwischen zwei Vektoren in einem beliebigen Vektorraum mit skalarem Produkt zu definieren. Ist $\omega = 90°$, so ist $\cos \omega = 0$, d. h. $(\mathfrak{x}, \mathfrak{y}) = 0$. Diese Beziehung verallgemeinert also den Begriff der *Orthogonalität*.

2) Betrachten wir das von $\mathfrak{a}$ und $\mathfrak{b}$ aufgespannte *Parallelogramm* in der Ebene:

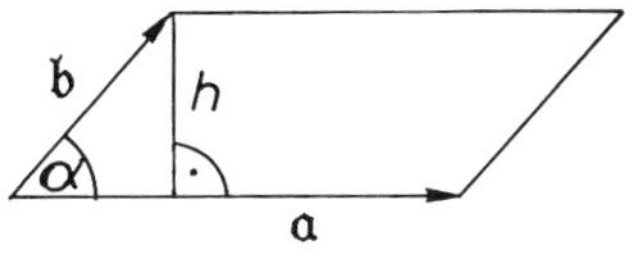

Abb. 40

Bezeichnet F die *Fläche*, so gilt

$$F^2 = (|\mathfrak{a}| \cdot h)^2 = (|\mathfrak{a}| \cdot |\mathfrak{b}| \cdot \sin\alpha)^2 = |\mathfrak{a}|^2 \cdot |\mathfrak{b}|^2(1-\cos^2\alpha)$$

und mit $\cos\alpha = \dfrac{(\mathfrak{a},\mathfrak{b})}{|\mathfrak{a}| \cdot |\mathfrak{b}|}$

$$\begin{aligned} F^2 &= (\mathfrak{a},\mathfrak{a})(\mathfrak{b},\mathfrak{b}) - (\mathfrak{a},\mathfrak{b})(\mathfrak{a},\mathfrak{b}) \\ &= \begin{vmatrix} (\mathfrak{a},\mathfrak{a}) & (\mathfrak{a},\mathfrak{b}) \\ (\mathfrak{a},\mathfrak{b}) & (\mathfrak{b},\mathfrak{b}) \end{vmatrix}, \end{aligned}$$

d.h. F^2 ist die Gramsche Determinante der Vektoren $\mathfrak{a},\mathfrak{b}$. Ist V das *Volumen* des von $\mathfrak{a},\mathfrak{b},\mathfrak{c} \in \mathbb{R}^3$ aufgespannten *Parallelepipeds* $\{\mathfrak{x} \mid \mathfrak{x} = \lambda\mathfrak{a} + \mu\mathfrak{b} + \nu\mathfrak{c}, 0 \leqslant \lambda, \mu, \nu \leqslant 1\}$, so ergibt sich

$$V^2 = \text{Gramsche Determinante von } \mathfrak{a},\mathfrak{b},\mathfrak{c}\,.$$

Bezeichnet man allgemein in $\mathbb{R}^n$ bei gegebenen Vektoren $\mathfrak{a}_1, \ldots, \mathfrak{a}_n$ die Menge der Punkte mit Ortsvektoren $\mathfrak{x}$ der Form

$$\mathfrak{x} = \sum_{i=1}^{n} \lambda_i \mathfrak{a}_i\,, \quad 0 \leqslant \lambda_i \leqslant 1$$

als das von $\mathfrak{a}_1, \ldots, \mathfrak{a}_n$ aufgespannte *Parallelotop*, so ist es naheliegend, das *Volumen V* durch

$$V = \sqrt[+]{\det(\mathfrak{a}_i, \mathfrak{a}_j)}$$

zu definieren. Man beachte dazu, daß

$$\det(\mathfrak{a}_i, \mathfrak{a}_j) = \det \mathfrak{A}^T\mathfrak{A} = (\det\mathfrak{A})^2 \geqslant 0\ ,$$

wenn $\mathfrak{A}$ die Matrix mit den Spaltenvektoren $\mathfrak{a}_1, \ldots, \mathfrak{a}_n$ bezeichnet. Es ist also dann

$$V = |\det\mathfrak{A}|\,.$$

$\tilde{V} = \det\mathfrak{A}$ heißt *orientiertes Volumen* des Parallelotops.

Bemerkung. Sei $U = \mathbb{R}^3$. Dann ist neben dem skalaren (inneren) Produkt $(\mathfrak{x},\mathfrak{y}) = \begin{pmatrix} x_1 \\ x_2 \\ x_3 \end{pmatrix} \cdot \begin{pmatrix} y_1 \\ y_2 \\ y_3 \end{pmatrix} = \sum_{i=1}^{3} x_i y_i$ für viele Anwendungen auch das *„Vektorprodukt“* (äußeres Produkt): $\mathbb{R}^3 \times \mathbb{R}^3 \to \mathbb{R}^3$

$$\mathfrak{x} \times \mathfrak{y} = \begin{pmatrix} x_1 \\ x_2 \\ x_3 \end{pmatrix} \times \begin{pmatrix} y_1 \\ y_2 \\ y_3 \end{pmatrix} = \begin{pmatrix} x_2y_3 - y_2x_3 \\ x_3y_1 - y_3x_1 \\ x_1y_2 - y_1x_2 \end{pmatrix}$$

von Bedeutung. Wie man leicht nachrechnet, gelten die folgenden *Eigenschaften*:

1) $(\mathfrak{x} \times \mathfrak{y}, \mathfrak{x}) = (\mathfrak{x} \times \mathfrak{y}, \mathfrak{y}) = 0$
   d.h. $\mathfrak{x} \times \mathfrak{y}$ steht senkrecht auf $\mathfrak{x}$ bzw. $\mathfrak{y}$;
2) $\mathfrak{x} \times \mathfrak{y} = -(\mathfrak{y} \times \mathfrak{x})$;
3) $(\mathfrak{x} \times \mathfrak{y})^2 = \mathfrak{x}^2\mathfrak{y}^2 - (\mathfrak{x}, \mathfrak{y})^2 = F^2$ (Lagrange-Identität), wenn wir $\mathfrak{a}^2 = (\mathfrak{a}, \mathfrak{a})$ setzen und F die Fläche des von $\mathfrak{x}$ und $\mathfrak{y}$ aufgespannten Parallelogramms bezeichnet (vgl. 1) von oben);
4) Für das orientierte Volumen V des von $\mathfrak{x}, \mathfrak{y}, \mathfrak{z}$ aufgespannten Parallelepipeds gilt
$$V = \det(\mathfrak{x}, \mathfrak{y}, \mathfrak{z}) = (\mathfrak{x}, \mathfrak{y} \times \mathfrak{z}) .$$

5.8 Orthonormalsysteme, Orthogonale Matrizen

Im folgenden wollen wir uns mit der weiter oben angeregten Verallgemeinerung des Begriffs der Orthogonalität beschäftigen.

Definition. Sei $(\cdot, \cdot)$ ein skalares Produkt auf U über $K \subseteq \mathbb{R}$.

$\mathfrak{x}, \mathfrak{y} \in U$ heißen *orthogonal* $\Leftrightarrow (\mathfrak{x}, \mathfrak{y}) = 0$;

$\mathfrak{x} \in U$ heißt *normiert* $\Leftrightarrow \|\mathfrak{x}\| = \sqrt[+]{(\mathfrak{x}, \mathfrak{x})} = 1 \Leftrightarrow (\mathfrak{x}, \mathfrak{x}) = 1$;

$\{\mathfrak{x}_1, \ldots, \mathfrak{x}_r\} \subseteq U$ heißt *Orthogonalsystem* (OS)
$\Leftrightarrow (\mathfrak{x}_i, \mathfrak{x}_j) = 0$ für alle $i \neq j,\ 1 \leqslant i, j \leqslant r$.

$\{\mathfrak{x}_1, \ldots, \mathfrak{x}_r\} \subseteq U$ heißt *Orthonormalsystem* (ONS)
$\Leftrightarrow (\mathfrak{x}_i, \mathfrak{x}_j) = \delta_{i,j}$ für alle $1 \leqslant i, j \leqslant r$;

$\{\mathfrak{x}_1, \ldots, \mathfrak{x}_r\} \subseteq U$ heißt *Orthonormalbasis* (ONB),
wenn $\{\mathfrak{x}_1, \ldots, \mathfrak{x}_r\}$ Basis von U und ein ONS ist. □

Beispiel. Sei $U = \mathbb{R}^3$, $(\mathfrak{x}, \mathfrak{y}) = \sum_{i=1}^{3} x_i y_i$. Dann ist $\{\mathfrak{e}_1, \mathfrak{e}_2, \mathfrak{e}_3\}$ eine ONB. □

Die Darstellung eines Vektors als Linearkombination eines ONS läßt sich sehr leicht ermitteln:

Satz. Sei $\{\mathfrak{x}_1, \ldots, \mathfrak{x}_n\}$ ein ONS, $\mathfrak{x} \in \mathscr{L}(\mathfrak{x}_1, \ldots, \mathfrak{x}_n)$. Dann ist
$$\mathfrak{x} = \sum_{i=1}^{n} (\mathfrak{x}, \mathfrak{x}_i)\, \mathfrak{x}_i .$$

Beweis. Die Darstellung von $\mathfrak{x}$ in der Form $\mathfrak{x} = \sum_{i=1}^{n} \lambda_i \mathfrak{x}_i$ ist eindeutig: Durch Bildung des skalaren Produkts mit $\mathfrak{x}_j$ ergibt sich
$$(\mathfrak{x}, \mathfrak{x}_j) = \left(\sum_{i=1}^{n} \lambda_i \mathfrak{x}_i, \mathfrak{x}_j \right) = \sum_{i=1}^{n} \lambda_i (\mathfrak{x}_i, \mathfrak{x}_j) = \sum_{i=1}^{n} \lambda_i \delta_{ij} = \lambda_j . \quad \square$$

Bemerkung. Ist $\{\mathfrak{x}_1, \ldots, \mathfrak{x}_n\}$ ein OS und $\mathfrak{x} = \sum_{i=1}^{n} \lambda_i \mathfrak{x}_i$, so ergibt sich mit der gleichen Methode $\lambda_i = \frac{(\mathfrak{x}, \mathfrak{x}_i)}{(\mathfrak{x}_i, \mathfrak{x}_i)}$.

Wir wollen uns nun die Frage stellen, wie man ausgehend von einer Basis $\{\mathfrak{x}_1, \ldots, \mathfrak{x}_n\}$ des Vektorraums U über $K \subseteq \mathbb{R}$ mit skalarem Produkt $(\cdot,\cdot)$ zu einer ONB gelangen kann. Die Antwort gibt das *Orthogonalisierungsverfahren von (*GRAM *und)* SCHMIDT[1]): *Im ersten Schritt* konstruiert man ausgehend von $\{\mathfrak{x}_1, \ldots, \mathfrak{x}_n\}$ eine Basis $\{\mathfrak{y}_1, \ldots, \mathfrak{y}_n\}$, die ein OS bildet, rekursiv:

$$\begin{cases} \mathfrak{y}_1 = \mathfrak{x}_1 \\ \mathfrak{y}_{r+1} = \mathfrak{x}_{r+1} - \sum_{i=1}^{r} \frac{(\mathfrak{x}_{r+1}, \mathfrak{y}_i)}{(\mathfrak{y}_i, \mathfrak{y}_i)} \mathfrak{y}_i, \quad 1 \leqslant r \leqslant n-1 . \end{cases}$$

Beweis. Wir müssen zeigen: $(\mathfrak{y}_j, \mathfrak{y}_k) = 0$ für $j \neq k$. Sei o. B. d. A. $j > k$. Wir zeigen die Behauptung durch Induktion nach $j \geqslant 2$.

i) $j = 2$, d. h. $k = 1$:

$$(\mathfrak{y}_2, \mathfrak{y}_1) = \left(\mathfrak{x}_2 - \frac{(\mathfrak{x}_2, \mathfrak{x}_1)}{(\mathfrak{x}_1, \mathfrak{x}_1)} \mathfrak{x}_1, \mathfrak{x}_1 \right) = (\mathfrak{x}_2, \mathfrak{x}_1) - (\mathfrak{x}_2, \mathfrak{x}_1) = 0 .$$

ii) Angenommen $(\mathfrak{y}_i, \mathfrak{y}_k) = 0$ für alle i, k mit $k < i \leqslant j$. Es ist für alle $k < j+1$

$$(\mathfrak{y}_{j+1}, \mathfrak{y}_k) = \left(\mathfrak{x}_{j+1} - \sum_{i=1}^{j} \frac{(\mathfrak{x}_{j+1}, \mathfrak{y}_i)}{(\mathfrak{y}_i, \mathfrak{y}_i)} \mathfrak{y}_i, \mathfrak{y}_k \right) .$$

Wegen $(\mathfrak{y}_i, \mathfrak{y}_k) = (\mathfrak{y}_k, \mathfrak{y}_i)$, folgt aus der Voraussetzung, daß $(\mathfrak{y}_i, \mathfrak{y}_k) = 0$ für $1 \leqslant i, k \leqslant j, i \neq k$,

$$(\mathfrak{y}_{j+1}, \mathfrak{y}_k) = (\mathfrak{x}_{j+1}, \mathfrak{y}_k) - (\mathfrak{x}_{j+1}, \mathfrak{y}_k) = 0 .$$

$\{\mathfrak{y}_1, \ldots, \mathfrak{y}_n\}$ ist also ein OS. Damit ist aber $\{\mathfrak{y}_1, \ldots, \mathfrak{y}_n\}$ auch l. u. und daher eine Basis.

Im zweiten Schritt wird das OS normiert:

$$\mathfrak{z}_i = \frac{\mathfrak{y}_i}{\| \mathfrak{y}_i \|}, \quad 1 \leqslant i \leqslant n .$$

$\{\mathfrak{z}_1, \ldots, \mathfrak{z}_n\}$ ist dann eine ONB.

Beispiel. Sei U der von $\mathfrak{x}_1 = \begin{pmatrix} 2 \\ -2 \\ -1 \end{pmatrix}$ und $\mathfrak{x}_2 = \begin{pmatrix} 2 \\ -4 \\ -5 \end{pmatrix}$ aufgespannte Teilraum des $\mathbb{R}^3$. $(\mathfrak{x}, \mathfrak{y}) = \sum_{i=1}^{3} x_i y_i$.

---

[1]) Erhard SCHMIDT, 14. Jänner 1876 – 6. Dezember 1959.

1. Schritt: $\mathfrak{y}_1 = \mathfrak{x}_1 = \begin{pmatrix} 2 \\ -2 \\ -1 \end{pmatrix}$

$$\mathfrak{y}_2 = \mathfrak{x}_2 - \frac{(\mathfrak{x}_2, \mathfrak{y}_1)}{(\mathfrak{y}_1, \mathfrak{y}_1)} \cdot \mathfrak{y}_1$$

$$= \begin{pmatrix} 2 \\ -4 \\ -5 \end{pmatrix} - \frac{17}{9} \cdot \begin{pmatrix} 2 \\ -2 \\ -1 \end{pmatrix} = \frac{1}{9} \cdot \begin{pmatrix} -16 \\ -2 \\ -28 \end{pmatrix} = -\frac{2}{9} \begin{pmatrix} 8 \\ 1 \\ 14 \end{pmatrix}$$

2. Schritt: $\mathfrak{z}_1 = \dfrac{\mathfrak{y}_1}{\|\mathfrak{y}_1\|} = \dfrac{1}{3} \cdot \begin{pmatrix} 2 \\ -2 \\ -1 \end{pmatrix}$

$$\mathfrak{z}_2 = \frac{\mathfrak{y}_2}{\|\mathfrak{y}_2\|} = \frac{1}{\sqrt{261}} \begin{pmatrix} -8 \\ -1 \\ -14 \end{pmatrix} = \frac{-1}{3\sqrt{29}} \begin{pmatrix} 8 \\ 1 \\ 14 \end{pmatrix} . \quad \square$$

Im 2. Teil dieses Abschnitts wollen wir eine wichtige Klasse von Matrizen näher studieren:

Definition. Eine Matrix $\mathfrak{A} \in L_{n,n}(K)$, $K \subseteq \mathbb{R}$, heißt *orthogonal,* wenn die Spaltenvektoren $\mathfrak{s}_i$ ein ONS bilden, d. h. $(\mathfrak{s}_i, \mathfrak{s}_j) = \delta_{i,j}$. $\square$

Achtung: Es wird also auch gefordert, daß die Spaltenvektoren *normiert* sind!

Beispiele. 1) $\mathfrak{A} = \begin{pmatrix} 0 & 1 \\ 1 & 0 \end{pmatrix}$ ist orthogonal.

2) $\mathfrak{A} = \begin{pmatrix} \cos\varphi & \sin\varphi \\ \sin\varphi & -\cos\varphi \end{pmatrix}$ ist orthogonal. $\square$

Orthogonale Matrizen lassen sich auf verschiedene Arten charakterisieren. Es gilt nämlich der folgende

Satz. Sei $\mathfrak{A} \in L_{n,n}(K)$, $K \subseteq \mathbb{R}$. Dann sind die folgenden Aussagen äquivalent:
1) Die Spaltenvektoren $\mathfrak{s}_i$ bilden ein ONS.
2) Die Zeilenvektoren $\mathfrak{z}_i$ bilden ein ONS.
3) $\mathfrak{A}$ ist invertierbar und $\mathfrak{A}^{-1} = \mathfrak{A}^T$.

Beweis. 1) $\Leftrightarrow$ 3): $\mathfrak{A}^T \cdot \mathfrak{A} = (b_{ij})$, wobei b_{ij} als Produkt des i-ten Zeilenvektors von $\mathfrak{A}^T$ *mit dem* j-ten Spaltenvektor von $\mathfrak{A}$ gebildet wird, d. h. $b_{ij} = (\mathfrak{s}_i, \mathfrak{s}_j)$, d. h.

$$(\mathfrak{s}_i, \mathfrak{s}_j) = \delta_{ij} \Leftrightarrow \mathfrak{A}^T \cdot \mathfrak{A} = \mathfrak{E} .$$

Ist aber $\mathfrak{A}^T \cdot \mathfrak{A} = \mathfrak{E}$, so ist $\det \mathfrak{A} = \det \mathfrak{A}^T \neq 0$, d. h. $(\mathfrak{A}^T)^{-1}$ existiert. Damit ist

$$\mathfrak{A} \cdot \mathfrak{A}^T = \mathfrak{E} \cdot \mathfrak{A} \cdot \mathfrak{A}^T = (\mathfrak{A}^T)^{-1} \cdot \mathfrak{A}^T \cdot \mathfrak{A} \cdot \mathfrak{A}^T = (\mathfrak{A}^T)^{-1} \cdot \mathfrak{E} \cdot \mathfrak{A}^T = \mathfrak{E} .$$

2) $\Leftrightarrow$ 3) $\mathfrak{A} \cdot \mathfrak{A}^T = (c_{ij})$ mit $c_{ij} = (\mathfrak{z}_i, \mathfrak{z}_j)$ und der Beweis kann analog zu dem des 1. Teils geführt werden. □

Folgerung 1. $\mathfrak{A}$ ist orthogonal $\Leftrightarrow$ $\mathfrak{A}^T$ ist orthogonal $\Leftrightarrow$ $\mathfrak{A}^{-1} = \mathfrak{A}^T$.

Folgerung 2. $\mathfrak{A}$ orthogonal $\Rightarrow$ $\det \mathfrak{A} = \pm 1$.

Beweis. $\mathfrak{A}$ orthogonal $\Rightarrow$ $\mathfrak{A} \cdot \mathfrak{A}^T = \mathfrak{E}$ $\Rightarrow$ $(\det \mathfrak{A})^2 = 1$. □

Achtung: In Folgerung 2 gilt i. allg. nicht die Umkehrung:

$$\mathfrak{A} = \begin{pmatrix} 2 & 1 \\ 1 & 1 \end{pmatrix} \text{ ist nicht orthogonal, aber } \det \mathfrak{A} = 1. \quad \square$$

Wir wollen uns nun die Frage stellen, ob orthogonale Matrizen auch durch *geometrische Eigenschaften* der zugehörigen kanonischen Abbildungen $\mathbb{R}^n \to \mathbb{R}^n$ charakterisiert werden können.

Sei dazu $(\mathfrak{x}, \mathfrak{y}) = \sum_{i=1}^{n} x_i y_i$ das gewöhnliche skalare Produkt in $\mathbb{R}^n$, $\mathfrak{A}$ orthogonal und A die zu $\mathfrak{A}$ gehörige kanonische Abbildung $A : \mathbb{R}^n \to \mathbb{R}^n$. Dann ist

$$\begin{aligned} (A\,\mathfrak{x}, A\,\mathfrak{y}) &= \mathfrak{x}^T \mathfrak{A}^T \mathfrak{A}\, \mathfrak{y} \\ &= \mathfrak{x}^T \mathfrak{y} \\ &= (\mathfrak{x}, \mathfrak{y})\,. \end{aligned}$$

Das skalare Produkt und damit auch der Winkel zweier Vektoren ist also unter A invariant. Damit gilt natürlich auch

$$\|A\,\mathfrak{x}\| = \|\mathfrak{x}\|\,,$$

d. h. Abstände sind unter A invariant.

Definition. Eine Abbildung $A : \mathbb{R}^n \to \mathbb{R}^n$ heißt *metrische Abbildung*, wenn sie längen- und winkeltreu ist, d. h. für alle $\mathfrak{x}, \mathfrak{y} \in \mathbb{R}^n$ gilt

$$(A\,\mathfrak{x}, A\,\mathfrak{y}) = (\mathfrak{x}, \mathfrak{y}). \quad \square$$

Jede orthogonale Matrix $\mathfrak{A}$ vermittelt also eine metrische Abbildung. Es gilt aber auch die Umkehrung:

Satz. $A : \mathbb{R}^n \to \mathbb{R}^n$ ist metrisch genau dann, wenn die Matrix $\mathfrak{A}$ von A bezüglich der kanonischen Basis orthogonal ist. $\left((\mathfrak{x}, \mathfrak{y}) = \sum_{i=1}^{n} x_i y_i \text{ das gewöhnliche skalare Produkt} \right)$.

Beweis. Ein Teil der Aussage ist bereits bewiesen. Sei nun A metrisch. Bezeichnet $\mathfrak{s}_i$ die Spalten von $\mathfrak{A}$, so gilt

$$\mathfrak{s}_i = A\,\mathfrak{e}_i$$

und damit

$$(\mathfrak{s}_i, \mathfrak{s}_j) = (A\,\mathfrak{e}_i, A\,\mathfrak{e}_j) = (\mathfrak{e}_i, \mathfrak{e}_j) = \delta_{ij}\,. \quad \square$$

Beispiel. $n = 2$. Sei $\mathfrak{A} = \begin{pmatrix} \alpha_{11} & \alpha_{12} \\ \alpha_{21} & \alpha_{22} \end{pmatrix}$.

$\mathfrak{A}$ ist orthogonal genau dann, wenn

(1) $\alpha_{11}^2 + \alpha_{21}^2 = 1$,
(2) $\alpha_{11}\alpha_{12} + \alpha_{21}\alpha_{22} = 0$
und (3) $\alpha_{12}^2 + \alpha_{22}^2 = 1$.

Wir substituieren $\alpha_{11} = \cos\varphi$ und erhalten aus (1)

$$\alpha_{21} = \pm\sin\varphi\,.$$

Fall 1: $\alpha_{21} = \sin\varphi$. Sei $\alpha_{12} = \varrho\cdot\sin\varphi$. (Man beachte, daß $\alpha_{21} = 0 \Rightarrow \alpha_{12} = 0$.)
Wegen (2) ist dann

$$\varrho\sin\varphi\cos\varphi + \sin\varphi\cdot\alpha_{22} = 0\,,$$

d.h.

$$\alpha_{22} = -\varrho\cos\varphi\,.$$

Aus (3) folgt $\varrho^2\sin^2\varphi + \varrho^2\cos^2\varphi = \varrho^2 = 1$, d.h. $\varrho = \pm 1$.
Wir erhalten also die Matrizen

$$\mathfrak{A}_1 = \begin{pmatrix} \cos\varphi & \sin\varphi \\ \sin\varphi & -\cos\varphi \end{pmatrix} \quad \text{sowie} \quad \mathfrak{A}_2 = \begin{pmatrix} \cos\varphi & -\sin\varphi \\ \sin\varphi & \cos\varphi \end{pmatrix},$$

die, wie man leicht nachprüft, tatsächlich orthogonal sind.

Fall 2: $\alpha_{21} = -\sin\varphi$.
Mit der Methode von Fall 1 ergeben sich die Matrizen

$$\mathfrak{A}_3 = \begin{pmatrix} \cos\varphi & \sin\varphi \\ -\sin\varphi & \cos\varphi \end{pmatrix} \quad \text{sowie} \quad \mathfrak{A}_4 = \begin{pmatrix} \cos\varphi & -\sin\varphi \\ -\sin\varphi & -\cos\varphi \end{pmatrix}.$$

Wegen $-\sin\varphi = \sin(2\pi - \varphi)$ und $\cos(2\pi - \varphi) = \cos\varphi$ sind aber diese Matrizen schon in Fall 1 inkludiert.

Wir haben damit alle orthogonalen Matrizen in $L_{2,2}(\mathbb{R})$ bzw. alle metrischen Abbildungen $\mathbb{R}^2 \to \mathbb{R}^2$ gefunden. Um die *geometrische Wirkung der Abbildungen* leichter zu erkennen, gehen wir zur Interpretation von $\mathbb{R}^2$ als komplexe Zahlenebene über.

Die Multiplikation der Zahl $z = x + iy \in \mathbb{C}$ mit der Zahl $[1, \varphi] = \cos\varphi + i\sin\varphi$ bedeutet geometrisch, wie wir wissen, eine Drehung um den Winkel φ. Es ist aber

$$u + iv = (\cos\varphi + i\sin\varphi)(x + iy)$$

$$\Leftrightarrow \begin{cases} u = \cos\varphi\cdot x - \sin\varphi\cdot y \\ v = \sin\varphi\cdot x + \cos\varphi\cdot y \quad (x, y, u, v \in \mathbb{R}) \end{cases}$$

$$\Leftrightarrow \begin{pmatrix} u \\ v \end{pmatrix} = \begin{pmatrix} \cos\varphi & -\sin\varphi \\ \sin\varphi & \cos\varphi \end{pmatrix} \begin{pmatrix} x \\ y \end{pmatrix}.$$

$\mathfrak{A}_2$ von oben vermittelt also eine *Drehung* um φ. ($\mathfrak{A}_3$ wäre entsprechend die Drehung um $2\pi - \varphi$, d.h. um $-\varphi$).

Zur Deutung von $\mathfrak{A}_1$ beachte man, daß der Übergang $z \to \bar{z}$, d.h. $\begin{pmatrix} x \\ y \end{pmatrix} \to \begin{pmatrix} x \\ -y \end{pmatrix}$ geometrisch eine Spiegelung an der x-Achse bedeutet. Da nun für

$$(u + iv) = (\cos\varphi + i\sin\varphi) \cdot \overline{(x + iy)}$$

$$\begin{pmatrix} u \\ v \end{pmatrix} = \begin{pmatrix} \cos\varphi & \sin\varphi \\ \sin\varphi & -\cos\varphi \end{pmatrix} \begin{pmatrix} x \\ y \end{pmatrix}$$

gilt, vermittelt $\mathfrak{A}_1$ (und damit auch $\mathfrak{A}_4$) eine *Drehspiegelung*.

Wir halten noch fest, daß

$$\det \mathfrak{A}_2 = \det \mathfrak{A}_3 = 1$$

$$\text{und} \quad \det \mathfrak{A}_1 = \det \mathfrak{A}_4 = -1 . \quad \square$$

Man führt nun, motiviert durch die geometrische Interpretation, folgende Begriffe ein:

Definition. Eine orthogonale Matrix $\mathfrak{A}$ heißt

eigentliche orthogonale Matrix $\Leftrightarrow \det \mathfrak{A} = 1$
uneigentliche orthogonale Matrix $\Leftrightarrow \det \mathfrak{A} = -1$. □

Im $\mathbb{R}^2$ entsprechen diesen Matrizen also die Drehungen um den Ursprung bzw. die Spiegelung an einer Koordinatenachse gefolgt von einer Drehung um den Ursprung.

6 Polynome

6.1 Der Vektorraum und Ring der Polynome

Wir haben bereits in Kapitel 5 Polynome mit Koeffizienten aus $\mathbb{R}$ als Beispiel kennengelernt. Wir studieren nun die entsprechende Struktur für einen *beliebigen Körper K:*

Dazu geben wir uns ein Symbol $x \notin K$ vor, das wir *Unbestimmte* nennen. Die gesuchte Menge soll neben x auch alle Ausdrücke $xx, xxx, xxxx, \ldots$ enthalten, für die wir die Kurzschreibweisen $x^2, x^3, x^4, \ldots$ vereinbaren. Anstelle von x schreiben wir auch x^1. Deuten wir das „Hintereinanderschreiben" der Unbestimmten x als Produkt, so gilt also

$$x^k \cdot x^l = x^{k+l}, \quad k, l \in \mathbb{N},\ k, l \geqslant 1 .$$

Um ein Einheitselement zu erhalten, führen wir noch das Symbol x^0 ein und erweitern die obige Relation zu

$$x^k \cdot x^l = x^{k+l}, \quad \text{für alle} \quad k, l \in \mathbb{N} .$$

Wir nennen die so eingeführten Ausdrücke x^k, $k \in \mathbb{N}$, daher die *Potenzen von x.*

Weiters können wir das Skalarprodukt eines Elements $a \in K$ mit einer Potenz x^k als den Ausdruck

$$ax^k$$

einführen und das Produkt zweier solcher „*Monome*" durch

$$(ax^k) \cdot (bx^l) = (ab)x^{k+l}$$

definieren. (Die „*Koeffizienten*" a, b sollen also mit den Potenzen von x vertauschbar sein.)

Schließlich wollen wir unter der Summe der Monome ax^k und bx^l den Ausdruck

$$ax^k + bx^l$$

verstehen, wobei für $k = l$

$$ax^k + bx^k = (a+b)x^k$$

gelten soll.

In analoger Weise wird die Summe endlich vieler Monome $a_j x^j$, $a_j \in K$, $j \in \mathbb{N}$, definiert, die vereinbarungsgemäß assoziativ und kommutativ sein soll. Eine derartige „Linearkombination" von Potenzen von x und Koeffizienten aus K kann daher stets in der Form

$$(*) \qquad \sum_{i\in\mathbb{N}} a_i x^i,\ a_i\in K, \text{ nur endlich viele } a_i \neq 0\,,$$

geschrieben werden, wenn wir vereinbaren, nicht auftretende Potenzen x^i in der Form $0\cdot x^i$ in den Ausdruck (*) aufzunehmen.

Definition. 1) Die Menge der in (*) beschriebenen Ausdrücke heißt Menge der *Polynome in x mit Koeffizienten aus K*, symb. $K[x]$.

Zwei Polynome $\sum_{i\in\mathbb{N}} a_i x^i$ bzw. $\sum_{i\in\mathbb{N}} b_i x^i$ sind genau dann *gleich*, wenn $a_i = b_i$ für alle $i\in\mathbb{N}$ gilt.

2) Das Polynom $N(x) = \sum_{i\in\mathbb{N}} 0x^i$ heißt das *Nullpolynom*.

3) Sei $P(x) = \sum_{i\in\mathbb{N}} a_i x^i \in K[x]$, $P(x) \neq N(x)$. Dann heißt der größte Index $n\in\mathbb{N}$ mit $a_n \neq 0$ der *Grad von* $P(x)$, symb.

$$\mathit{Grad}\,P(x) = n \quad (\text{d.h.: } a_n \neq 0 \text{ und } a_i = 0 \text{ für alle } i > n)\,.$$

Manchmal setzt man $\operatorname{Grad} N(x) = -\infty$. □

Ein Polynom vom Grad $\leqslant n$ läßt sich also in der Form $\sum_{i=0}^{n} a_i x^i$ schreiben. Wir bezeichnen die Menge der Polynome vom Grad $\leqslant n$ in $K[x]$ mit $K_n[x]$. Es gelten dann die Inklusionen

$$\{N(x)\} = K_{-\infty}[x] \subset K_0[x] \subset K_1[x] \subset \ldots \subset K_n[x] \subset K_{n+1}[x] \subset \ldots \subset K[x]\,.$$

Aufgrund der einleitenden Bemerkungen ist klar, wie man die Addition von Polynomen und die Multiplikation mit Skalaren aus K definieren wird:

Definition. Seien $P(x) = \sum_{i\in\mathbb{N}} a_i x^i$, $Q(x) = \sum_{i\in\mathbb{N}} b_i x^i \in K[x]$, $\lambda\in K$. Dann ist

$$P(x) + Q(x) = \sum_{i\in\mathbb{N}} (a_i + b_i) x^i$$

bzw.

$$\lambda\cdot P(x) = \sum_{i\in\mathbb{N}} (\lambda a_i) x^i\,. \quad \square$$

(Man beachte, daß diese Operationen mit den eingangs betrachteten „formalen" Summen und Skalarprodukten in der Bezeichnung verträglich sind.)

Dann bildet $\langle K[x], +, K\rangle$ *einen Vektorraum* und die Potenzen $\{x^i\}_{i\in\mathbb{N}}$ eine Basis. Es ist daher

$$\dim K[x] = \infty\,.$$

Aus der obigen Definition folgt weiters unmittelbar

$$\operatorname{Grad}(P(x) + Q(x)) \leqslant \max(\operatorname{Grad} P(x), \operatorname{Grad} Q(x))$$

sowie

$$\operatorname{Grad}(\lambda P(x)) \leqslant \operatorname{Grad} P(x)$$

(wenn wir für alle $n\in\mathbb{N}$ $-\infty < n$, sowie für später $-\infty + n = n + (-\infty) = -\infty + (-\infty) = -\infty$ setzen).

Daher bilden die Mengen $K_n[x]$, $n \in \mathbb{N} \cup \{-\infty\}$ *Teilräume von* $K[x]$. Dabei ist (vgl. Kap. 5.3)

$$\dim K_n[x] = n+1 \quad \text{für} \quad n \in \mathbb{N}$$

sowie

$$\dim K_{-\infty}[x] = 0\,.$$

Betrachten wir die geordnete Basis $B = \langle x^i \rangle_{0 \leqslant i \leqslant n}$ von $K_n[x]$, so ist der zugehörige kanonische Isomorphismus $K_n[x] \to K^{n+1}$ die Abbildung

$$\sum_{i=0}^{n} a_i x^i \to \begin{pmatrix} a_0 \\ \vdots \\ a_n \end{pmatrix}.$$

Die Polynome aus $K_n[x]$ sind in diesem Sinn also nur eine andere (aber für viele Zwecke sehr brauchbare!) Darstellungsart für die Vektoren aus K^{n+1}.

Das eingangs definierte *Produkt* von Monomen kann nun auf $K[x]$ in eindeutiger Weise erweitert werden, wenn die Distributivgesetze gelten sollen:

$$\begin{aligned}
&(a_0x^0 + a_1x^1 + \cdots + a_mx^m)(b_0x^0 + b_1x^1 + \cdots + b_nx^n)\\
= \;& a_0x^0b_0x^0 + a_0x^0b_1x^1 + \cdots + a_0x^0b_nx^n\\
& + a_1x^1b_0x^0 + a_1x^1b_1x^1 + \cdots + a_1x^1b_nx^n\\
& + \cdots\\
& + a_mx^mb_0x^0 + a_mx^mb_1x^1 + \cdots + a_mx^mb_nx^n\\
= \;& a_0b_0x^0 + a_0b_1x^1 + \cdots + a_0b_nx^n\\
& + a_1b_0x^1 + a_1b_1x^2 + \cdots + a_1b_nx^{n+1}\\
& + \cdots\\
& + a_mb_0x^m + a_mb_1x^{m+1} + \cdots + a_mb_nx^{m+n}
\end{aligned}$$

bzw. in Summenschreibweise:

$$\left(\sum_{i \in \mathbb{N}} a_i x^i\right)\left(\sum_{j \in \mathbb{N}} b_j x^j\right) = \sum_{i,j \in \mathbb{N}} a_i x^i b_j x^j = \sum_{i,j \in \mathbb{N}} a_i b_j x^{i+j}.$$

Faßt man nun alle Terme mit gleichen Potenzen von x zusammen, so ist der letzte Ausdruck

$$= \sum_{k \in \mathbb{N}} c_k x^k, \quad \text{wobei} \quad c_k = \sum_{i+j=k} a_i b_j = \sum_{i=0}^{k} a_i b_{k-i} \quad \text{ist.}$$

Definition. Seien $P(x) = \sum_{i \in \mathbb{N}} a_i x^i$, $Q(x) = \sum_{i \in \mathbb{N}} b_i x^i \in K[x]$. Dann ist

$$P(x) \cdot Q(x) = \sum_{k \in \mathbb{N}} \left(\sum_{i+j=k} a_i b_j\right) x^k = \sum_{k \in \mathbb{N}} \left(\sum_{i=0}^{k} a_i b_{k-i}\right) x^k. \quad \square$$

Aus der Definition ergibt sich sofort $\operatorname{Grad}(P(x)Q(x)) \leqslant \operatorname{Grad}P(x) + \operatorname{Grad}Q(x)$.

Ist andererseits $\operatorname{Grad}P(x) = m$, $\operatorname{Grad}Q(x) = n$ $(m, n \in \mathbb{N})$, so tritt in $P(x)Q(x)$ die Potenz x^{m+n} mit dem Koeffizienten $a_m b_n \neq 0$ auf, d. h. es ist auch $\operatorname{Grad}P(x) + \operatorname{Grad}Q(x) \leqslant \operatorname{Grad}(P(x)Q(x))$. (Man beachte, daß hier die Nullteilerfreiheit von K eingeht!) Die Ungleichungen bleiben trivialerweise auch für $P(x) = N(x)$ oder $Q(x) = N(x)$ richtig, da dann $P(x)Q(x) = N(x)$. Wir haben also gezeigt:

Satz. Sei K ein Körper, $P(x)$, $Q(x) \in K[x]$. Dann ist

$$\operatorname{Grad}(P(x)Q(x)) = \operatorname{Grad}P(x) + \operatorname{Grad}Q(x) . \quad \square$$

Als unmittelbare Folgerung ergibt sich wegen $\operatorname{Grad}N(x) = -\infty$:

$$P(x) \cdot Q(x) = N(x) \Leftrightarrow P(x) = N(x) \vee Q(x) = N(x) .$$

Man sieht sofort, daß $\langle K[x], +, \cdot \rangle$ ein *kommutativer Ring mit Einselement* ist. Er heißt *Ring der Polynome* (in einer Unbestimmten) *über dem Körper K.* Wegen der obigen Folgerung aus dem „Gradsatz“ ist $\langle K[x], +, \cdot \rangle$ sogar ein *Integritätsbereich.*

Bemerkung. Anstelle Polynome über einem Körper K zu betrachten, kann man die Koeffizienten auch aus einem Ring (oder sogar Halbring) wählen. Der Polynom(halb)ring wird jedoch nur dann ein Integritätsbereich, wenn dies auch der Koeffizientenbereich ist. $\square$

Sei nun wieder K ein Körper. Wir können dann die Frage nach den *Elementen in* $K[x]$ stellen, *die ein multiplikatives Inverses* besitzen:

Da K ein Körper ist, besitzt sicher jedes Monom $a_0 x^0$ mit $a_0 \neq 0$ ein Inverses, nämlich $a_0^{-1} x^0$:

$$(a_0 x^0)(a_0^{-1} x^0) = (a_0 a_0^{-1}) x^0 = 1 \cdot x^0 .$$

Andererseits können Polynome vom Grad $\geqslant 1$ kein Inverses besitzen, da aus

$$P(x)Q(x) = 1 \cdot x^0$$

folgt

$$\operatorname{Grad}P(x) + \operatorname{Grad}Q(x) = 0 ,$$

d. h.

$$\operatorname{Grad}P(x) = \operatorname{Grad}Q(x) = 0 .$$

Satz. Die bezüglich der Multiplikation invertierbaren Elemente im Polynomring über einem Körper sind genau die Polynome vom Grad 0: $P(x) = a_0 x^0$, $a_0 \neq 0$.

Bemerkung. 1) Stammen die Koeffizienten aus einem Integritätsbereich Γ (z. B. $\mathbb{Z}$), so ergibt sich mit den obigen Überlegungen, daß genau die Polynome $a_0 x^0$ mit a_0 invertierbar in Γ ein Inverses in $\Gamma[x]$ besitzen (in $\mathbb{Z}[x]$ also die Polynome $1x^0$ und $-1x^0$).

2) Aus der Definition der Operationen im Polynomring folgt, daß die Elemente a_0 des Koeffizientenbereichs mit dem Polynom $a_0 x^0$ identifiziert werden können. Man schreibt daher für diese Polynome oft auch nur kurz a_0.

6.2 Teilbarkeit und Euklidischer Algorithmus

Da im Polynomring wie etwa auch im Bereich $\mathbb{Z}$ der ganzen Zahlen die Division nicht unbeschränkt ausführbar ist, ergibt sich die Frage nach der *„Teilbarkeit“* eines Elements durch ein anderes:

Seien $a, b \in \mathbb{Z}$. Dann ist b ein Teiler von a genau dann, wenn es ein $q \in \mathbb{Z}$ gibt, sodaß $a = bq$. Diese Begriffsbildung kann sofort auf den Polynomring $K[x]$ oder irgendeinen Integritätsbereich Γ übertragen werden:

Definition. Seien $a, b \in \Gamma$, Γ ein Integritätsbereich. Dann heißt b *Teiler von* a, *symb.* $b \mid a$, genau dann, wenn es ein $q \in \Gamma$ gibt, so daß $a = bq$. □

Für viele Untersuchungen ist der Begriff des *„größten gemeinsamen Teilers“* von Bedeutung:

Definition. Seien $a, b \in \Gamma$, Γ ein Integritätsbereich. Ein Element $d \in \Gamma$ heißt *ein größter gemeinsamer Teiler* von a und b, symb. $d = \mathrm{ggT}(a, b)$, wenn gilt:

1) d ist ein gemeinsamer Teiler, d. h. $d \mid a \wedge d \mid b$
2) Jeder gemeinsame Teiler teilt d, d. h.:

$$t \mid a \wedge t \mid b \Rightarrow t \mid d .$$

Ist $1 = \mathrm{ggT}(a, b)$, so heißen a und b *relativ prim* in Γ.

Beispiel. $\Gamma = \mathbb{Z}$, $a = 4$, $b = 6$.
Die Zahlen 2 und -2 sind größte gemeinsame Teiler von 4 und 6. □

Bemerkung. Der größte gemeinsame Teiler ist also i. allg. nicht eindeutig bestimmt. Die Bezeichnung $d = \mathrm{ggT}(a, b)$ ist daher strenggenommen nicht exakt; sie führt aber zu keinen Schwierigkeiten, da man angeben kann, wie verschiedene größte gemeinsame Teiler zusammenhängen:

Definition. Sei Γ ein Integritätsbereich. Dann heißen die multiplikativ invertierbaren Elemente die *Einheiten von* Γ.

Satz. Sei Γ ein Integritätsbereich $a, b \in \Gamma - \{0\}$, $d = \mathrm{ggT}(a, b)$. Dann ist die Menge aller ggT von a und b gegeben durch

$$\{\alpha d \colon \alpha \text{ Einheit in } \Gamma\} .$$

Beweis. Sei $d = \mathrm{ggT}(a, b)$ und $d' = \alpha d$, α Einheit. Dann existiert α^{-1} in Γ.
Wegen $d \mid a \wedge d \mid b$ existieren $q_1, q_2 \in \Gamma$ mit

$$a = dq_1, \quad b = dq_2 .$$

Nun ist aber $\alpha^{-1} d' = d$, so daß

$$a = \alpha^{-1} d' q_1 = d'(\alpha^{-1} q_1) , \quad b = \alpha^{-1} d' q_2 = d'(\alpha^{-1} q_2) ,$$

d. h. $d' \mid a \wedge d' \mid b$.

Sei weiters $t \in \Gamma$ mit $t | a \wedge t | b$.

Dann gilt auch $t \mid d = \alpha^{-1} d'$, d.h. es existiert $q \in \Gamma$ mit $\alpha^{-1} d' = tq$ bzw. $d' = tq\alpha$, d.h. $t \mid d'$. Damit ist aber auch $d' = \operatorname{ggT}(a, b)$.

Seien nun $d = \operatorname{ggT}(a, b)$ und $d' = \operatorname{ggT}(a, b)$. Dann gilt $d | d'$ und $d' | d$, d.h. es existieren $q_3, q_4 \in \Gamma$ mit $d' = dq_3$, $d = d'q_4$, d.h. $d' = d' q_4 q_3$ bzw. $d'(q_4 q_3 - 1) = 0$. Da Γ nullteilerfrei ist, folgt $q_3 q_4 = 1$, d.h. q_3 ist eine Einheit in Γ. □

Beispiele. 1) Die Einheiten von $\mathbb{Z}$ sind ± 1; daher ist $\operatorname{ggT}(a, b)$ in $\mathbb{Z}$ bis auf das Vorzeichen eindeutig bestimmt.

2) Sei K ein Körper. Nach dem früher gezeigten Satz sind die Einheiten in $K[x]$ die Polynome vom Grad 0. $\operatorname{ggT}(P(x), Q(x))$ ist also bis auf Faktoren aus $K - \{0\}$ eindeutig bestimmt. □

Der letzte Satz klärt natürlich nicht die Frage nach der Existenz bzw. *praktischen Bestimmung eines* $ggT(a, b)$. Wir werden im folgenden zunächst ein Verfahren zur Bestimmung des ggT in $\mathbb{Z}$ angeben und später zeigen, daß sich dieses Verfahren u.a. auch auf die Polynomringe $K[x]$, K ein Körper, verallgemeinern läßt:

Dazu beachten wir, daß im Bereich der ganzen Zahlen stets eine *„Division mit Rest"* im folgenden Sinn ausführbar ist:

Satz. Seien $a, b \in \mathbb{Z}$, $b \neq 0$. Dann existieren Zahlen $q, r \in \mathbb{Z}$ mit $a = bq + r$ und $r = 0$ oder $0 < r < |b|$. □

Wir gelangen damit zum

Euklidischen Algorithmus in $\mathbb{Z}$. Seien $a, b \in \mathbb{Z}$, $a, b \neq 0$ vorgegeben. Dann führen wir die folgende Divisionskette aus, solange kein verschwindender Rest auftritt:

$$
\begin{array}{llll}
 & a = bq_0 + r_0 & \text{mit} & 0 < r_0 < |b| \\
 & b = r_0 q_1 + r_1 & \text{mit} & 0 < r_1 < r_0 \\
 & r_0 = r_1 q_2 + r_2 & \text{mit} & 0 < r_2 < r_1 \\
\text{allgemein} & r_{i-1} = r_i q_{i+1} + r_{i+1} & \text{mit} & 0 < r_{i+1} < r_i .
\end{array}
$$

Da die Reste eine streng monoton fallende Folge natürlicher Zahlen bilden, muß nach höchstens $|b|$ Schritten der Rest 0 auftreten. Sei r_k der letzte von Null verschiedene Rest, d.h.

$$
\begin{array}{l}
\vdots \\
r_{k-2} = r_{k-1} q_k + r_k \quad \text{mit} \quad 0 < r_k < r_{k-1} \\
r_{k-1} = r_k q_{k+1}, \quad \text{d.h.} \quad r_{k+1} = 0 .
\end{array}
$$

Satz. Der letzte von Null verschiedene Rest in der oben beschriebenen Divisionskette ist ein ggT von a und b in $\mathbb{Z}$. Weiters existieren zu jedem $d = \operatorname{ggT}(a, b)$ in $\mathbb{Z}$

Zahlen $u, v \in \mathbb{Z}$ mit $d = ua + vb$, die sich mit Hilfe der obigen Divisionskette ermitteln lassen.

Beweis. Wir zeigen zunächst $r_k = ggT(a, b)$:

1) Aus der letzten Divisionszeile folgt $r_k \mid r_{k-1}$, aus der vorletzten $r_k = r_{k-2} - r_{k-1}q_k$, d.h. $r_k \mid r_{k-2}$, aus der vorvorletzten $r_{k-1} = r_{k-3} - r_{k-2}q_{k-1}$, d.h. $r_k \mid r_{k-3}$ usw. und schließlich $r_k \mid r_0$, $r_k \mid b$, $r_k \mid a$.
2) Angenommen $t \mid a \wedge t \mid b$. Wegen $r_0 = a - bq_0$ gilt auch $t \mid r_0$, wegen $r_1 = b - r_0 q_1$ auch $t \mid r_1$ usw. und schließlich $t \mid r_k$.

Zum Beweis des zweiten Teiles des Satzes beachten wir $r_k = \text{ggT}(a, b)$ und rollen die Gleichungen der Divisionskette von hinten auf:

$$r_k = r_{k-2} - r_{k-1}q_k ,$$

$$r_{k-1} = r_{k-3} - r_{k-2}q_{k-1} ,$$

d.h.: $$r_k = r_{k-2} - (r_{k-3} - r_{k-2}q_{k-1})q_k = (1 + q_{k-1}q_k)r_{k-2} - q_k r_{k-3} .$$

Im nächsten Schritt erhält man r_k als Linearkombination von r_{k-3} und r_{k-4} usw., schließlich als Linearkombination von b und a, wobei die auftretenden Koeffizienten sicher ganzzahlig sind. Es ist also $r_k = ua + vb$, $-r_k = (-u)a + (-v)b$.

□

Beispiel. $a = 209$, $b = 77$

$$\begin{aligned} 209 &= 77 \cdot 2 + 55 \\ 77 &= 55 \cdot 1 + 22 \\ 55 &= 22 \cdot 2 + \underline{11} \\ 22 &= 11 \cdot 2 \end{aligned}$$

$$\Rightarrow \text{ggT}(209, 77) = \pm 11$$

$$\begin{aligned} 11 &= 55 - 22 \cdot 2 = 55 - (77 - 55 \cdot 1) \cdot 2 \\ &= 55 \cdot 3 - 77 \cdot 2 = (209 - 77 \cdot 2) \cdot 3 - 77 \cdot 2 \\ &= 3 \cdot 209 - 8 \cdot 77 . \quad \square \end{aligned}$$

Bemerkung. Die „Umkehrung" des Euklidischen Algorithmus, d.h. die Bestimmung von u und $v \in \mathbb{Z}$ mit ggT $(a, b) = ua + vb$ kann auch zur Bestimmung des multiplikativen Inversen im Restklassenring $\mathbb{Z}_m$ verwendet werden, die für viele Anwendungen wichtig ist:

Sei $a \in \mathbb{Z}$ mit $\text{ggT}(a, m) = 1$. Dann können wie oben $u, v \in \mathbb{Z}$ bestimmt werden mit $ua + vm = 1$. Für die zugehörigen Restklassen in $\mathbb{Z}_m$ bedeutet dies

$$\bar{u} \cdot \bar{a} + \bar{v} \cdot \bar{m} = \bar{1} .$$

Da aber $\bar{m} = \bar{0}$ in $\mathbb{Z}_m$, folgt

$$\bar{u} \cdot \bar{a} = \bar{1} ,$$

d.h. $\bar{u}$ ist multiplikativ invers zu $\bar{a}$ in $\mathbb{Z}_m$.

Wir haben insbesondere auch gezeigt, daß es zu jeder Restklasse $\bar{a}$ mit $\text{ggT}(a, m) = 1$ in $\mathbb{Z}_m$ ein Inverses gibt!

Beispiel. Gesucht ist $\overline{41}^{-1}$ in $\mathbb{Z}_{61}$:

$$\begin{aligned} 61 &= 41 \cdot 1 + 20 \\ 41 &= 20 \cdot 2 + 1 \\ 20 &= \ \ 1 \cdot 20 \\ \Rightarrow \quad 1 &= 41 - 20 \cdot 2 = 41 - (61 - 41 \cdot 1) \cdot 2 \\ &= 41 \cdot 3 - 61 \cdot 2 \\ \Rightarrow \quad \overline{41}^{-1} &= \bar{3} \text{ in } \mathbb{Z}_{61}\,. \quad \square \end{aligned}$$

Man kann den oben für $\mathbb{Z}$ beschriebenen Euklidischen Algorithmus auf Integritätsbereiche verallgemeinern, in denen eine analoge „Division mit Rest" existiert:

Definition. Ein Integritätsbereich Γ heißt *euklidischer Ring*, wenn es möglich ist, jedem Element $a \in \Gamma - \{0\}$ eine Zahl $n(a) \in \mathbb{N}$ zuzuordnen (die *„euklidische Bewertung von a"*), so daß folgende Eigenschaften erfüllt sind:

1) Zu je 2 Elementen $a, b \in \Gamma$, $b \neq 0$, existieren $q, r \in \Gamma$ mit $a = bq + r$, wobei $r = 0$ oder $n(r) < n(b)$.
2) Für je 2 Elemente $a, b \in \Gamma - \{0\}$ gilt

$$n(a) \leqslant n(ab)\,.$$

Beispiele. 1) $\mathbb{Z}$ mit $n(a) = |a|$.

2) Sei K ein Körper und $n: K[x] - \{N(x)\} \rightarrow \mathbb{N}$ definiert durch $n(P(x)) = \operatorname{Grad}(P(x))$.

n ist eine euklidische Bewertung:

Zunächst gibt es eine Division mit Rest, die ganz analog wie etwa in $\mathbb{R}[x]$ ausgeführt wird, d.h. zu $A(x)$, $B(x) \in K[x]$, $B(x) \neq N(x)$, existieren Polynome $Q(x)$ und $R(x)$ mit

$$A(x) = B(x)Q(x) + R(x)\,,$$

wobei $R(x) = N(x)$ oder $\operatorname{Grad} R(x) < \operatorname{Grad} B(x)$. Weiters gilt natürlich auch

$$\operatorname{Grad}(A(x)) \leqslant \operatorname{Grad}(A(x)B(x)) = \operatorname{Grad} A(x) + \operatorname{Grad} B(x)$$

für $A(x), B(x) \neq N(x)$.

Wir haben damit gezeigt:

Satz. Sei K ein Körper. Dann ist der Polynomring $K[x]$ euklidisch.

Bemerkung. Der Satz bleibt für $\Gamma[x]$, Γ ein Integritätsbereich, i. allg. nicht richtig. Man kann etwa zeigen, daß der Polynomring $\mathbb{Z}[x]$ *nicht* euklidisch ist. $\square$

Ist Γ ein euklidischer Ring, so können wir natürlich den oben für $\mathbb{Z}$ beschriebenen Euklidischen Algorithmus zur Bestimmung eines ggT unmittelbar übernehmen:

Satz. Ist Γ ein euklidischer Ring, so kann ein ggT mittels des Euklidischen Algorithmus bestimmt werden. Ist $d = \operatorname{ggT}(a, b)$, so existieren $u, v \in \Gamma$ mit

$d = ua + vb$. u, v können durch Umkehrung der Divisionskette zur Bestimmung von $\text{ggT}(a, b)$ ermittelt werden.

Beispiel. Gesucht ist $\text{ggT}(x^4+3x^3-3x^2-7x+6,\ x^3+x^2-x+15)$ in $\mathbb{Q}[x]$.

$$\begin{array}{l} (x^4+3x^3-3x^2-\ 7x+6):(x^3+x^2-x+15) = x+2 \\ \pm x^4 \pm x^3 \mp x^2 \pm 15x \\ \hline \quad 2x^3-2x^2-22x+6 \\ \quad \pm 2x^3 \pm 2x^2 \mp 2x \pm 30 \\ \hline \quad -4x^2-20x-24 \end{array}$$

d. h. $x^4+3x^3-3x^2-7x+6 = (x^3+x^2-x+15)(x+2)+(-4x^2-20x-24)$.

$$\begin{array}{l} (x^3+\ x^2-\ x+15):(-4)(x^2+5x+6) = -\frac{1}{4}(x-4) \\ \pm x^3 \pm 5x^2 \pm\ 6x \\ \hline \quad -4x^2-\ 7x+15 \\ \quad \mp 4x^2 \mp 20x \mp 24 \\ \hline \quad 13x+39 \end{array}$$

d. h. $x^3+x^2-x+15 = -4(x^2+5x+6)\left(-\frac{1}{4}\right)(x-4)+(13x+39)$

$$\begin{array}{l} (-4)\quad (x^2+5x+6):(13\cdot(x+3)) = -\frac{4}{13}(x+2) \\ (-4)(\pm x^2 \pm 3x) \\ \hline (-4)\qquad (\ 2x+6) \\ (-4)\qquad (\pm 2x \pm 6) \\ \hline \qquad 0 \end{array}$$

Daher ist $13x+39 = 13(x+3)$ ein ggT.

Alle ggT in $\mathbb{Q}[x]$ sind gegeben durch

$$\alpha(x+3)\ , \quad \alpha \in \mathbb{Q}-\{0\}\ . \quad \square$$

Bemerkung. Man kann die Berechnungen der Divisionskette gelegentlich vereinfachen, wenn man beachtet, daß für jede Einheit $\alpha \in \Gamma$ gilt

$$\text{ggT}(a, b) = \text{ggT}(a, \alpha b)\ ,$$

m. a. W.: die Divisoren der Divisionskette können mit beliebigen Einheiten multipliziert werden.

6.3 Polynomfunktionen

Ist $P(x) = \sum\limits_{i=0}^{n} a_i x^i$ ein Polynom über einem Körper, Ring oder Halbring R, so ist es naheliegend, ein Element ξ aus diesem Koeffizientenbereich an Stelle der Unbestimmten x im obigen Ausdruck einzusetzen. Vereinbaren wir, daß der Ausdruck $a_0\xi^0$ mit dem Element $a_0 \in R$ identifiziert werden soll (für einen Ring mit Einselement heißt das, daß $\xi^0 = 1 \in R$ gesetzt wird), so ist $\sum\limits_{i=0}^{n} a_i \xi^i$ wohldefiniert in R und wir erhalten eine Funktion $R \to R$, die durch das Polynom $P(x)$ definierte *Polynomfunktion*. Man bezeichnet diese Funktion meist wieder mit $P(x)$ und nennt x dann auch *Veränderliche* bzw. *Variable*.

(Es ist jedoch zu beachten, daß *verschiedene Polynome dieselbe Polynomfunktion definieren können:* So beschreiben die Polynome $P(x) = x^3$ und $Q(x) = x$ in $\mathbb{Z}_2[x]$ beide die folgende Funktion $\mathbb{Z}_2 \to \mathbb{Z}_2$: $\begin{matrix} 0 \to 0 \\ 1 \to 1 \end{matrix}$.)

Insbesondere ist es also sinnvoll, vom *Funktionswert* $P(\xi)$ des Polynoms $P(x) \in R[x]$ an der Stelle $\xi \in R$ zu sprechen.

Wir wollen im folgenden ein *schematisches Verfahren zur Bestimmung der Koeffizienten des Quotienten* $Q(x)$ *bei Division* eines Polynoms $P(x)$ *durch* den Linearfaktor $x - \xi$ in $K[x]$ (K ein Körper) angeben, das gleichzeitig auch *zur Berechnung des Funktionswertes* $P(\xi)$ geeignet ist.

Sei $P(x) = \sum\limits_{i=0}^{n} a_i x^i$. Dann hat die Division mit Rest folgende Gestalt:

$$
\begin{array}{l}
(a_n x^n + a_{n-1} x^{n-1} + a_{n-2} x^{n-2} + \cdots + a_1 x^1 + a_0 x^0) : (x - \xi) = \\
\underline{\pm a_n x^n \mp a_n \xi x^{n-1}} \qquad\qquad\qquad\qquad = a_n x^{n-1} + a'_{n-1} x^{n-2} + \cdots + a'_1 x^0 \\
\qquad a'_{n-1} x^{n-1} + a_{n-2} x^{n-2} \\
\qquad \underline{\pm a'_{n-1} x^{n-1} \mp a'_{n-1} \xi x^{n-2}} \\
\qquad\qquad a'_{n-2} x^{n-2} + a_{n-3} x^{n-3} \\
\qquad\qquad\qquad \cdot \quad \cdot \quad \cdot \\
\qquad\qquad\qquad \underline{\qquad\qquad\qquad} \\
\qquad\qquad\qquad\qquad a'_1 x^1 + a_0 x^0 \\
\qquad\qquad\qquad\qquad \underline{\pm a'_1 x^1 \mp a'_1 \xi x^0} \\
\qquad\qquad\qquad\qquad\qquad a'_0
\end{array}
$$

wobei also

$$
\begin{aligned}
a'_{n-1} &= a_{n-1} + \xi a_n \\
a'_{n-2} &= a_{n-2} + \xi a'_{n-1} \\
&\vdots \\
a'_0 &= a_0 + \xi a'_1 \ .
\end{aligned}
$$

Die Elemente a'_i können daher durch folgendes Rechenschema, das sogenannte **HORNER[1])-Schema**, ermittelt werden:

---

[1]) William George HORNER, 1786 – 1837, veröffentlichte das Verfahren 1819.

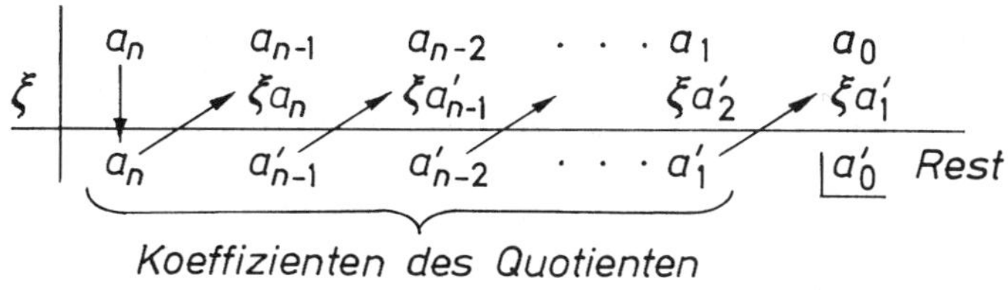

Abb. 41

Die Bedeutung des Rests a'_0 ergibt sich unmittelbar aus

$$P(x) = (x-\xi)Q(x) + a'_0$$

durch Einsetzen von ξ:

$$P(\xi) = (\xi-\xi)Q(\xi) + a'_0 = a'_0 .$$

Der Rest gibt also den Funktionswert von $P(x)$ an der Stelle ξ an!

Wir können das Divisionsverfahren, d. h. das Horner-Schema, mit dem Quotienten $Q(x)$ fortsetzen und erhalten

$$Q(x) = (x-\xi)Q_1(x) + A_1$$

d. h. $$P(x) = (x-\xi)^2 Q_1(x) + A_1(x-\xi) + A_0 \quad \text{mit} \quad A_1 = Q(\xi)\,, \quad A_0 = P(\xi)\,.$$

Nun setzen wir mit $Q_1(x)$ fort usw. Da bei jedem Schritt der Grad des Quotienten um 1 kleiner wird, erhalten wir schließlich eine Darstellung

$$P(x) = A_n(x-\xi)^n + A_{n-1}(x-\xi)^{n-1} + \cdots + A_1(x-\xi) + A_0\,,$$

d. h. eine *Darstellung von $P(x)$ als Linearkombination der Potenzen von $x-\xi$.* Die Koeffizienten A_i sind dabei die Reste im kettenförmig mit dem jeweiligen Quotienten fortgesetzten sog. *vollständigen Horner-Schema.*

Beispiel. Das Polynom x^3-1 soll mit dem vollständigen Horner-Schema nach Potenzen von $x-2$ geordnet werden:

$$\begin{array}{c|cccl}
 & 1 & 0 & 0 & -1 \\
2 & & 2 & 4 & 8 \\
\hline
 & 1 & 2 & 4 & \underline{|7} = A_0 \\
2 & & 2 & 8 & \\
\hline
 & 1 & 4 & \underline{|12} = A_1 & \\
2 & & 2 & & \\
\hline
 & 1 & \underline{|6} = A_2 & & \\
 & = A_3 & & &
\end{array}$$

$$\Rightarrow \quad x^3 - 1 = (x-2)^3 + 6(x-2)^2 + 12(x-2) + 7\,. \quad \square$$

Wir wollen uns noch die Frage stellen, welche *Bedeutung* den *Koeffizienten* A_i im Ausdruck $P(x) = \sum_{i=0}^{n} A_i(x-\xi)^i$ zukommt.

Dazu definieren wir (wie bereits in Kapitel 5 als Bsp. angegeben):

Definition. Die lineare Abbildung $D: K[x] \to K[x]$ mit

$$D\left(\sum_{i \in \mathbb{N}} a_i x^i\right) = \sum_{i \geqslant 1} i a_i x^{i-1}$$

heißt der *Ableitungsoperator* (zur Folge $\langle x^i \rangle_{i \in \mathbb{N}}$). □

Die Potenzen von D sind festgelegt durch entsprechende Hintereinanderausführung von D, d. h.:

Definition. $D^0 = \mathrm{Id}$ (identische Abbildung)
$D^{k+1} = D \cdot D^k$ für alle $k \in \mathbb{N}$. □

M. a.W.:

$$D^k\left(\sum_{i \in \mathbb{N}} a_i x^i\right) = \sum_{i \geqslant k} i(i-1) \cdots (i-k+1) x^{i-k}.$$

Dann gilt der folgende

Satz (TAYLOR[1])scher Lehrsatz für Polynome). Sei $K(\subseteq \mathbb{C})$ ein Körper. Dann ist die Darstellung eines Polynoms $P(x) \in K[x]$ durch Potenzen von $x-\xi$, $\xi \in K$, gegeben durch

$$P(x) = \sum_{i \in \mathbb{N}} \left.\frac{D^i(P(x))}{i!}\right|_{x=\xi} (x-\xi)^i.$$

Dabei bedeutet $R(x)\,|_{x=\xi}$ den Funktionswert $R(\xi)$.

Beweis. Es ist

$$\frac{D^j}{j!} x^r = \binom{r}{j} x^{r-j} \quad \text{für alle} \quad r \in \mathbb{N},\ r \geqslant j \tag{$*$}$$

und daher, nach dem Binomischen Lehrsatz,

$$\frac{D^j}{j!}(x-\xi)^i = \frac{D^j}{j!} \sum_{r=0}^{i} \binom{i}{r} x^r (-\xi)^{i-r} = \sum_{r=j}^{i} \binom{i}{r}\binom{r}{j} x^{r-j}(-\xi)^{i-r}.$$

Nun ist $\binom{i}{r}\binom{r}{j} = \frac{i!}{(i-r)!\,j!\,(r-j)!} = \binom{i}{j}\binom{i-j}{r-j}$ und daher

$$\frac{D^j}{j!}(x-\xi)^i = \binom{i}{j} \sum_{r=j}^{i} \binom{i-j}{r-j} x^{r-j}(-\xi)^{i-r} = \binom{i}{j}(x-\xi)^{i-j}.$$

---

[1]) Brook TAYLOR, 18. August 1685 – 29. Dezember 1731.

Damit ist aber

$$\frac{D^j}{j!}\sum_{i\in\mathbb{N}} A_i(x-\xi)^i = \sum_{i\geqslant j} A_i\binom{i}{j}(x-\xi)^{i-j},$$

d.h.

$$\frac{D^j}{j!}\sum_{i\in\mathbb{N}} A_i(x-\xi)^i\Big|_{x=\xi} = \sum_{i\geqslant j} A_i\binom{i}{j}(\xi-\xi)^{i-j} = A_j. \quad \square$$

Bemerkung. Ist K ein allgemeiner Körper der Charakteristik 0, so läßt sich der Satz sofort mit dem obigen Beweis übernehmen. Ist $\operatorname{char} K \neq 0$, so ist der Ausdruck $(i!)^{-1}$ i.allg. sinnlos. Der obige Satz bleibt aber richtig, wenn wir $\frac{D^j}{j!}$ als lineare Abbildung $K[x] \to K[x]$ mit (*) einführen. □

Als unmittelbare Folgerung der oben erhaltenen Relation

$$P(x) = (x-\xi)Q(x) + P(\xi)$$

ergibt sich:

Satz. $x-\xi \mid P(x)$ genau dann, wenn $P(\xi) = 0$.

Definition. Sei $P(x) \in R[x]$. Ist $\xi \in R$ mit $P(\xi) = 0$, so heißt ξ *Nullstelle* oder *Wurzel* des Polynoms $P(x)$ bzw. Wurzel der Gleichung $P(x) = 0$.

Beispiel. Die „Wurzeln" der Gleichung $x^n - a = 0$ sind gerade die n-ten Wurzeln aus a im üblichen Sinn. □

Ist ξ_1 Nullstelle von $P(x)$, so gibt es nach dem obigen Satz ein Polynom $Q(x)$, so daß

$$P(x) = (x-\xi_1)Q(x).$$

Ist ξ_1 auch Nullstelle von $Q(x)$, so kann ein weiterer Linearfaktor $x-\xi_1$ abgespalten werden usw., bis man zu einer Darstellung

$$P(x) = (x-\xi_1)^{\lambda_1} \cdot P_1(x)$$

mit $P_1(\xi_1) \neq 0$ gelangt. λ_1 heißt dann die *Vielfachheit der Nullstelle* ξ_1 von $P(x)$. (Ist ξ nicht Nullstelle von $P(x)$, so sagt man auch, ξ ist Nullstelle mit *Vielfachheit 0*.) $\xi_2 \neq \xi_1$ ist genau dann Nullstelle von $P(x)$, wenn $P_1(\xi_2) = 0$ ist, d.h. den Linearfaktor $x-\xi_2$ enthält. Man kann daher die obige Zerlegung fortsetzen, bis man zu einer Darstellung

$$P(x) = (x-\xi_1)^{\lambda_1} \cdots (x-\xi_t)^{\lambda_t} P_t(x)$$

gelangt, wobei $P_t(x)$ keine weiteren Nullstellen besitzt. Die Zahlen λ_i sind dabei die Vielfachheiten der Nullstellen ξ_i.

Ein Polynom braucht über einem vorgegebenen Ring bzw. Körper keine Nullstellen zu besitzen (z.B.: $P(x) = x^2+1$ über $\mathbb{R}$, vgl. Kapitel 2.2). Wir haben jedoch in Kapitel 2.3 den Fundamentalsatz der Algebra kennengelernt, wonach jedes Polynom in $\mathbb{C}[x]$ vom Grad $\geqslant 1$ in $\mathbb{C}$ mindestens eine Nullstelle ξ besitzt.

Wendet man diesen Satz auf das nach Abspaltung des Linearfaktors $x-\xi$ verbleibende Polynom erneut an, usw., so erhält man schließlich:

Satz. Jedes Polynom $P(x)\in\mathbb{C}[x]$ mit $\operatorname{Grad}P(x)=n$ läßt sich in der Form

$$P(x)=a\,(x-\xi_1)^{\lambda_1}\cdots(x-\xi_t)^{\lambda_t}\,,\quad \xi_i\neq\xi_j \text{ für } i\neq j,\quad a\in\mathbb{C}\,,$$

zerlegen. Dabei ist a der Koeffizient von x^n in $P(x)$, $\xi_1,\ldots,\xi_t$ sind die verschiedenen Nullstellen, $\lambda_1,\ldots,\lambda_t$ deren Vielfachheiten. Das Polynom hat genau n Nullstellen, wenn die Nullstellen entsprechend ihrer Vielfachheit gezählt werden (sogenannte „algebraische Zählung"). □

Sind $\xi_1,\ldots,\xi_t$ die komplexen Nullstellen eines Polynoms in $\mathbb{R}[x]$, so läßt sich die obige Zerlegung etwas genauer beschreiben. Es gilt nämlich der folgende

Satz. Sei $P(x)\in\mathbb{R}[x]$ und $\xi\in\mathbb{C}\setminus\mathbb{R}$ Nullstelle von $P(x)$. Dann ist auch $\bar{\xi}$ Nullstelle von $P(x)$, und ξ und $\bar{\xi}$ haben als Nullstellen in $P(x)$ die gleichen Vielfachheiten.

Beweis. Sei $P(\xi)=\sum\limits_{i=0}^{n}a_i\,\xi^i=0$.

Dann ist aber auch

$$\overline{P(\xi)}=\overline{\sum_{i=0}^{n}a_i\xi^i}=\sum_{i=0}^{n}\overline{a_i\,\xi^i}$$

$$=\sum_{i=0}^{n}a_i\,\bar{\xi}^i=P(\bar{\xi})=0\,.$$

Es ist dann also

$$P(x)=(x-\xi)(x-\bar{\xi})\,Q(x)$$

und man kann das obige Argument mit $Q(x)$ fortsetzen, falls $Q(\xi)=0$ gilt, usw.

Sei λ die Vielfachheit von ξ als Nullstelle von $P(x)$. Dann erhält man nach λ Schritten

$$P(x)=(x-\xi)^{\lambda}(x-\bar{\xi})^{\lambda}Q(x)$$

mit $Q(\xi)\neq 0$ ($\Leftrightarrow Q(\bar{\xi})\neq 0$), d.h. auch $\bar{\xi}$ hat die Vielfachheit λ. □

Folgerung. Jedes Polynom $P(x)\in\mathbb{R}[x]$ läßt sich über $\mathbb{C}$ in der Form

$$P(x)=a(x-\xi_1)^{\lambda_1}\cdots(x-\xi_r)^{\lambda_r}(x-\eta_1)^{\tau_1}(x-\bar{\eta}_1)^{\tau_1}\cdots(x-\eta_s)^{\tau_s}(x-\bar{\eta}_s)^{\tau_s}$$

zerlegen, wobei $a\in\mathbb{R}$ ist und ξ_i die reellen Nullstellen, $(\eta_i,\bar{\eta}_i)$ die Paare der konjugiert komplexen Nullstellen sind. □

Ist der Koeffizient der höchsten auftretenden Potenz in $P(x)$ gleich 1, so heißt $P(x)$ *normiert*. Ein derartiges Polynom besitzt in $\mathbb{C}[x]$ also eine Zerlegung

$$P(x)=(x-\eta_1)(x-\eta_2)\cdots(x-\eta_n)\,,$$

wobei η_i die (nicht notwendig verschiedenen) Nullstellen sind. Durch Ausmultiplizieren und Sortieren nach Potenzen von x erhalten wir

$$\begin{aligned} P(x) = 1 \cdot x^n \\ &+(-\eta_1-\eta_2- \cdots -\eta_n)x^{n-1} \\ &+(\eta_1\eta_2+\eta_1\eta_3+ \cdots +\eta_{n-1}\eta_n)x^{n-2} \\ &+ \cdots \\ &+(-1)^n\eta_1\cdots\eta_n x^0 . \end{aligned}$$

Der Koeffizient von x^{n-k} besitzt die Gestalt

$$(-1)^k \sum_{1 \leqslant i_1 < i_2 < \cdots < i_k \leqslant n} \eta_{i_1} \cdots \eta_{i_k} .$$

Summiert wird also über alle Kombinationen von $\{1, \ldots, n\}$ zur Klasse k, die Summe besteht aus $\binom{n}{k}$ Summanden. Die vorzeichenfreien Ausdrücke

$$\sigma_k = \sum_{1 \leqslant i_1 < \cdots < i_k \leqslant n} \eta_{i_1} \cdots \eta_{i_k} \quad (1 \leqslant k \leqslant n)$$

sind symmetrisch in $\eta_1, \ldots, \eta_n$ (vgl. Kapitel 4.2).

Sie heißen die *elementarsymmetrischen Grundfunktionen in* $\eta_1, \ldots, \eta_n$.

Satz (Wurzelsatz von VIETA[1]). Ist $P(x) = (x-\eta_1) \cdots (x-\eta_n) = x^n + b_1x^{n-1} + \cdots + b_n$ ein normiertes Polynom, so ist der Koeffizient b_k von x^{n-k} gegeben durch $b_k = (-1)^k\sigma_k$, wobei σ_k die k-te elementarsymmetrische Grundfunktion in $\eta_1, \ldots, \eta_n$ ist.

Beispiel. $n = 2$ $\quad P(x) = (x-\eta_1)(x-\eta_2) = x^2 + b_1x + b_2$

$$\Leftrightarrow \quad b_1 = -(\eta_1+\eta_2)$$
$$b_2 = \eta_1\eta_2 . \quad \square$$

Wir wollen uns nun mit der Umkehrung der obigen Fragestellung, d. h. mit der Frage nach der *Bestimmung der Wurzeln* η_i *bei Kenntnis der Koeffizienten* eines Polynoms $P(x) \in \mathbb{C}[x]$ beschäftigen. Sei $n = \mathrm{Grad}(P(x))$.

Fall $n = 1$: $P(x) = ax + b$, $a \neq 0$

Hier ist trivialerweise $\eta_1 = -\dfrac{b}{a}$.

Fall $n = 2$: $P(x) = ax^2 + bx + c$, $a \neq 0$

Wir multiplizieren die Gleichung

$$ax^2 + bx + c = 0$$

---

[1]) François VIÈTE, lat. VIETA, 1540 – 13. Dezember 1603.

mit $4a$ und erhalten

$$4a^2x^2+4abx+4ac=0\ ,$$

d. h.

$$(2ax+b)^2-b^2+4ac=0$$

$$2ax+b=\pm\sqrt{b^2-4ac}$$

und damit

$$\eta_{1,2}=\frac{-b\pm\sqrt{b^2-4ac}}{2a}\ .$$

Sind $a, b, c\in\mathbb{R}$, so sind die Lösungen also genau dann aus $\mathbb{R}$, wenn die *„Diskriminante"* $b^2-4ac\geqslant 0$ ist.

Fall $n=3$: $P(x)=ax^3+bx^2+cx+d,\ a\neq 0$

Durch Division durch a gelangt man zu einer Gleichung

$$Q(x)=x^3+b_1x^2+b_2x+b_3=0\ .$$

Man entwickelt nun das Polynom $Q(x)$ nach Potenzen von $y=x+\frac{b_1}{3}$ (z. B. mit dem Horner-Schema). Da der Ausdruck $y^3=x^3+b_1x^2+\cdots$ in den Koeffizienten von x^3 und x^2 mit $Q(x)$ übereinstimmt, erhält man durch die Substitution eine Gleichung der Form

$$y^3+py+q=0\ . \tag{*}$$

Sei nun

$$u=\sqrt[3]{-\frac{q}{2}+\sqrt{\frac{q^2}{4}+\frac{p^3}{27}}}$$

$$v=\sqrt[3]{-\frac{q}{2}-\sqrt{\frac{q^2}{4}+\frac{p^3}{27}}}\ ,$$

wobei die 3. Wurzeln so gewählt werden, daß $uv=-\frac{p}{3}$ gilt, und sei ζ die durch

$$\zeta=\frac{-1+\mathrm{i}\sqrt{3}}{2}$$

gegebene 3. Einheitswurzel (d. h. $\sqrt[3]{1}$). Dann ist

$$\zeta^2=\bar{\zeta}=\frac{-1-i\sqrt{3}}{2}\ .$$

Bildet man nun

$$y_1=u+v$$

$$y_2=\zeta u+\zeta^2 v$$

$$y_3=\zeta^2 u+\zeta v\ ,$$

so sind, wie man leicht nachrechnet, y_1, y_2, y_3 die Lösungen der Gleichung (*). Man vergesse nicht, anschließend nach der Gleichung

$$x = y - \frac{b_1}{3}$$

die Lösungen rückzutransformieren!

Die obige Lösungsformel heißt *CARDANO*[1]*sche Formel.*

Bemerkung. 1) Die oben angegebenen Formeln gelten allgemeiner für die Nullstellen eines Polynoms $P(x) \in K[x]$, wobei K ein Körper der Charakteristik 0 oder mit $\operatorname{char} K > \operatorname{Grad} P(x)$ ist und die Nullstellen in einem geeigneten „Erweiterungskörper" von K liegen, der die auftretenden Wurzeln enthält (vgl. Band 3).

2) Eine allgemeine Formel, die für jedes Polynom $P(x)$ vom Grad n die Lösungen von $P(x) = 0$ durch sogenannte „Radikale" in den Koeffizienten von $P(x)$ darstellt (d. h. durch Ausdrücke, die nur die Körperoperationen und inversen Körperoperationen sowie k-te Wurzeln, $k \in \mathbb{N}$, enthalten), existiert auch noch im Fall $n = 4$, ist aber sehr kompliziert. Jedoch kann man zeigen, daß es für $n \geqslant 5$ nicht mehr möglich ist, eine derartige Formel anzugeben. (*Satz von RUFFINI*[2]) und *ABEL*). □

Besitzt ein Polynom ganzzahlige Koeffizienten, so ist man oft an der Existenz rationaler Lösungen interessiert:

Satz. Sei $P(x) = b_0 x^n + b_1 x^{n-1} + \cdots + b_{n-1} x + b_n \in \mathbb{Z}[x]$. Ist eine rationale Zahl $\xi = \frac{p}{q}$ mit $\operatorname{ggT}(p, q) = 1$ Nullstelle von $P(x)$, so gilt $p \mid b_n$ und $q \mid b_0$.

Ist speziell $b_0 = 1$, d. h. $P(x)$ ein normiertes Polynom in $\mathbb{Z}[x]$, so ist jede rationale Nullstelle ξ eine ganze Zahl $\xi = p$ mit $p \mid b_n$.

Beweis. Sei
$$\sum_{i=0}^{n} b_i \left(\frac{p}{q}\right)^{n-i} = 0 .$$
$$\Rightarrow \quad \sum_{i=0}^{n} b_i p^{n-i} q^i = 0 \qquad (*)$$
$$\Rightarrow \quad b_n q^n \equiv 0 \pmod{p}, \text{ d. h. } p \mid b_n q^n .$$

Wegen $\operatorname{ggT}(p, q) = 1$ folgt $p \mid b_n$.

Aus (*) folgt weiters

$$b_0 p^n \equiv 0 \pmod{q}, \text{ d. h. } q \mid b_0 p^n, \text{ d. h. } q \mid b_0 .$$

Der 2. Teil des Satzes folgt unmittelbar. □

Beispiel. $x^2 + 2x - 8$ kann als rationale Nullstellen nur ± 1, ± 2, ± 4 oder ± 8 haben. □

---

[1]) Geronimo CARDANO, 24. September 1501 – 20. September 1576. Die nach ihm benannte Formel zur Lösung der Gleichung 3. Grades stammt eigentlich von Nicolo FONTANO, genannt TARTAGLIA.

[2]) Paolo RUFFINI, 23. September 1765 – 10. Mai 1822.

Ohne Beweis sei der folgende Satz über die Anzahl der Nullstellen in $\mathbb{R}^+$ eines Polynoms aus $\mathbb{R}[x]$ angegeben:

Satz ([Vor]-Zeichenregel von Descartes). Ist $P(x) \in \mathbb{R}[x]$ und treten in der Folge der Koeffizienten k Vorzeichenwechsel auf, so ist die Anzahl der positiven reellen Nullstellen von $P(x)$ gleich k oder um eine gerade Zahl kleiner.

Beispiel. $\underbrace{x^5-3x^3}\underbrace{+2x-1}$ besitzt 3 Vorzeichenwechsel der Koeffizienten (der Koeffizient 0 bleibt also unberücksichtigt!). Die Anzahl der Nullstellen im $\mathbb{R}^+$ ist also 3 oder 1. □

Polynomfunktionen stellen in vieler Hinsicht besonders einfach zu handhabende und in ihrem Verhalten besonders gut beschreibbare Funktionen dar. So ist man im Rahmen der Analysis u. a. daran interessiert, kompliziertere Funktionen durch Polynomfunktionen zu „approximieren". (Vgl. Band 2.) Eine mögliche Fragestellung in dieser Richtung ist auch die Aufgabe, zu gegebenen Paaren $(x_0, f(x_0)), \ldots, (x_n, f(x_n))$ von Elementen x_i des Definitionsbereichs einer Funktion f und zugehörigen Funktionswerten $f(x_i)$ eine Polynomfunktion $P(x)$ (möglichst niedrigen Grades) zu finden, die an den Stellen $x_0, \ldots, x_n$ mit $f(x)$ übereinstimmt, d. h. $P(x_i) = f(x_i)$ für $0 \leqslant i \leqslant n$ erfüllt. Man nennt $P(x)$ dann ein *Interpolationspolynom* zu den *Stützstellen* $(x_i, y_i = f(x_i))$, $0 \leqslant i \leqslant n$.

Wir wollen im folgenden exemplarisch ein Verfahren behandeln, das zu je $n+1$ Stützstellen

$$(x_i, y_i)\,, \quad 0 \leqslant i \leqslant n\,, \quad x_i \neq x_j \quad \text{für} \quad i \neq j\,,$$

x_i, y_i aus einem beliebigen Körper K, ein Polynom $P(x)$ vom Grad $\leqslant n$ angibt mit

$$P(x_i) = y_i\,, \quad 0 \leqslant i \leqslant n\,.$$

Wir wissen bereits, daß die Vektorräume $K_n[x]$ und K^{n+1} isomorph sind, und haben weiter oben den Isomorphismus

$$P(x) = \sum_{i=0}^{n} a_i x^i \to \begin{pmatrix} a_0 \\ \vdots \\ a_n \end{pmatrix}$$

betrachtet. Wir wollen nun eine andere Abbildung $K_n[x] \to K^{n+1}$ angeben:

$$A: P(x) \to \begin{pmatrix} P(x_0) \\ \vdots \\ P(x_n) \end{pmatrix}\,,$$

wobei x_i, $0 \leqslant i \leqslant n$, die x-Koordinaten der $n+1$ Stützstellen sind. Man sieht sofort, daß A linear ist.

Weiters ist Kern $A = \{N(x)\}$:

$$A(P(x)) = \mathfrak{o} \;\Rightarrow\; P(x_i) = 0 \quad \text{für alle} \quad 0 \leqslant i \leqslant n\,.$$

Wäre $P(x) \neq N(x)$, so gäbe es eine Zerlegung

$$P(x) = (x-x_0) \ldots (x-x_n)\, Q(x)\,, \quad Q(x) \neq N(x)\,,$$

d. h. es wäre Grad$P(x) \geqslant n+1$, ein Widerspruch. A ist also ein Isomorphismus, d. h. es gibt genau ein Polynom $P(x)$ in $K_n[x]$ mit

$$A(P(x)) = \begin{pmatrix} y_0 \\ \vdots \\ y_n \end{pmatrix} \Leftrightarrow P(x_i) = y_i \quad \text{für} \quad 0 \leqslant i \leqslant n\,.$$

Um eine Formel für $P(x)$ zu finden, bestimmen wir zunächst die Urbilder $\varphi_j(x)$ der Vektoren $\mathfrak{e}_j$ der kanonischen Basis von K^{n+1}, d. h.

$$A(\varphi_j(x)) = \begin{pmatrix} 0 \\ \vdots \\ 0 \\ 1 \\ 0 \\ \vdots \\ 0 \end{pmatrix} \Leftrightarrow \varphi_j(x_i) = \delta_{i,j} \quad (0 \leqslant i \leqslant n)\,.$$

Da $\varphi_j(x_i) = 0$ für $i \neq j$ gelten soll, muß $\varphi_j(x)$ die Gestalt

$$\varphi_j(x) = a \cdot \prod_{i \neq j} (x - x_i)\,, \quad a \in K$$

haben. Weiters ist

$$1 = \varphi_j(x_j) = a \cdot \prod_{i \neq j} (x_j - x_i)$$

d. h.

$$\varphi_j(x) = \frac{\prod_{i \neq j} (x - x_i)}{\prod_{i \neq j} (x_j - x_i)}\,.$$

Bildet man nun

$$P(x) = \sum_{j=0}^{n} y_j \varphi_j(x)\,,$$

so ist

$$P(x_i) = \sum_{j=0}^{n} y_j \varphi_j(x_i) = \sum_{j=0}^{n} y_j \delta_{i,j} = y_i\,.$$

Die angegebene Formel für $P(x)$ heißt *Lagrange-Interpolationsformel.*

Bemerkung. Ist K ein endlicher Körper (z. B. $K = \mathbb{Z}_p$), so ist *jede* Funktion $f: K \to K$ durch $|K|$ Stützstellen festgelegt. Damit ergibt sich aber aus dem Obigen: *Jede Funktion über einem endlichen Körper ist eine Polynomfunktion.*

6.4 Eigenwerte

Sei K ein Körper, $A: K^n \to K^n$ eine lineare Abbildung, $\mathfrak{A} = (a_{ij})$ die bezüglich der kanonischen Basis $\langle \mathfrak{e}_1, \ldots, \mathfrak{e}_n \rangle$ zugehörige $n \times n$-Matrix. Wir wollen im folgenden nach Vektoren $\mathfrak{x} \in K^n$ suchen, sodaß $\mathfrak{x}$ *und* $A(\mathfrak{x})$ *linear abhängig* sind.

Trivialerweise trifft dies immer für den Nullvektor $\mathfrak{x} = \mathfrak{o}$ zu. Sei nun $\mathfrak{x} \neq \mathfrak{o}$ und $\{\mathfrak{x}, A(\mathfrak{x})\}$ l.a., d.h. es gibt ein $\lambda \in K$ mit

$$A\mathfrak{x} = \lambda \cdot \mathfrak{x} .$$

Ist $\mathfrak{x} = \begin{pmatrix} x_1 \\ \vdots \\ x_n \end{pmatrix}$, so ist diese Vektorgleichung äquivalent zum linearen Gleichungssystem

$$\begin{aligned} a_{11}x_1 + a_{12}x_2 + \cdots + a_{1n}x_n &= \lambda x_1 \\ a_{21}x_1 + a_{22}x_2 + \cdots + a_{2n}x_n &= \lambda x_2 \\ &\vdots \\ a_{n1}x_1 + a_{n2}x_2 + \cdots + a_{nn}x_n &= \lambda x_n \end{aligned}$$

bzw.

$$\begin{aligned} (a_{11} - \lambda)x_1 + a_{12}x_2 + \cdots \qquad + a_{1n}x_n &= 0 \\ a_{21}x_1 \qquad + (a_{22} - \lambda)x_2 + \cdots + a_{2n}x_n &= 0 \\ &\vdots \\ a_{n1}x_1 \qquad + a_{n2}x_2 + \cdots + (a_{nn} - \lambda)x_n &= 0 \end{aligned}$$

oder

$$(\mathfrak{A} - \lambda\mathfrak{E})\mathfrak{x} = \mathfrak{o} .$$

Dieses homogene lineare Gleichungssystem besitzt (vgl. Kap. 5) genau dann eine nichttriviale Lösung, wenn

$$\det(\mathfrak{A} - \lambda\mathfrak{E}) = 0 \Leftrightarrow \det(\lambda\mathfrak{E} - \mathfrak{A}) = 0 .$$

Der Ausdruck $\det(\lambda\mathfrak{E} - \mathfrak{A})$ ist dabei ein Polynom $P(\lambda)$ mit $\mathrm{Grad}(P(\lambda)) = n$.

Definition. Sei $\mathfrak{A}$ eine $n \times n$-Matrix über einem Körper K. Dann heißt das Polynom $\det(\lambda\mathfrak{E} - \mathfrak{A})$ das *charakteristische Polynom* von $\mathfrak{A}$, die Gleichung $\det(\lambda\mathfrak{E} - \mathfrak{A}) = 0$ *charakteristische Gleichung.* Eine Lösung $\lambda \in K$ der charakteristischen Gleichung heißt *Eigenwert* von $\mathfrak{A}$.

Ist $\lambda \in K$ Eigenwert und $\mathfrak{x} \neq \mathfrak{o}$ Lösung der Gleichung

$$\mathfrak{A}\mathfrak{x} = \lambda\mathfrak{x} \Leftrightarrow (\mathfrak{A} - \lambda\mathfrak{E})\mathfrak{x} = \mathfrak{o} , \qquad (*)$$

so heißt $\mathfrak{x}$ ein zum Eigenwert λ gehöriger *Eigenvektor* von $\mathfrak{A}$.

Die Menge aller Lösungen der Gleichung (*) heißt der zu λ gehörige *Eigenraum.* □

Beispiel. $K = \mathbb{R}$, $\mathfrak{A} = \begin{pmatrix} 3 & -1 \\ -1 & 3 \end{pmatrix}$

$$P(\lambda) = \det \begin{pmatrix} \lambda - 3 & 1 \\ 1 & \lambda - 3 \end{pmatrix} = (\lambda - 3)^2 - 1 = \lambda^2 - 6\lambda + 8$$

$$\Rightarrow \text{Eigenwerte } \lambda_1 = 2, \quad \lambda_2 = 4.$$

$$\lambda_1 = 2: \qquad \mathfrak{A}\mathfrak{x} = 2\mathfrak{x} \Leftrightarrow \begin{pmatrix} 1 & -1 \\ -1 & 1 \end{pmatrix} \begin{pmatrix} x_1 \\ x_2 \end{pmatrix} = \begin{pmatrix} 0 \\ 0 \end{pmatrix} \Leftrightarrow x_1 = x_2$$

Der Eigenraum ist also $V_1 = \left\{ \begin{pmatrix} x \\ x \end{pmatrix} \mid x \in \mathbb{R} \right\}$, die Menge der Eigenvektoren $V_1 - \{\mathfrak{o}\}$.

$$\lambda_2 = 4: \qquad \mathfrak{A}\mathfrak{x} = 4\mathfrak{x} \Leftrightarrow \begin{pmatrix} 1 & 1 \\ 1 & 1 \end{pmatrix} \begin{pmatrix} x_1 \\ x_2 \end{pmatrix} = \begin{pmatrix} 0 \\ 0 \end{pmatrix} \Leftrightarrow x_1 + x_2 = 0$$

Der Eigenraum ist also $V_2 = \left\{ \begin{pmatrix} x \\ -x \end{pmatrix} \mid x \in \mathbb{R} \right\}$. □

Ist $P(\lambda) = \det(\lambda\mathfrak{E} - \mathfrak{A}) = b_0\lambda^n - b_1\lambda^{n-1} \pm \cdots + (-1)^n b_n$ das charakteristische Polynom von $\mathfrak{A}$, so sieht man leicht, daß $b_0 = 1$ und

$$b_1 = a_{11} + a_{22} + \cdots + a_{nn},$$

d. h. die Summe der Hauptdiagonalelemente von $\mathfrak{A}$ ist. $\sum_{i=1}^{n} a_{ii}$ heißt die *Spur von* $\mathfrak{A}$, symb. *Sp* $(\mathfrak{A})$ oder $\operatorname{tr}(\mathfrak{A})$ (von „trace").

Wegen $P(0) = \det(-\mathfrak{A}) = (-1)^n \det\mathfrak{A} = (-1)^n b_n$ ist weiters $b_n = \det\mathfrak{A}$.

Man beachte, daß über einem algebraisch abgeschlossenen Körper K (z. B. $K = \mathbb{C}$) die Gleichung $P(\lambda) = 0$ n Lösungen besitzt, wenn die Lösungen mit ihren Vielfachheiten gezählt werden, d. h. jede $n \times n$-Matrix $\mathfrak{A}$ besitzt über einem solchen Körper in der algebraischen Zählung n Eigenwerte.

Ist $\mathfrak{A}$ eine $n \times n$-Matrix, so sind in vielen Anwendungen die Potenzen $\mathfrak{A}^m$, $m \in \mathbb{N}$, der Matrix $\mathfrak{A}$ von Interesse. Aus dem nächsten Satz folgt, daß jede dieser Potenzen als Linearkombination von $\mathfrak{A}^0 = \mathfrak{E}, \mathfrak{A}^1, \ldots, \mathfrak{A}^{n-1}$ dargestellt werden kann:

Satz (von Cayley-Hamilton). Sei $\mathfrak{A}$ eine $n \times n$-Matrix, $P(\lambda) = \det(\lambda\mathfrak{E} - \mathfrak{A})$ das charakteristische Polynom. Dann gilt

$$P(\mathfrak{A}) = \mathfrak{O}$$

($\mathfrak{O}$ ist die $n \times n$-Nullmatrix).

Beweis. Es ist $\mathfrak{A}\mathfrak{e}_j = \sum_{i=1}^{n} a_{ij}\mathfrak{e}_i \quad$ für $\quad 1 \leqslant j \leqslant n$,

d. h.
$$\sum_{i=1}^{n} (\delta_{ij}\mathfrak{A})\,\mathfrak{e}_i = \sum_{i=1}^{n} a_{ij}\mathfrak{e}_i$$

bzw.
$$\sum_{i=1}^{n} (\delta_{ij}\mathfrak{A} - a_{ij}\mathfrak{E})\,\mathfrak{e}_i = \mathfrak{o}, \quad \text{für} \quad 1 \leqslant j \leqslant n. \qquad (*)$$

Wir betrachten nun die $n \times n$-Matrix

$$\mathfrak{C} = (c_{ij}) = (\delta_{ij}\mathfrak{A} - a_{ij}\mathfrak{E}),$$

deren Koeffizienten also selbst wieder $n \times n$-Matrizen sind. Man beachte, daß die Eintragungen miteinander kommutieren. Für die Matrix $\mathfrak{C}$ und ihre quadratischen Submatrizen ist daher auch der in Kapitel 5.6 studierte Begriff der Determinante sinnvoll, ebenso kann man die algebraischen Komplemente $C_{i,j}$ wie in 5.6 einführen und erhält aus (*):

$$C_{kj} \sum_{i=1}^{n} c_{ij}\mathfrak{e}_i = \mathfrak{o}\,, \quad \text{für} \quad 1 \leqslant j, k \leqslant n\,,$$

bzw.

$$\sum_{j=1}^{n} \sum_{i=1}^{n} c_{ij} C_{kj}\,\mathfrak{e}_i = \sum_{i=1}^{n} \left(\sum_{j=1}^{n} c_{ij} C_{kj} \right) \mathfrak{e}_i = \mathfrak{o}\,.$$

Mit demselben Beweis wie für Matrizen über einem Körper (vgl. 5.6) ergibt sich auch hier

$$\sum_{j=1}^{n} c_{ij} C_{kj} = \delta_{i,k} \cdot \det \mathfrak{C}\,,$$

d. h.

$$\sum_{i=1}^{n} (\delta_{i,k} \det \mathfrak{C})\,\mathfrak{e}_i = (\det \mathfrak{C})\,\mathfrak{e}_k = \mathfrak{o} \quad \text{für} \quad 1 \leqslant k \leqslant n\,.$$

Da aber $\mathfrak{e}_1, \ldots, \mathfrak{e}_n$ eine Basis bilden, muß

$$\det \mathfrak{C} = P(\mathfrak{A}) = \mathfrak{O}$$

sein. □

Beispiel. Sei wieder $\mathfrak{A} = \begin{pmatrix} 3 & -1 \\ -1 & 3 \end{pmatrix}$.

Dann ist $P(\lambda) = \lambda^2 - 6\lambda + 8$, d. h.

$$\mathfrak{A}^2 - 6\mathfrak{A} + 8\mathfrak{E} = \mathfrak{O}\,, \quad \text{bzw.} \quad \mathfrak{A}^2 = 6\mathfrak{A} - 8\mathfrak{E}\,. \quad \square$$

Ist die Matrix $\mathfrak{A}$ regulär, d. h. $\det \mathfrak{A} \neq 0$, so kann man *mit dem Satz von Cayley-Hamilton* auch $\mathfrak{A}^{-1}$ *bestimmen:*

Es ist

$$P(\mathfrak{A}) = \mathfrak{A}^n - (\operatorname{Sp}\mathfrak{A}) \cdot \mathfrak{A}^{n-1} \pm \cdots + (-1)^{n-1} b_{n-1}\mathfrak{A} + (-1)^n \det \mathfrak{A} \cdot \mathfrak{E} = \mathfrak{O}$$

und daher

$$(-1)^{n-1} \cdot (\det \mathfrak{A}) \cdot \mathfrak{E} = \mathfrak{A}^n - (\operatorname{Sp}\mathfrak{A}) \cdot \mathfrak{A}^{n-1} \pm \cdots + (-1)^{n-1} b_{n-1}\mathfrak{A}$$

bzw.

$$\mathfrak{A}^{-1} = \frac{1}{(-1)^{n-1} \det \mathfrak{A}} \left(\mathfrak{A}^{n-1} - (\operatorname{Sp}\mathfrak{A})\,\mathfrak{A}^{n-2} \pm \cdots + (-1)^{n-1} b_{n-1} \cdot \mathfrak{E}\right).$$

Beispiel. $\mathfrak{A} = \begin{pmatrix} 3 & -1 \\ -1 & 3 \end{pmatrix}$: $\mathfrak{A}^2 - 6\mathfrak{A} + 8\mathfrak{E} = \mathfrak{O}$

$$\Rightarrow \; -8\mathfrak{E} = \mathfrak{A}^2 - 6\mathfrak{A} \Rightarrow \mathfrak{A}^{-1} = -\tfrac{1}{8}\mathfrak{A} + \tfrac{3}{4}\mathfrak{E}$$

$$\Rightarrow \mathfrak{A}^{-1} = \begin{pmatrix} \frac{3}{8} & \frac{1}{8} \\ \frac{1}{8} & \frac{3}{8} \end{pmatrix}. \quad \square$$

Die Eigenwerte einer reellen $n \times n$-Matrix $\mathfrak{A}$ können durchaus nichtreell sein. Dies gilt jedoch nicht für *reelle symmetrische* Matrizen:

Satz. Ist $\mathfrak{A}$ eine reelle symmetrische Matrix, so sind alle Eigenwerte von $\mathfrak{A}$ reell.

Beweis. Sei $\mathfrak{A}$ $n \times n$ Matrix mit Eigenvektor $\mathfrak{x} \in \mathbb{C}^n$ zum Eigenwert $\lambda \in \mathbb{C}$, d.h. $\mathfrak{A}\mathfrak{x} = \lambda \mathfrak{x}$.

Dann ist aber auch $\overline{\mathfrak{A}}\overline{\mathfrak{x}} = \overline{\lambda}\overline{\mathfrak{x}}$, d.h. $\mathfrak{A}\overline{\mathfrak{x}} = \overline{\lambda}\overline{\mathfrak{x}}$, d.h. $\overline{\mathfrak{x}}$ ist Eigenvektor zu $\overline{\lambda}$.

Betrachten wir die auftretenden Vektoren als Matrizen, so haben wir für

$$\mathfrak{x} = \begin{pmatrix} x_1 \\ \vdots \\ x_n \end{pmatrix}$$

$$\begin{aligned} 0 &= \mathfrak{x}^T \mathfrak{A} \overline{\mathfrak{x}} - \mathfrak{x}^T \mathfrak{A} \overline{\mathfrak{x}} = \mathfrak{x}^T \mathfrak{A}^T \overline{\mathfrak{x}} - \mathfrak{x}^T \mathfrak{A} \overline{\mathfrak{x}} \\ &= (\mathfrak{A}\mathfrak{x})^T \overline{\mathfrak{x}} - \mathfrak{x}^T \mathfrak{A} \overline{\mathfrak{x}} = (\lambda \mathfrak{x})^T \overline{\mathfrak{x}} - \mathfrak{x}^T \overline{\lambda} \overline{\mathfrak{x}} \\ &= (\lambda - \overline{\lambda}) \mathfrak{x}^T \overline{\mathfrak{x}} = (\lambda - \overline{\lambda}) \sum_{i=1}^{n} x_i \overline{x_i} = (\lambda - \overline{\lambda}) \sum_{i=1}^{n} |x_i|^2 . \end{aligned}$$

Da $\mathfrak{x} \neq \mathfrak{o}$, ist $\sum_{i=1}^{n} |x_i|^2 = \|\mathfrak{x}\|^2 \neq 0$ und daher $\lambda = \overline{\lambda}$, d.h. $\lambda \in \mathbb{R}$. $\square$

Weiters gilt der folgende

Satz. Ist $\mathfrak{A}$ eine symmetrische Matrix und sind $\mathfrak{x}$ bzw. $\mathfrak{y}$ Eigenvektoren zu verschiedenen Eigenwerten von $\mathfrak{A}$, so ist $\mathfrak{x}^T \mathfrak{y} = 0$.

Beweis. Sei $\mathfrak{A}\mathfrak{x} = \lambda \mathfrak{x}$, $\mathfrak{A}\mathfrak{y} = \mu \mathfrak{y}$, mit $\lambda \neq \mu$. Wir haben

$$\begin{aligned} 0 &= \mathfrak{x}^T \mathfrak{A} \mathfrak{y} - \mathfrak{x}^T \mathfrak{A} \mathfrak{y} = (\mathfrak{y}^T \mathfrak{A}^T \mathfrak{x})^T - \mathfrak{x}^T \mathfrak{A} \mathfrak{y} \\ &= (\mathfrak{y}^T \mathfrak{A} \mathfrak{x})^T - \mathfrak{x}^T \mathfrak{A} \mathfrak{y} = (\mathfrak{y}^T \lambda \mathfrak{x})^T - \mathfrak{x}^T \mu \mathfrak{y} \\ &= (\lambda - \mu) \mathfrak{x}^T \mathfrak{y} \ , \end{aligned}$$

und wegen $\lambda - \mu \neq 0$ folgt die Behauptung. $\square$

Sei nun wieder $\mathfrak{A}$ eine reelle symmetrische $n \times n$-Matrix mit den (reellen) Eigenwerten $\lambda_1, \ldots, \lambda_r$ mit Vielfachheiten $s_1, \ldots, s_r$ $\left(\text{d.h. } \sum_{i=1}^{n} s_i = n\right)$. Bezeichnen wir mit V_i den zu λ_i gehörigen Eigenraum von $\mathfrak{A}$, so folgt aus dem Satz, daß die Vektoren aus verschiedenen dieser Eigenräume paarweise aufeinander orthogonal stehen. Die Summe der Eigenräume ist daher eine direkte Summe

$$V_1 \oplus V_2 \oplus \cdots \oplus V_r .$$

Für die Dimensionen der Eigenräume gilt der

Hilfssatz. Sei $\mathfrak{A}$ eine reelle symmetrische Matrix, $V \subseteq \mathbb{R}^n$ der Eigenraum zum Eigenwert λ mit Vielfachheit s. Dann ist $\dim V = s$. □

(Ohne Beweis.)

Damit erhalten wir schließlich:

Satz. Sei $\mathfrak{A}$ eine reelle symmetrische Matrix mit den Eigenräumen $V_1, \ldots, V_r$. Dann gilt

$$\mathbb{R}^n = V_1 \oplus \cdots \oplus V_r. \quad \square$$

Die eben erhaltene Erkenntnis gestattet es, reelle symmetrische Matrizen auf eine besonders einfache Form, nämlich Diagonalgestalt, zu „transformieren".

Satz. Sei $\mathfrak{A}$ eine reelle symmetrische Matrix. Dann gibt es eine orthogonale Matrix $\mathfrak{S}$, so daß

$$\mathfrak{S}^T \mathfrak{A} \mathfrak{S} = \begin{pmatrix} \lambda_1 & & & & & & & & \\ & \ddots & & & & & & 0 & \\ & & \lambda_1 & & & & & & \\ & & & \lambda_2 & & & & & \\ & & & & \ddots & & & & \\ & 0 & & & & \lambda_2 & & & \\ & & & & & & \ddots & & \\ & & & & & & & \lambda_r & \\ & & & & & & & & \ddots \\ & & & & & & & & & \lambda_r \end{pmatrix},$$

wobei auf der Hauptdiagonale die Eigenwerte von $\mathfrak{A}$ gemäß ihren Vielfachheiten auftreten.

Beweis. Sei $\mathfrak{s}_{1,i}, \ldots, \mathfrak{s}_{s_i,i}$ eine Orthonormalbasis des Eigenraums V_i $(1 \leqslant i \leqslant r)$.

Durch Hintereinanderschreiben dieser Basen gelangen wir zu einer Orthonormalbasis $\mathfrak{s}_1, \ldots, \mathfrak{s}_n$ von $\mathbb{R}^n$. Sei $\mathfrak{S}$ die Matrix mit den Spaltenvektoren $\mathfrak{s}_1, \ldots, \mathfrak{s}_n$. Dann ist $\mathfrak{S}$ orthogonal.

Sei $\mathfrak{B} = (b_{kl})$ die Matrix $\mathfrak{S}^T \mathfrak{A} \mathfrak{S}$. Dann ergibt sich b_{kl} als

$$\begin{aligned} b_{kl} &= (k\text{-ter Spaltenvektor von } \mathfrak{S})^T \cdot \mathfrak{A} \cdot (l\text{-ter Spaltenvektor von } \mathfrak{S}) \\ &= \mathfrak{s}_k^T \mathfrak{A} \mathfrak{s}_l. \end{aligned}$$

Sei $\mathfrak{s}_l \in V_i$. Dann ist $\mathfrak{A}\mathfrak{s}_l = \lambda_i \mathfrak{s}_l$, und

$$b_{kl} = \lambda_i \delta_{kl}. \quad \square$$

Beispiel. $\mathfrak{A} = \begin{pmatrix} 3 & -1 \\ -1 & 3 \end{pmatrix}$.

Wir wissen bereits $\lambda_1 = 2$ mit $V_1 = \left\{ \begin{pmatrix} x \\ x \end{pmatrix} \middle| x \in \mathbb{R} \right\}$,

$\lambda_2 = 4$ mit $V_2 = \left\{ \begin{pmatrix} x \\ -x \end{pmatrix} \middle| x \in \mathbb{R} \right\}$.

Wählen wir z. B. $\mathfrak{s}_1 = \frac{1}{\sqrt{2}} \begin{pmatrix} 1 \\ 1 \end{pmatrix}$, $\mathfrak{s}_2 = \frac{1}{\sqrt{2}} \begin{pmatrix} 1 \\ -1 \end{pmatrix}$, so ist

$$\mathfrak{S} = \frac{1}{\sqrt{2}} \begin{pmatrix} 1 & 1 \\ 1 & -1 \end{pmatrix}$$

und

$$\mathfrak{S}^T \mathfrak{A} \mathfrak{S} = \frac{1}{\sqrt{2}} \begin{pmatrix} 1 & 1 \\ 1 & -1 \end{pmatrix} \begin{pmatrix} 3 & -1 \\ -1 & 3 \end{pmatrix} \frac{1}{\sqrt{2}} \begin{pmatrix} 1 & 1 \\ 1 & -1 \end{pmatrix} = \begin{pmatrix} 2 & 0 \\ 0 & 4 \end{pmatrix}.$$

Wegen $\mathfrak{S}^T = \mathfrak{S}^{-1}$ gilt auch

$$\mathfrak{S}^T \mathfrak{A}^m \mathfrak{S} = \mathfrak{S}^T \mathfrak{A} \mathfrak{S} \mathfrak{S}^T \mathfrak{A} \mathfrak{S} \ldots \mathfrak{S}^T \mathfrak{A} \mathfrak{S} = (\mathfrak{S}^T \mathfrak{A} \mathfrak{S})^m = \begin{pmatrix} 2 & 0 \\ 0 & 4 \end{pmatrix}^m = \begin{pmatrix} 2^m & 0 \\ 0 & 4^m \end{pmatrix},$$

d. h. $\mathfrak{A}^m = \mathfrak{S} \begin{pmatrix} 2^m & 0 \\ 0 & 4^m \end{pmatrix} \mathfrak{S}^T = \frac{1}{2} \begin{pmatrix} 2^m + 4^m & 2^m - 4^m \\ 2^m - 4^m & 2^m + 4^m \end{pmatrix}$.

7 Metrische und topologische Grundbegriffe

7.1 Metrische und topologische Räume

In Kapitel 5.7 wurde eine Verallgemeinerung des Euklidischen Abstandsbegriffs bereits angedeutet: ausgehend von einem Inneren Produkt sind wir zu einer Norm und von dieser wieder zu einer Metrik gelangt. Der Begriff der Metrik kann aber auch direkt auf einer beliebigen Menge X durch die damals festgestellten Eigenschaften definiert werden. Er bildet, zusammen mit den anderen in diesem Abschnitt eingeführten Begriffen, eine Beschreibungsgrundlage für die Diskussion der Analysis in den nächsten Kapiteln.

Definition. Sei X eine Menge. Dann heißt eine Abbildung $d\colon X\times X\to\mathbb{R}$ eine *Metrik auf* X, wenn sie folgende Eigenschaften hat: Für alle $x, y, z\in X$ gilt

$$\text{D1)}\quad d(x,y)\geqslant 0 \quad\text{und}\quad d(x,y)=0 \Leftrightarrow x=y$$

$$\text{D2)}\quad d(x,y)=d(y,x)$$

$$\text{D3)}\quad d(x,z)\leqslant d(x,y)+d(y,z)\,.$$

Ist d eine Metrik auf X, so heißt $\langle X, d\rangle$ *metrischer Raum.* □

Beispiele. 1) Sei X eine beliebige Menge und $d(x,y)=1-\delta_{x,y}$, d. h.

$$d(x,y)=\begin{cases}0 & \text{für}\quad x=y\\ 1 & \text{für}\quad x\neq y\,.\end{cases}$$

Diese Metrik kann nur unterscheiden, ob zwei Elemente von X gleich oder verschieden sind. Sie heißt die *diskrete Metrik* auf X.

2) $X=\mathbb{R}^n$ und $d(\mathfrak{x},\mathfrak{y})=\|\mathfrak{x}-\mathfrak{y}\|=\sqrt{\sum_{i=1}^{n}(x_i-y_i)^2}$

für $\mathfrak{x}=\begin{pmatrix}x_1\\ \vdots\\ x_n\end{pmatrix}$, $\mathfrak{y}=\begin{pmatrix}y_1\\ \vdots\\ y_n\end{pmatrix}$, die übliche Euklidische Metrik, die wir schon aus 5.7 kennen.

3) $X=\mathbb{R}^n$ und $d(\mathfrak{x},\mathfrak{y})=\max_{1\leqslant i\leqslant n}|x_i-y_i|$

4) $X=\mathbb{R}^n$ und $d(\mathfrak{x},\mathfrak{y})=\sum_{i=1}^{n}|x_i-y_i|$

z. B. im $\mathbb{R}^2$ für $\mathfrak{x} = \begin{pmatrix} 0 \\ 0 \end{pmatrix}$ und $y = \begin{pmatrix} 2 \\ 3 \end{pmatrix}$

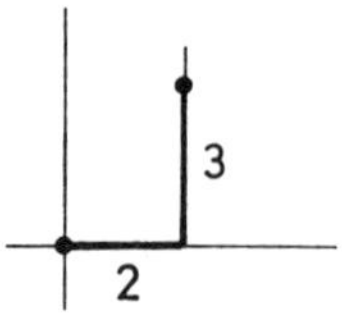

Abb. 42 $d(\mathfrak{x}, \mathfrak{y}) = 2 + 3 = 5$

Diese Metrik wird daher gelegentlich als „Taxifahrermetrik" bezeichnet.

5) K ein Körper, $X = K^n$ und $d(\mathfrak{x}, \mathfrak{y}) = \sum_{i=1}^{n} (1 - \delta_{x_i, y_i})$, d. h. $d(\mathfrak{x},\mathfrak{y})$ mißt die Anzahl der Koordinaten, in denen sich $\mathfrak{x}$ und $\mathfrak{y}$ unterscheiden. Schreibt man $\mathfrak{x}$ und $\mathfrak{y}$ als „Wörter", z. B.

$$\begin{aligned} \mathfrak{x} &= 01203 \\ \mathfrak{y} &= 01012 \end{aligned} \quad \text{mit} \quad d(\mathfrak{x}, \mathfrak{y}) = 3 \ ,$$

so gibt d die Anzahl der verschiedenen „Stellen" an. d heißt die *HAMMING-Distanz* und ist von großer Bedeutung in der Informationstheorie. (Die Beweise, daß es sich in 1) – 5) um Metriken handelt, seien als Übung überlassen). □

Durch die Vorgabe einer Metrik werden Distanzen und damit „Nachbarschaftsverhältnisse" auf X festgelegt. Um festzustellen, wann ein Element y in diesem Sinn „nahe" bei einem Element x liegt (das ist die Grundlage für den in den späteren Kapiteln eingeführten Begriff der „Konvergenz"), definiert man unter Abstraktion der geometrischen Verhältnisse im Euklidischen Raum sog. „Kugelumgebungen":

Definition. Sei $\langle X, d \rangle$ ein metrischer Raum, $x \in X$, $r \in \mathbb{R}^+$. Dann heißt $K(x, r) = \{y \in X \mid d(x, y) < r\}$ die (offene) *Kugelumgebung* des Punktes x mit Radius r.

Bemerkung. Weitere ähnliche Abkürzungen, die wir gelegentlich verwenden werden, sind:

$S(x, r) = \{y \in X \mid d(x, y) = r\}$, die „Kugelfläche" oder „Sphäre"

$\bar{K}(x, r) = \{y \in X \mid d(x, y) \leqslant r\}$, die abgeschlossene Kugelumgebung

$K_0(x, r) = K(x, r) - \{x\} = \{y \in X \mid 0 < d(x, y) < r\}$, die reduzierte (offene) Kugelumgebung

$\bar{K}_0(x, r) = \bar{K}(x, r) - \{x\} = \{y \in X \mid 0 < d(x, y) \leqslant r\}$, die reduzierte abgeschlossene Kugelumgebung.

Beispiele. Mit den metrischen Räumen von oben erhalten wir:

1) Für die diskrete Metrik:

$$K(x,r)=\begin{cases}\{x\} & \text{für} \quad 0<r\leqslant 1\\ X & \text{für} \quad r>1\ .\end{cases}$$

„Enge“ Nachbarschaft hat hier also nur jeder Punkt zu sich selbst, in „weiterem“ Sinn ist jeder Punkt zu jedem benachbart.

2) Die Euklidische Metrik: In $\mathbb{R}^2$ ist $K(\mathfrak{x}, r)$ eine offene Kreisscheibe mit Radius r und Mittelpunkt $\mathfrak{x}$, im $\mathbb{R}^3$ das „Innere“ einer Vollkugel, allgemein einer „Hyperkugel“ des $\mathbb{R}^n$.

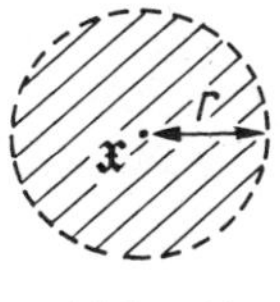

Abb. 43

3) $\mathbb{R}^n$ mit $d(\mathfrak{x},\mathfrak{y}) = \max\limits_{1\leqslant i\leqslant n} |x_i-y_i|$

$n=2$: $K(\mathfrak{x},r)$ ist ein Quadrat mit der Seitenlänge $2r$

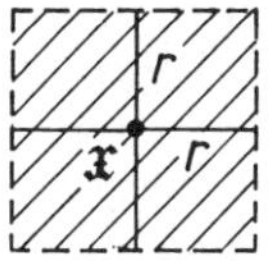

Abb. 44

$n=3$: ein Würfel mit Seitenlänge $2r$, allgemein ein „Hyperkubus“ mit Seitenlänge $2r$, man spricht daher auch von *„Würfelumgebungen“*.

4) $\mathbb{R}^n$ mit $d(\mathfrak{x},\mathfrak{y}) = \sum\limits_{i=1}^{n} |x_i-y_i|$

$n=2$: $K(\mathfrak{x},r)$ ist ein Quadrat mit Diagonalenlänge $2r$

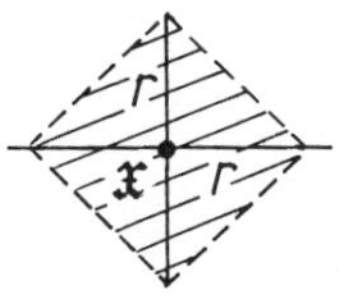

Abb. 45

$n=3$: ein Oktaeder mit Hauptdiagonalenlänge $2r$ usw.

5) Die Hamming-Distanz: $K(\mathfrak{x},r)$ ist die Menge aller „Wörter“, die sich vom „Wort“ $\mathfrak{x}$ an weniger als r Stellen unterscheiden, z. B. $X=(\mathbb{Z}_5)^2$, $\mathfrak{x}=44$, $r=1{,}5$:

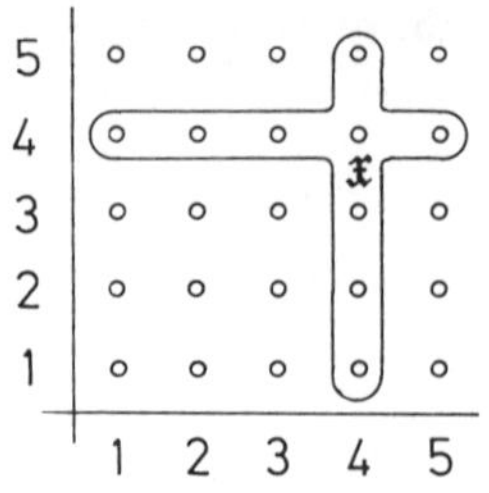

Abb. 46

Bemerkung 1. In manchen Anwendungen (z. B. in der Physik) geht man zur Definition einer Metrik im $\mathbb{R}^n$ umgekehrt vor und gibt zunächst die „abgeschlossene Einheitskugel" $\bar{K}(\mathfrak{o}, 1)$ an („*Eichbereich*").

Setzt man voraus, daß $\bar{K}(\mathfrak{o}, 1)$ so beschaffen ist, daß es zu jedem $\mathfrak{z} \in \mathbb{R}^n$ ein $t > 0$ gibt, mit

$$\mathfrak{z} \in t \cdot \bar{K}(\mathfrak{o}, 1) = \left\{ \mathfrak{u} \;\middle|\; \frac{1}{t} \cdot \mathfrak{u} \in \bar{K}(\mathfrak{o}, 1) \right\},$$

so kann man definieren:

$$(*) \qquad d(\mathfrak{x}, \mathfrak{y}) = r \Leftrightarrow \inf\{t > 0 \mid \mathfrak{y} - \mathfrak{x} \in t \cdot \bar{K}(\mathfrak{o}, 1)\} = r,$$

wobei inf die „größte untere Schranke" der Menge angibt (vgl. 7.2).

Man kann dann zeigen, daß man an den Eichbereich $\bar{K}(\mathfrak{o}, 1)$ die folgenden Bedingungen stellen muß, um durch (*) eine Metrik zu erhalten:

(i) $\bar{K}(\mathfrak{o}, 1)$ ist symmetrisch bezüglich $\mathfrak{o}$, d. h.

$$\mathfrak{x} \in \bar{K}(\mathfrak{o}, 1) \Rightarrow -\mathfrak{x} \in \bar{K}(\mathfrak{o}, 1)$$

(ii) $\bar{K}(\mathfrak{o}, 1)$ ist „konvex", d. h. mit $\mathfrak{x}, \mathfrak{y} \in \bar{K}(\mathfrak{o}, 1)$ ist auch jeder Punkt $\mathfrak{x} + \lambda \cdot (\mathfrak{y} - \mathfrak{x})$, $\lambda \in [0, 1]$, der Verbindungsstrecke in $\bar{K}(\mathfrak{o}, 1)$

(iii) $\bar{K}(\mathfrak{o}, 1)$ ist „beschränkt", d. h. es existiert eine Euklidische Kugelumgebung $K_E(\mathfrak{o}, r)$ des Ursprungs mit $\bar{K}(\mathfrak{o}, 1) \subseteq K_E(\mathfrak{o}, r)$.

Beispiele. 1) Im $\mathbb{R}^2$ erfüllt der Ellipsenbereich

$$\frac{x^2}{a^2} + \frac{y^2}{b^2} \leqslant 1 \quad (a, b > 0)$$

die Bedingungen.

2) Wählt man im $\mathbb{R}^4$ den Bereich

$$x_1^2 + x_2^2 + x_3^2 - c^2 x_4^2 \leqslant 1 \quad (c > 0)$$

(tritt in der Relativitätstheorie auf), so sind die Bedingungen ii) und iii) verletzt. Der erhaltene „Distanzbegriff" ist also keine Metrik im Sinne unserer Definition.

Bemerkung 2. Sei $\langle X, d \rangle$ ein metrischer Raum.

$\mathfrak{B}(x)$ die Menge aller Kugelumgebungen $K(x, r)$, $r > 0$. Dann sind folgende Eigenschaften erfüllt:

UB1) $\mathfrak{B}(x) \subseteq \mathfrak{P}(X)$, $\mathfrak{B}(x) \neq \emptyset$ für jedes $x \in X$, und $x \in U$ für jedes $U \in \mathfrak{B}(x)$.
UB2) Für U_1, $U_2 \in \mathfrak{B}(x)$ existiert $U \in \mathfrak{B}(x)$ mit $U \subseteq U_1 \cap U_2$.
UB3) Zu jedem $U \in \mathfrak{B}(x)$ existiert $V \in \mathfrak{B}(x)$, so daß für alle $y \in V$ existiert $W \in \mathfrak{B}(y)$ mit $W \subseteq U$.

(Der Nachweis von UB1 und UB2 ist trivial. In UB3 kann man für $U = K(x, r)$ wählen: $V = U$ und $W = K(y, r - d(x, y))$.)

Man kann nun die Eigenschaften UB1, 2, 3 zum Ausgangspunkt nehmen, um auf einer Menge X „Nachbarschaftsverhältnisse" festzulegen, die nicht von den Kugelumgebungen einer Metrik auf X stammen müssen: Man gibt dazu eine Familie $(\mathfrak{B}(x))_{x \in X}$ vor, die UB1, 2, 3 erfüllt, und nennt $\mathfrak{B}(x)$ eine *Umgebungsbasis* von x auf X. Diese Vorgangsweise ist von durchaus praktischer Bedeutung, da sich gewisse Konvergenzbegriffe in der Analysis (wie etwa die „punktweise Konvergenz" einer Funktionenfolge oder die Konvergenz der „Zwischensummen" gegen das „Riemann-Integral" einer Funktion, vgl. Band 2) nicht mit einer Metrik beschreiben lassen. □

Kugelumgebungen (bzw. „Umgebungsbasen") ermöglichen es, den Begriff der Umgebung eines Punktes abstrakt festzulegen:

Definition. Sei $\langle X, d \rangle$ ein metrischer Raum, $x \in X$. $U \subseteq X$ heißt *Umgebung von* x, wenn es eine Kugelumgebung $K(x, r)$ gibt, mit $K(x, r) \subseteq U$.

Die Menge aller Umgebungen von x bezeichnen wir mit $\mathfrak{U}(x)$. □

Achtung. Manchmal wird unter der Bezeichnung „Umgebung von x" eine „offene" Menge (vgl. spätere Definition) verstanden, die die obige Eigenschaft besitzt.

Beispiele. 1) Ist d die diskrete Metrik, so ist

$$\mathfrak{U}(x) = \{U \subseteq X \mid x \in U\}$$

2) $\mathbb{R}^n$ mit der Euklidischen Metrik, z.B. $n = 2$

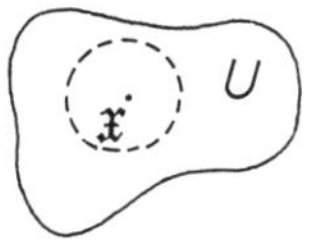

Abb. 47

U ist Umgebung von $\mathfrak{x}$, da es eine Kreisscheibe um $\mathfrak{x}$ gibt, die ganz in U enthalten ist.

3) 4) Die Metriken $d(\mathfrak{x}, \mathfrak{y}) = \max\limits_{1 \leq i \leq n} |x_i - y_i|$ bzw. $\sum\limits_{i=1}^{n} |x_i - y_i|$ ergeben dieselben Umgebungssysteme $\mathfrak{U}(\mathfrak{x})$ wie die Euklidische Metrik:

Im Beispiel 3) folgt dies daraus, daß man jeder (Hyper)kugel um $\mathfrak{x}$ einen entsprechenden (Hyper)kubus um $\mathfrak{x}$ einschreiben kann, und umgekehrt, vgl. Abb. 48; analog im Beispiel 4).

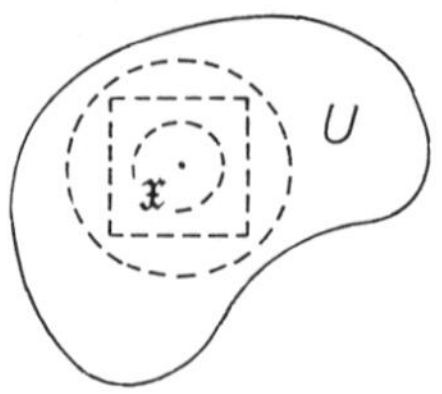

Abb. 48

Man sagt daher, die zugrundeliegenden *Metriken* seien *äquivalent*. □

Bemerkung. Ist $(\mathfrak{B}(x))_{x\in X}$ ein System von Umgebungsbasen auf X, so kann man analog Umgebungssysteme $(\mathfrak{U}(x))_{x\in X}$ einführen, indem man in der obigen Definition die Kugelumgebungen $K(x, r)$ durch Elemente von $\mathfrak{B}(x)$ ersetzt.

Beispiele. 1) Sei $X = \mathbb{R}^n$. Dann heißt für $\varepsilon_1, \ldots, \varepsilon_n > 0$ die Menge $\{\mathfrak{y}\in\mathbb{R}^n \mid |x_i - y_i| < \varepsilon_i\}$ ein Hyperquader mit Mittelpunkt $\mathfrak{x}$. Die Menge aller derartigen Hyperquader bildet eine Umgebungsbasis $\mathfrak{B}(\mathfrak{x})$ (sogenannte „*Quaderumgebungen*"). $\mathfrak{U}(\mathfrak{x})$ stimmt wiederum mit den Umgebungssystemen der Euklidischen Metrik überein.

2) Sei $X = \mathbb{R}$. Dann bilden die halboffenen Intervalle $\{[x, y[\mid y > x\}$ eine Umgebungsbasis $\mathfrak{B}(x)$. In diesem Fall ist jede „Euklidische" Umgebung von x in $\mathfrak{U}(x)$, aber auch zahlreiche weitere Mengen, wie etwa die halboffenen Intervalle $[x, y[, y > x$, selbst. Die Umgebungen stimmen aber nicht mit den von der diskreten Metrik erzeugten überein, da etwa die Mengen $\{x\}$ nicht in $\mathfrak{U}(x)$ sind. □

Satz. Die Systeme $(\mathfrak{U}(x))_{x\in X}$ der Umgebungen von x haben folgende Eigenschaften:

U1) $\mathfrak{U}(x) \subseteq \mathfrak{P}(X)$, $\mathfrak{U}(x) \neq \emptyset$ für jedes $x\in X$, und $x \in U$ für jedes $U\in\mathfrak{U}(x)$.

U2) Ist $U\in\mathfrak{U}(x)$ und $U \subseteq V$, so ist auch $V\in\mathfrak{U}(x)$.

U3) Sind $U_1, U_2\in\mathfrak{U}(x)$, so auch $U_1 \cap U_2\in\mathfrak{U}(x)$.

U4) Zu jedem $U\in\mathfrak{U}(x)$ existiert $V\in\mathfrak{U}(x)$ so, daß U Umgebung jedes Punktes von V ist (d.h. $U\in\mathfrak{U}(y)$ für alle $y\in V$).

Beweis. U1 und U2 sind trivialerweise erfüllt. U3 folgt in metrischen Räumen, da für

$$K(x, r_1) \subseteq U_1\,, \quad K(x, r_2) \subseteq U_2$$

gelten muß: $K(x, \min(r_1, r_2)) \subseteq U_1 \cap U_2$. In der allgemeinen Definition folgt U3 aus UB2. Zum Beweis von U4 beachten wir, daß für $U\in\mathfrak{U}(x)$ eine Kugelumgebung $K(x, r)$, allgemein: ein Element U' von $\mathfrak{B}(x)$, existiert, die Teilmenge von U ist. Nach UB3 gibt es dann ein $V\in\mathfrak{B}(x)$, so daß für alle $y\in V$ existiert $W\in\mathfrak{B}(y)$ mit $W \subseteq U'$, vgl. Abb. 49. Wegen $U' \subseteq U$ ist also U Umgebung jedes Punktes $y\in V$; wegen $V\in\mathfrak{B}(x)$ ist natürlich auch $V\in\mathfrak{U}(x)$.

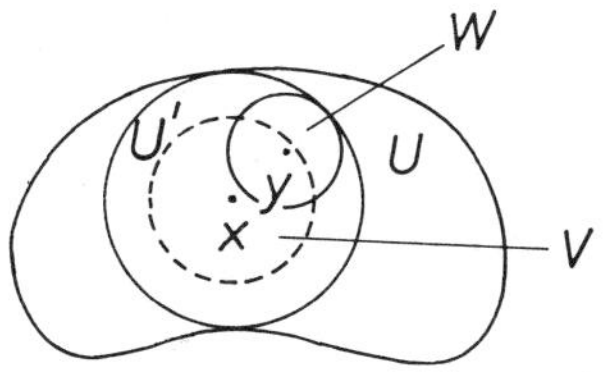

Abb. 49 □

Bemerkung. Man kann zur abstrakten Beschreibung der lokalen „Nachbarschaftsverhältnisse" auf einer Menge X direkt von einem System $(\mathfrak{U}(x))_{x \in X}$ ausgehen, das die Eigenschaften U1 – U4 besitzt. □

Als unmittelbare Folgerung aus U2 ergibt sich:

$$X \in \mathfrak{U}(x) \quad \text{für alle} \quad x \in X .$$

Sei A Teilmenge eines metrischen Raumes $\langle X, d \rangle$. Dann lassen sich die Punkte von X in Klassen bezüglich ihrer Lage relativ zu A einteilen

i) Es existiert eine Kugelumgebung $K(x, r) \subseteq A$.
ii) Jede Kugelumgebung $K(x, r)$ enthält sowohl Punkte von A als auch vom Komplement $C_X(A)$.
iii) Es existiert eine Kugelumgebung $K(x, r) \subseteq C_X(A)$.

Definition. Sei $\langle X, d \rangle$ ein metrischer Raum, $A \subseteq X$. Ein Punkt $x \in X$ heißt *innerer Punkt* von A, wenn er Eigenschaft i) besitzt, *Randpunkt* von A, wenn er ii) erfüllt, und *äußerer* Punkt von A, wenn iii) gilt.

Die Menge der inneren Punkte von A heißt das *Innere von A*, symb. A^0 oder int$A$, die Menge der Randpunkte der *Rand von A*, symb. RdA oder bd$A$, die Menge der äußeren Punkte *das Äußere von A*. $A \cup \mathrm{Rd}A$ heißt der *Abschluß von A*, symb. $\bar{A}$. □

Beispiele. 1) Sei $X = \mathbb{R}^2$ mit der Euklidischen Metrik

$$A = ([0,1[\times [0,1[) \cup \{(2,0)\}$$

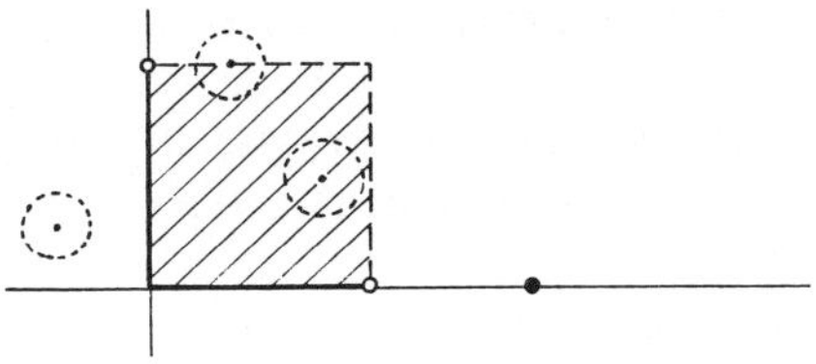

Abb. 50

Dann ist $$A^0 =]0,1[\times]0,1[$$

$$\mathrm{Rd}A = ([0,1] \times \{0,1\}) \cup (\{0,1\} \times]0,1[) \cup \{(2,0)\}$$

$$\text{Äußeres von } A = \mathbb{R}^2 - (A^0 \cup \text{Rd}A)$$

$$\bar{A} = ([0,1] \times [0,1]) \cup \{(2,0)\}$$

2) X und A wie oben, jedoch mit der diskreten Metrik: Hier ist $K(x, \frac{1}{2}) = \{x\}$ und daher

$$A^0 = A,\ \text{Rd}A = \emptyset,\ \text{Äußeres von } A = C_X(A),\ \bar{A} = A. \quad \square$$

Bemerkung. Da $C_X(C_X(A)) = A$, gilt

$$A^0 = \text{Äußeres von } C_X(A)\,,$$

$$\text{Rd}A = \text{Rd}\,C_X(A)\,,$$

$$\text{Äußeres von } A = (C_X(A))^0\,.$$

Definition. Sei $\langle X, d\rangle$ ein metrischer Raum, $A \subseteq X$. $x \in A$ heißt *isolierter Punkt* von A, wenn es eine Kugelumgebung $K(x, r)$ gibt mit $K(x, r) \cap A = \{x\}$.

Beispiel. Der Punkt $x = (2{,}0)$ ist in beiden obigen Metriken isolierter Punkt von A, da stets $K(x, \frac{1}{2}) \cap A = \{x\}$. Man beachte, daß (2,0) im ersten Fall Randpunkt ist, im zweiten jedoch nicht. Ein isolierter Punkt braucht also nicht Randpunkt zu sein! $\square$

Wir wollen nun die anschauliche Vorstellung von „offenen" und „abgeschlossenen" Mengen abstrahieren:

Definition. Sei $\langle X, d\rangle$ ein metrischer Raum, $A \subseteq X$. A heißt *offene Menge* in X, wenn $\text{Rd}A \cap A = \emptyset$, A heißt *abgeschlossene Menge* in X, wenn $\text{Rd}A \subseteq A$.

Bemerkung. Die Begriffe innerer Punkt, Randpunkt, äußerer Punkt und damit auch offene bzw. abgeschlossene Menge werden analog definiert, wenn man nicht von einem metrischen Raum, sondern einem Umgebungsbasissystem $(\mathfrak{B}(x))_{x \in X}$ bzw. Umgebungssystem $(\mathfrak{U}(x))_{x \in X}$ ausgeht.

Beispiele. 1) $X = \mathbb{R}$ mit der Euklidischen Metrik. $A =]0,1[$ ist offen, da $\text{Rd}A = \{0,1\}$ disjunkt zu A ist; hingegen ist $B = [0,1]$ abgeschlossen, da $\text{Rd}B = \{0,1\} \subseteq B$. Man beachte aber, daß etwa $A =]0,1[$ abgeschlossen ist in $X =]0,1[$ mit der Euklidischen Metrik, da dann $\text{Rd}A = \emptyset$.

Die Eigenschaften „offen" und „abgeschlossen" sind also abhängig von der Grundmenge X und nicht bereits durch die Angabe der Metrik und der betrachteten Teilmenge festgelegt!

2) $X = \mathbb{R}$ mit der diskreten Metrik.

Hier ist jede Menge A offen *und* abgeschlossen zugleich, da stets $\text{Rd}A = \emptyset$.

Die abstrakte Definition von Offenheit und Abgeschlossenheit läßt also durchaus Situationen zu, die mit der „anschaulichen" Bedeutung dieser Begriffe nicht mehr übereinstimmen! Ähnliche Vorsicht ist bei der „anschaulichen" Interpretation aller topologischen Begriffe geboten. $\square$

Einige einfache Folgerungen aus der Definition faßt der folgende Satz zusammen:

Satz. 1) A offen $\Leftrightarrow$ $C_X(A)$ abgeschlossen.
2) A abgeschlossen $\Leftrightarrow$ $C_X(A)$ offen.
3) A offen $\Leftrightarrow$ $A = A^0$.
4) A abgeschlossen $\Leftrightarrow$ $C_X(A) = (C_X(A))^0 \Leftrightarrow A = \bar{A}$.
5) A offen $\Leftrightarrow$ A ist Umgebung jedes Elements $x \in A$.

Beweis. 1) – 4) sind trivial.
5) A offen $\Leftrightarrow A = A^0 \Leftrightarrow$ Für jedes $x \in A$ existiert $K(x, r) \subseteq A \Leftrightarrow A$ ist Umgebung von x für jedes $x \in A$. □

Die folgenden Eigenschaften sind von besonderer Bedeutung:

Satz. Sei $\langle X, d \rangle$ ein metrischer Raum, $\mathfrak{O}$ die Familie der offenen Mengen. Dann gilt

O1) $\mathfrak{O} \subseteq \mathfrak{P}(X)$ mit $\emptyset \in \mathfrak{O}$ und $X \in \mathfrak{O}$.
O2) Die Vereinigung beliebig vieler offener Mengen ist offen.

$$A_i \in \mathfrak{O} \quad \text{für alle } i \in I \Rightarrow \bigcup_{i \in I} A_i \in \mathfrak{O} .$$

O3) Der Durchschnitt von je zwei (und damit von je endlich vielen) offenen Mengen ist offen.

$$A, B \in \mathfrak{O} \Rightarrow A \cap B \in \mathfrak{O} .$$

Bezeichnet $\mathfrak{F}$ das System der abgeschlossenen Mengen, so gilt:

F1) $\mathfrak{F} \subseteq \mathfrak{P}(X)$ mit $\emptyset \in \mathfrak{F}$ und $X \in \mathfrak{F}$.
F2) Der Durchschnitt beliebig vieler abgeschlossener Mengen ist abgeschlossen:

$$A_i \in \mathfrak{F} \quad \text{für alle } i \in I \Rightarrow \bigcap_{i \in I} A_i \in \mathfrak{F} .$$

F3) Die Vereinigung von je zwei (und damit von je endlich vielen) abgeschlossenen Mengen ist abgeschlossen:

$$A, B \in \mathfrak{F} \Rightarrow A \cup B \in \mathfrak{F} .$$

Beweis. O1) Es ist $\mathrm{Rd}\, X = \emptyset \subseteq X$ und daher X offen und $C_X(X) = \emptyset$ offen.
O2) Sei $A = \bigcup_{i \in I} A_i$, $x \in A$.
Dann gibt es ein $i \in I$ mit $x \in A_i$ und, da A_i offen ist, $K(x, r) \subseteq A_i$.
Da $A_i \subseteq A$, ist x innerer Punkt von A. Da x beliebig in A war, ist A offen.
O3) Sei $x \in A \cap B$.
Da $x \in A$ und $x \in B$, die beide offen sind, gibt es $K(x, r_1) \subseteq A$, $K(x, r_2) \subseteq B$.
Dann ist aber $K(x, \min\{r_1, r_2\}) \subseteq A \cap B$. (Für den Durchschnitt endlich vieler offener Mengen ergibt sich die Aussage durch Induktion). Die Aussagen F1 – F3 ergeben sich durch Übergang zum Komplement und Anwendung der DeMorganschen Gesetze.

Ein analoger Beweis gilt, wenn man von einem Umgebungsbasissystem $(\mathfrak{B}(x))_{x\in X}$ bzw. Umgebungssystem $(\mathfrak{U}(x))_{x\in X}$ ausgeht. □

Bemerkung. Die Eigenschaften O3 bzw. F3 bleiben nicht richtig, wenn man den Durchschnitt bzw. die Vereinigung beliebig vieler Mengen betrachtet.

Sei etwa $X = \mathbb{R}$ mit der Euklidischen Metrik. Dann sind für $n > 0$ die Mengen $A_n =]-\frac{1}{n}, \frac{1}{n}[$ offen. Hingegen ist $\bigcap_{n=1}^{\infty} A_n = \{0\}$ nicht offen.

Definition. Ein Paar $\langle X, \mathfrak{O}\rangle$, wobei $\mathfrak{O}$ die Eigenschaften O1, 2, 3 besitzt, heißt *topologischer Raum* oder Topologie auf X.

Bemerkung. Ein topologischer Raum kann auch festgelegt werden durch $\langle X, \mathfrak{F}\rangle$ mit F1, 2, 3, $\langle X, (\mathfrak{U}(x))_{x\in X}\rangle$ mit U1, 2, 3, 4 oder $\langle X, (\mathfrak{B}(x))_{x\in X}\rangle$ mit UB1, 2, 3.

Man kann nämlich jeden der 4 Begriffe „offene Menge", „abgeschlossene Menge", „Umgebung" und „Umgebungsbasis", so durch jeden der 3 anderen Begriffe definieren, daß die Gültigkeit der Grundeigenschaften für den einen Begriff jeweils auch die für die anderen nach sich zieht. Die 4 Begriffe liefern also äquivalente Beschreibungsmöglichkeiten der Topologie auf X. So sind wir etwa in metrischen Räumen vom Begriff der Umgebungsbasis (den Kugelumgebungen) ausgegangen und haben Umgebungen, offene und abgeschlossene Mengen darauf zurückgeführt. Eine andere Möglichkeit wäre:

Man beginnt mit $\langle X, \mathfrak{O}\rangle$, d.h. der Festlegung der offenen Mengen. Dann nennt man A abgeschlossen, wenn $C_X(A) \in \mathfrak{O}$ ist. U heißt Umgebung von $x \in X$, wenn es $A \in \mathfrak{O}$ gibt mit $x \in A \subseteq U$. Die Menge aller dieser Umgebungen nennen wir $\mathfrak{U}(x)$.

Weiters nennen wir $\mathfrak{B}(x)$ Umgebungsbasis von x, wenn $\mathfrak{B}(x)$ aus Umgebungen von x besteht (d.h. $\mathfrak{B}(x) \subseteq \mathfrak{U}(x)$) und für jedes $U \in \mathfrak{U}(x)$ ein $V \in \mathfrak{B}(x)$ existiert mit $V \subseteq U$.

Man zeige als Übung, daß aus O1, 2, 3 dann die anderen Grundeigenschaften folgen!

Beispiele. 1) Ist $\mathfrak{O} = \mathfrak{P}(X)$, d.h. jede Teilmenge von X offen, so heißt $\langle X, \mathfrak{O}\rangle$ die *diskrete Topologie* auf X. Nach den bisherigen Überlegungen wird diese Topologie stets durch eine Metrik auf X, nämlich die diskrete Metrik erzeugt.

2) Sei $\mathfrak{O} = \{\emptyset, X\}$. Dann heißt $\langle X, \mathfrak{O}\rangle$ die *indiskrete* (oder triviale) *Topologie* auf X.

Wäre $\mathfrak{O}$ von einer Metrik erzeugt, so wäre jede Kugelumgebung $K(x, r)$ (als offene Menge, die x enthält) gleich X, d.h. $d(x, y) < r$ für jedes $r > 0$ und je 2 Punkte $x, y \in X$, d.h.

$$d(x, y) = 0 \quad \text{für} \quad x \neq y\,.$$

Eine derartige Metrik kann also nur existieren, wenn $X = \{x\}$ einpunktig ist: Dann stimmen aber diskrete und indiskrete Topologie überein.

Die Frage, wann eine vorgegebene Topologie $\langle X, \mathfrak{O}\rangle$ durch eine Metrik auf X beschreibbar ist, ($\langle X, \mathfrak{O}\rangle$ heißt dann *metrisierbar*), gehört zu den schwierigsten und interessantesten Fragen dieses Teilgebiets der Mathematik. Sie wurde in den Fünfzigerjahren d. Jhdts. unabhängig von NAGATA und SMIRNOW gelöst.

3) $\langle \mathbb{R}^n, (\mathfrak{B}(\mathfrak{x}))_{\mathfrak{x}\in\mathbb{R}^n}\rangle$, wobei $\mathfrak{B}(\mathfrak{x})$ die gewöhnlichen Kugel-(Würfel-, Quader-) Umgebungen von $\mathfrak{x}$ sind. Diese Topologie heißt die *gewöhnliche* oder *Standard-Topologie* des $\mathbb{R}^n$.

Wir werden bei unserer Behandlung der reellen „Analysis" in den folgenden großen Kapiteln fast immer diese Topologie zugrundelegen.

4) $\langle \mathbb{R}, (\mathfrak{B}(x))_{x\in\mathbb{R}}\rangle$ mit $\mathfrak{B}(x) = \{[x, y[\mid y > x\}$ zeigt, verglichen mit der Standardtopologie, wechselhaftes Verhalten; zur Übung untersuchen wir die Intervalle auf Offenheit bzw. Abgeschlossenheit:

Die „halboffenen" Intervalle $[x, y[$ sind offen: Für $z \in [x, y[$ ist die Umgebung $[z, y[\subseteq [x, y[$. Sie sind aber auch abgeschlossen, da $C_X([x, y[) =]-\infty, x[\cup [y, \infty[= \bigcup_{n=1}^{\infty} [x-n, x[\cup [y, \infty[$ als Vereinigung offener Mengen offen ist.

Hingegen verhalten sich die Intervalle $]x, y[$, $]x, y]$ und $[x, y]\,(x<y)$ wie in der Standardtopologie:

$$]x, y[= \bigcup_{n=1}^{\infty} [x+\tfrac{1}{n}, y[\text{ ist offen,}$$

$$[x, y] = \bigcap_{n=1}^{\infty} [x, y+\tfrac{1}{n}[\text{ ist abgeschlossen.}$$

$[x, y]$ ist nicht offen, da sonst auch $\{y\} = [x, y] \cap [y, y+1[$ offen wäre und dazu müßte es ein $[y, z[\in \mathfrak{B}(y)$ geben mit $[y, z[\subseteq \{y\}$.

$]x, y[$ ist nicht abgeschlossen, da sonst das Komplement $]-\infty, x] \cup [y, +\infty[$ offen wäre und damit auch $\{x\} = (]-\infty, x] \cup [y, +\infty[) \cap \left[x, \frac{x+y}{2}\right[$.

$]x, y]$ ist nicht offen, da sonst $\{y\} =]x, y] \cap [y, y+1[$ offen wäre.

$]x, y]$ ist auch nicht abgeschlossen, da sonst das Komplement $]-\infty, x] \cup]y, +\infty[$ offen wäre, d.h. auch $\{x\} = (]-\infty, x] \cup]y, +\infty[) \cap \left[x, \frac{x+y}{2}\right[$. □

7.2 Beschränktheit, Häufungspunkte

Für viele Untersuchungen der Analysis ist es von Bedeutung, daß die „Größe" der betrachteten Mengen hinsichtlich einer vorgegebenen Metrik „beschränkt" ist. Genauer:

Definition. Sei $\langle X, d\rangle$ ein metrischer Raum. $A \subseteq X$ heißt *beschränkte* Teilmenge von X, wenn es ein $x \in X$ und ein $r > 0$ gibt, so daß $A \subseteq K(x, r)$ gilt. □

Die Menge muß also in einer „Kugel" des metrischen Raumes enthalten sein. Man sieht leicht, daß es für eine beschränkte Menge A tatsächlich zu jedem Punkt $y \in X$ eine Kugelumgebung von y geben muß, die A enthält:

Ist nämlich $A \subseteq K(x,r)$, so ist $A \subseteq K(y, r+d(x,y))$ für jedes $y \in X$: $d(a,x) < r \Rightarrow d(a,y) \leqslant d(a,x) + d(x,y) < r + d(x,y)$.

Insbesondere ist eine *Teilmenge* $A \subseteq \mathbb{R}^n$ genau dann *beschränkt*, wenn $A \subseteq K(\mathfrak{o}, r)$ für eine Kugelumgebung des Ursprungs gilt.

Ist auf einer Menge X eine Halbordnung (vgl. 1.2) vorgegeben, so kann man die folgenden Begriffe einführen.

Definition. Sei R eine Halbordnung auf der Menge X und $A \subseteq X$.

$g \in X$ heißt *untere Schranke* von A, wenn gRx für alle $x \in A$.

$G \in X$ heißt *obere Schranke* von A, wenn xRG für alle $x \in A$.

$g \in X$ heißt *Infimum von A*, symb. *inf A*, wenn g größte untere Schranke von A ist, d. h. g ist untere Schranke von A und für jede untere Schranke g' von A gilt $g'Rg$. Ist $g = \inf A \in A$, so nennt man g *Minimum von A*, symb. *min A*.

$G \in X$ heißt *Supremum von A*, symb. *sup A*, wenn G kleinste obere Schranke von A ist, d. h. G ist obere Schranke von A und für jede obere Schranke G' von A gilt GRG'.

Ist $G = \sup A \in A$, so nennt man G *Maximum von A*, symb. *max A*. □

Man beachte, daß aufgrund der Definition jede Teilmenge A höchstens ein Infimum und höchstens ein Supremum haben kann.

Beschränktheit kann also sowohl durch Zugrundelegung einer Metrik wie auch einer Halbordnung definiert werden. Im wichtigsten Beispiel $X = \mathbb{R}$ mit der Euklidischen Metrik sieht man aber sofort, daß $A \subseteq \mathbb{R}$ genau dann beschränkt ist, wenn A bezüglich der Halbordnung $\leqslant$ eine untere und obere Schranke besitzt.

I. allg. braucht eine nach unten beschränkte Menge $A \subseteq X$, d. h. eine Menge A, zu der es eine untere Schranke gibt, kein Infimum in X zu haben.

Beispiel. $X = \mathbb{Q}$ mit der Halbordnung $\leqslant$ und

$$A = \left\{ \frac{p}{q} \,\middle|\, p, q \in \mathbb{N},\ q > 0,\ p^2 > 2q^2 \right\}, \quad \text{d. h. } A =]\sqrt{2}, +\infty[\cap \mathbb{Q}$$

A ist nach unten beschränkt, da etwa $0 \leqslant x$ für alle $x \in A$. Hingegen besitzt A in $\mathbb{Q}$ kein Infimum, da $\sqrt{2} \notin \mathbb{Q}$. □

Eine derartige Situation kann in $\mathbb{R}$ nicht eintreten:

Satz. Sei $A \subseteq \mathbb{R}$ eine nichtleere nach unten beschränkte Teilmenge von $\mathbb{R}$ (mit der Halbordnung $\leqslant$). Dann existiert $\inf A \in \mathbb{R}$.

Beweis. Sei g untere Schranke von A und $a \in A$, d. h. $g \leqslant a$. Wir definieren eine Intervallschachtelung (vgl. 3.3) auf folgende Weise:

$$I_0 = [g, a] .$$

Um zu I_1 zu gelangen, betrachten wir $\frac{g+a}{2}$. Ist diese Zahl untere Schranke von A, so setzen wir $I_1 = \left[\frac{g+a}{2}, a\right]$, ansonsten $I_1 = \left[g, \frac{g+a}{2}\right]$. Wir halbieren nun I_1 usw.

Offensichtlich ist $I_0 \supseteq I_1 \supseteq I_2 \supseteq \ldots, I_n \neq \emptyset$ und $l(I_n) = \frac{a-g}{2^n} < \varepsilon$ für alle genügend großen n.

Nach dem Axiom von Cantor und Dedekind (vgl. 3.3) ist $\bigcap_{n=0}^{\infty} I_n = \{z\}$ mit $z \in \mathbb{R}$. Dann ist $z = \inf A$. Beweisskizze: z ist untere Schranke von A: gäbe es nämlich ein $x \in A$ mit $x < z$, d. h. $g \leqslant x < z \leqslant a$, so wäre man beim obigen Halbierungsprozeß nach endlich vielen Schritten zu einem Intervall $I_n = [a_n, b_n]$ gelangt mit $b_n < z$, d. h. $z \notin I_n$. z ist größte untere Schranke: wäre nämlich $y > z$ und y untere Schranke, so wäre man beim obigen Halbierungsprozeß nach endlich vielen Schritten zu einem Intervall $I_n = [a_n, b_n]$ gelangt mit $z < a_n$, d. h. $z \notin I_n$. □

Bemerkung. 1) Analog besitzt jede nichtleere nach oben beschränkte Teilmenge von $\mathbb{R}$ ein Supremum in $\mathbb{R}$.

2) Die eben bewiesene „Vollständigkeits"-Eigenschaft von $\mathbb{R}$ wird manchmal anstelle des Axioms von Cantor-Dedekind als Grundeigenschaft von $\mathbb{R}$ gewählt. □

Wir haben bereits in Abschnitt 4.1 den Begriff der *Multimenge* kennengelernt. Dabei handelt es sich um eine Ansammlung von Elementen, die im Gegensatz zu einer Menge jedes Element beliebig oft enthalten kann. Jede Multimenge ist also bestimmt durch die Menge der verschiedenen vorkommenden Elemente, die wir die *Trägermenge* der Multimenge nennen, und durch die *Vielfachheit*, mit der diese Elemente vorkommen. Da wir später in den „Folgen" (angeordnete) Systeme vor uns haben werden, die ein bestimmtes Element der Grundmenge mehrfach enthalten können, wollen wir die folgenden Begriffe gleich für Multimengen einführen.

Zunächst kann man den Begriff der Beschränktheit (wie auch untere, obere Schranke, Infimum und Supremum) für Multimengen dadurch definieren, daß die Trägermenge die entsprechende Eigenschaft haben soll. Um zum Begriff der Konvergenz zu gelangen, benötigen wir zunächst die folgende

Definition. Sei $\langle X, d\rangle$ ein metrischer Raum, A eine Multimenge, deren Trägermenge Teilmenge von X ist. $a \in X$ heißt *Häufungspunkt von* A, wenn in jeder Kugelumgebung $K(a, r)$ unendlich viele Elemente von A liegen.

Beispiele. 1) $X = \mathbb{R}$ mit der Euklidischen Metrik

$$A = \left\{\frac{1}{n} \,\middle|\, n \in \mathbb{N},\, n > 0\right\}.$$

$a = 0$ ist Häufungspunkt von A, da in $K(0, r)$ alle Elemente $\frac{1}{n}$ mit $n > \frac{1}{r}$ liegen.

2) $\langle X, d\rangle$ wie in 1), $A = \{0, 0, \ldots\}$ mit $|A| = \aleph_0$. Klarerweise ist 0 Häufungspunkt der Multimenge A. Hingegen ist 0 nicht Häufungspunkt der Trägermenge $\{0\}$, da diese endlich ist.

3) $X = \mathbb{R}$ mit der diskreten Metrik.

Damit a Häufungspunkt von A ist, müssen u. a. unendlich viele Elemente von A in $K(a, \frac{1}{2})$ liegen. Es ist aber $K(a, \frac{1}{2}) = \{a\}$, d. h. a selbst muß in A unendlich oft vorkommen.

4) Auch in $\mathbb{R}$ mit der Euklidischen Metrik braucht nicht jede unendliche Menge einen Häufungspunkt zu haben: Sei $A = \mathbb{N}$, $a \in \mathbb{R}$. $K(a, \frac{1}{2})$ enthält dann höchstens ein Element von A.

5) In $\mathbb{Q}$ mit der Euklidischen Metrik brauchen nicht einmal beschränkte unendliche Mengen einen Häufungspunkt zu besitzen: Sei etwa A die Menge der dezimalen Näherungsbrüche für $\sqrt{2}$, also $A = \{1; 1{,}4; 1{,}41; 1{,}414; \ldots\}$. Der einzige Häufungspunkt von A in $\mathbb{R}$ wäre $\sqrt{2} \notin \mathbb{Q}$. □

Der folgende Satz, wiederum eine Konsequenz des Axioms von Cantor und Dedekind, besagt, daß in $\mathbb{R}$ eine derartige Situation nicht eintreten kann:

Satz. Jede beschränkte unendliche Multimenge A von Elementen aus $\mathbb{R}$ besitzt in $\mathbb{R}$ mit der Euklidischen Metrik mindestens einen Häufungspunkt.

Beweis. Seien g bzw. G untere bzw. obere Schranken von A. Wir geben wieder eine Intervallschachtelung an, deren „innerster" Punkt ein Häufungspunkt sein wird:

Sei $I_0 = [g, G]$.

Halbieren wir I_0, so müssen in mindestens einem Teilintervall wieder ∞ viele Elemente von A liegen. Sei I_1 dieses Teilintervall $\left(\text{d. h. } I_1 = \left[g, \frac{g+G}{2}\right] \text{ oder } I_1 = \left[\frac{g+G}{2}, G\right]\right)$. Wir setzen nun das Halbierungsverfahren (auch „Bisektion" genannt) mit I_1 fort, usw.

Wir erhalten dann eine Folge $I_0 \supseteq I_1 \supseteq I_2 \supseteq \ldots$ von Intervallen, deren jedes ∞ viele Elemente von A enthält. Weiters ist $l(I_n) = \frac{G-g}{2^n} < \varepsilon$ für alle genügend großen n.

Nach dem Axiom von Cantor und Dedekind ist $\bigcap_{n=0}^{\infty} I_n = \{a\}$.

Sei nun $K(a, r)$ eine Kugelumgebung von a und n so groß gewählt, daß $\frac{G-g}{2^n} < r$. Dann gilt wegen $l(I_n) = \frac{G-g}{2^n}$ und $a \in I_n$, daß $I_n \subseteq K(a, r)$.

Damit enthält aber $K(a, r)$ unendlich viele Elemente von A, d. h. a ist Häufungspunkt von A. □

Bemerkungen. 1) Der Spezialfall des obigen Satzes für Teil*mengen* von $\mathbb{R}$ heißt *Häufungsstellenprinzip von* BOLZANO[1])-WEIERSTRASS[2]).

[1]) Bernard BOLZANO, 5. Oktober 1781 – 18. Dezember 1848.
[2]) Karl WEIERSTRASS, 31. Oktober 1815 – 19. Februar 1897.

2) Ein analoger Satz gilt für Multimengen im $\mathbb{R}^n$ mit der Euklidischen Metrik: Anstelle der Intervalle im obigen Beweis konstruiert man eine „Folge" von n-dimensionalen Würfeln, deren jeder ∞ viele Elemente von A enthält und deren Seitenlängen jeweils um den Faktor 2 abnehmen: man zerlegt dazu bei jedem Schritt den erhaltenen Würfel durch Halbierung der Seiten in 2^n Teilwürfel, von denen mindestens einer ∞ viele Elemente der Multimenge A enthält.

Die Folge der Würfel definiert dann in der i-ten Koordinate eine Intervallschachtelung mit „innerstem" Punkt $a_i\,(1 \leqslant i \leqslant n)$.

Ist $\mathfrak{a} = \begin{pmatrix} a_1 \\ \vdots \\ a_n \end{pmatrix}$, so liegen in jeder Würfelumgebung von $\mathfrak{a}$ unendlich viele Elemente von A, d. h. $\mathfrak{a}$ ist Häufungspunkt von A.

3) Eine beschränkte unendliche Multimenge kann natürlich auch mehrere Häufungspunkte besitzen, da in der obigen Konstruktion die Wahl des nächstfolgenden Teilintervalls (Würfels) nicht eindeutig bestimmt sein muß.

Beschränkte unendliche Multimengen reeller Zahlen die genau einen Häufungspunkt besitzen, sind von besonderer Bedeutung:

Definition. Eine beschränkte unendliche Multimenge A, die genau einen Häufungspunkt a besitzt, heißt *konvergent* gegen a, symb. $a = \lim A$, (Limes von A). □

Der folgende Satz besagt, daß konvergente Multimengen in $\mathbb{R}$ „nicht zu viele" Elemente enthalten können:

Satz. Sei A eine beschränkte unendliche Multimenge von Elementen aus $\mathbb{R}$ (bzw. $\mathbb{R}^n$) mit der Euklidischen Metrik, die genau einen Häufungspunkt a besitzt. Dann ist die Multimenge A' aller von a verschiedenen Elemente von A endlich oder abzählbar.

Beweis. Da a Häufungspunkt von A ist, existiert $r > 0$, so daß die Trägermenge von A in $K(a, r)$ enthalten ist. Die Kugelschale $K(a, r) - K(a, \frac{r}{2})$ kann höchstens endlich viele Elemente von A enthalten, da es sonst einen von a verschiedenen Häufungspunkt von A gäbe (vgl. letzter Satz). Analog enthält die Kugelschale $K(a, \frac{r}{2}) - K(a, \frac{r}{4})$ höchstens endlich viele Elemente von A, usw. Setzen wir diese Zerlegung von $K(a, r)$ in Schalen mit Radius $\dfrac{r}{2^k}$ fort, so gelangen wir zu allen Elementen von A mit der einzigen möglichen Ausnahme der Elemente a in A.

Wir können also alle anderen Elemente von A durchnumerieren, und A' ist abzählbar. □

Folgerung. In $\mathbb{R}$ (bzw. $\mathbb{R}^n$) mit der Euklidischen Metrik ist jede beschränkte unendliche Multimenge mit genau einem Häufungspunkt und höchstens abzählbar unendlichen Vielfachheiten selbst abzählbar unendlich. □

Die *Elemente* einer derartigen Multimenge *können also* stets *mit den Elementen von* $\mathbb{N}$ *durchnumeriert werden,* d. h. als *„Folge"* angeschrieben werden:

Definition. Sei X eine beliebige Menge. Eine Funktion, die jedem $n \in \mathbb{N}$ ein Element $a_n \in X$ zuordnet, heißt *unendliche Folge* in X.

Bemerkung. I. allg. identifiziert man die Funktion mit ihren (geordneten) Werten $a_0, a_1, a_2, \ldots$ und nennt $\langle a_n \rangle_{n \in \mathbb{N}}$ eine unendliche Folge in X. Die Schreibweise in $\langle\ \rangle$ deutet dabei an, daß die Multimenge $\{a_n\}_{n \in \mathbb{N}}$ hier geordnet ist. Anstelle von $\langle a_n \rangle_{n \in \mathbb{N}}$ werden aber auch die *Schreibweisen* $\{a_n\}_{n \in \mathbb{N}}$, $(a_n)_{n \in \mathbb{N}}$ oder $\langle a_0, a_1, \ldots \rangle$, $\{a_0, a_1, a_2, \ldots\}$, $(a_0, a_1, a_2, \ldots)$ verwendet. Wenn keine Verwechslung zu befürchten ist, unterbleibt die Angabe der Indexmenge gelegentlich und man schreibt kurz $\langle a_n \rangle$, $\{a_n\}$ oder (a_n).

Eine *endliche Folge* wäre entsprechend $\langle a_0, a_1, \ldots, a_m \rangle$.

Konvergiert die *unendliche Folge* $\langle a_n \rangle_{n \in \mathbb{N}}$ (d. h. die abzählbar unendliche Multimenge $\{a_n\}_{n \in \mathbb{N}}$) gegen a, so schreibt man:

$$a = \lim \langle a_n \rangle_{n \in \mathbb{N}} \quad \text{oder kurz} \quad a = \lim \langle a_n \rangle$$

$$\text{oder } a = \lim_{n \to \infty} a_n \quad \text{oder ganz kurz} \quad a = \lim a_n \,.$$

Im nächsten Kapitel (Band 2) werden wir uns ausführlich mit der Konvergenz von Folgen in $\mathbb{R}^n$ bzw. $\mathbb{R}$ beschäftigen.

Literatur

Im folgenden seien exemplarisch einige weiterführende Lehrbücher zu einzelnen Stoffgebieten angegeben. Der Interessierte wird darüber hinaus in den Schlagwortkatalogen der mathematischen Universitätsbibliotheken zu jedem Gebiet eine Fülle weiterer Werke vorfinden.

Mengenlehre und Kombinatorik (Kapitel 1 und 4): *J. Flachsmeyer,* Kombinatorik, VEB Deutscher Verlag der Wissenschaften, Berlin 1970.

Zahlen (Kapitel 2): *H. D. Ebbinghaus et al.*, Zahlen, Springer-Verlag, Berlin-Heidelberg-New York-Tokyo 1983.

Algebraische Strukturen, Polynome (Kapitel 3 und 6): *R. Kochendörffer,* Einführung in die Algebra, VEB Deutscher Verlag der Wissenschaften, Berlin 1974.
A. G. Kurosch, Vorlesungen über allgemeine Algebra, Harri Deutsch Verlag, Zürich-Frankfurt 1964.

Kombinatorik (Kapitel 4): *M. Aigner*, Kombinatorik, 1. Grundlagen und Zähltheorie, Springer-Verlag, Berlin-Heidelberg-New York 1975.
D. I. A. Cohen, Basic Techniques of Combinatorial Theory, John Wiley, New York 1978.
C. L. Liu, Introduction to Combinatorial Mathematics, McGraw-Hill, New York 1968.

Lineare Algebra (Kapitel 5): *W. Greub,* Linear Algebra, Springer-Verlag, New York-Heidelberg-Berlin 1975.
H.-J. Kowalsky, Einführung in die Lineare Algebra, De Gruyter, Berlin-New York 1974.

Topologische Strukturen (Kapitel 7): *J. Cigler, H.-C. Reichel,* Topologie, BI-Hochschultaschenbücher, Bd. 121, Mannheim 1987.

Die **biographischen Daten** stammen großteils aus
H. Meschkowski, Mathematikerlexikon, BI-Hochschultaschenbücher, Bd. 414, Mannheim 1964.

Biographisches Verzeichnis

Sachverzeichnis

Gerd Baron, Peter Kirschenhofer

Einführung in die Mathematik für Informatiker

Band 2:

1990. 28 Abb. VIII, 217 Seiten.
Broschiert DM 59,-, öS 410,-
Hörerpreis: öS 328,-
ISBN 3-211-82101-5

Inhaltsübersicht: Folgen und Reihen. - Stetige Funktionen. - Differenzierbare Funktionen. - Integralrechnung I. - Funktionenfolgen und Funktionenreihen. - Literatur- und Sachverzeichnis.

Band 3:

1989. 79 Abb. VIII, 191 Seiten.
Broschiert DM 59,-, öS 410,-
Hörerpreis: öS 328,-
ISBN 3-211-82119-8

Inhaltsübersicht: Integralrechnung II. - Differentialgleichungen. - Kombinatorische Methoden. - Algebraische Strukturen II. - Algebraische Codierungstheorie. - Graphentheorie. - Literatur- und Sachverzeichnis.

Preisänderungen vorbehalten

Springer-Verlag Wien New York